研究生入学考试辅导丛书

混凝土结构 原理与设计

主编 王　威
参编 薛建阳 门进杰

中国电力出版社
CHINA ELECTRIC POWER PRESS

内 容 提 要

本书为研究生入学考试辅导丛书之一，全书分为三部分，第一部分为练习题，包括 14 章内容；第二部分为模拟试题，包括九套试题；第三部分为硕士学位研究生入学考试真题。书中试题类型分为名词解释、填空题、选择题、判断题、问答题和计算题，分别考核不同的知识结构和能力。所有题目均给出了相应的参考答案，便于学生学习和理解，适合自学。九套模拟考试题涉及了比较经典的考试题型，常见考点，重点、难点一目了然。为便于考研学生的需要，本书专门选编了近年来结构工程、防灾减灾工程及防护工程等专业方向招收攻读硕士学位研究生的混凝土结构复试试题。

本书可作为普通高等院校土木工程及工程管理类专业的考研辅导教材，尤其适合混凝土结构课程初学者、应试者及报考研究生的人员使用，也可供上述专业的成人教育、函授教育、网络教育、自考学生以及专业技术人员学习和参考。

图书在版编目（CIP）数据

混凝土结构原理与设计/王威主编 . —北京：中国电力出版社，2024.2
（研究生入学考试辅导丛书）
ISBN 978-7-5198-8591-5

Ⅰ.①混⋯　Ⅱ.①王⋯　Ⅲ.①混凝土结构—研究生—入学考试—自学参考资料　Ⅳ.①TU37

中国国家版本馆 CIP 数据核字（2024）第 014860 号

出版发行：中国电力出版社
地　　址：北京市东城区北京站西街 19 号（邮政编码 100005）
网　　址：http：//www.cepp.sgcc.com.cn
责任编辑：霍文婵
责任校对：黄　蓓　李　楠
装帧设计：张俊霞
责任印制：吴　迪

印　　刷：廊坊市文峰档案印务有限公司
版　　次：2024 年 2 月第一版
印　　次：2024 年 2 月北京第一次印刷
开　　本：787 毫米×1092 毫米　16 开本
印　　张：12.25
字　　数：308 千字
定　　价：45.00 元

前　言

扫一扫
本书拓展资源

　　随着近年国内经济发展进程变缓，考研人数激增，考研逐渐成为社会热点和趋势，竞争压力也逐年增加。对土木工程相关专业的学生来说，"混凝土结构原理与设计"这门课程是考研必考科目之一，不论作为研究生初试还是复试的科目，都有较大复习难度。这些难度不仅来源于这门课程本身繁杂的知识点，也来自国家相关规范的逐年更新，而这些特点也决定了它对所有土木工程行业从业人员的重要性。

　　编者结合多年来一线的教学经验、考研辅导和复试经验，以及最新国家规范，包括现行国家标准《混凝土结构设计规范》[GB 50010—2010（2015 年版）]、建筑结构可靠性设计统一标准（GB 50068—2018）及相关规范和规程编写。学生在学习混凝土结构课程时普遍感到"内容多、概念多、构造规定多"，复习时往往抓不住要领，因此本书编写注重条理性的梳理和重点、难点的命题，对教材中很容易查到的概念、问题，尽量少费笔墨，而对于一些重要的难点、学生容易混淆的问题，则尽可能突出，使本书起到指点迷津的作用。

　　本书精选出最具代表性的习题，参考多所院校历年考研真题提炼出九套模拟题（涉及了重点内容及经典考题），并甄选出六套考研复试真题（反映出近年来考研试题的命题走向），为读者提供了极具价值的内容，在分秒必争的备考中获得事半功倍的效果。同时也可以为广大混凝土结构的学习者答疑解惑。

　　本书由王威教授主编，薛建阳、门进杰参编，其他参与工作的人员有：白淙尤，王小飞，贾煜，米佳鑫，赵昊田，陈乐乐，李玉坤，任广超，牛晓波等。长安大学建筑工程学院王步教授，提出了宝贵意见，在此表示诚挚感谢。

　　限于编者水平，书中不当之处在所难免，恳请广大读者批评指正。

编者

2023 年 12 月

目　录

003

第三部分

硕士学位研究生入学考试真题

第一部分

练习题

第1章 概　　述

内容提要

1. 混凝土结构是以混凝土为主要材料制成的结构。在混凝土中配置适量钢筋，使混凝土主要承受压力，钢筋承担拉力，就可使构件的承载力大大提高，受力性能也得到显著改善。混凝土结构有许多优点，但也存在一定缺点。

2. 钢筋和混凝土两种材料能够有效地结合在一起共同工作，主要有三方面原因：钢筋与混凝土之间存在黏结力；两种材料的温度线膨胀系数很接近；混凝土对钢筋提供保护作用。

3. 混凝土结构从出现到现在已有 150 多年的历史，它在建筑、道桥、隧道、矿井、水利和港口等各种工程中得到了广泛应用。学习混凝土结构设计原理课程时，应注意理论和实际相结合。

习题

一、填空题

1. 在混凝土中配置受力钢筋的主要作用是提高结构或构件的＿＿＿＿和＿＿＿＿。

2. 结构或构件的破坏类型有＿＿＿＿与＿＿＿＿。

二、选择题

1. 与素混凝土梁相比，钢筋混凝土梁承载能力（　　）。

　　A. 相同

　　B. 提高许多

　　C. 有所提高

2. 与素混凝土梁相比，钢筋混凝土梁抵抗开裂的能力（　　）。

　　A. 提高不多

　　B. 提高许多

　　C. 完全相同

3. 钢筋混凝土梁在正常使用荷载下（　　）。

　　A. 通常是带裂缝工作的

　　B. 一旦出现裂缝，裂缝贯通全截面

　　C. 一旦出现裂缝，沿全长混凝土与钢筋间的黏结力丧尽

三、思考题

1. 混凝土结构包括哪些结构类型？

2. 钢筋混凝土结构的脆性破坏和延性破坏有何特点？

3. 对配筋有哪些基本要求？

4. 钢筋和混凝土是如何共同工作的？

5. 钢筋混凝土结构有哪些优点和缺点？

6. 本课程主要包括哪些内容？学习本课程要注意哪些问题？

参考答案

一、填空题

1. 承载力、变形能力；

2. 延性破坏、脆性破坏。

二、选择题

1. B；2. A；3. A。

三、思考题

1. 混凝土结构是指以混凝土为主制作的结构，包括素混凝土结构、钢筋混凝土结构和预应力混凝土结构等，其应用范围极广，是目前土木建筑工程中应用最多的一种结构形式。素混凝土用于主要承受压力的结构，如基础、挡土墙、支墩、地坪等。钢筋混凝土适用于承受压力、拉力、弯矩、剪力和扭矩等各种受力形式的结构或构件，如各种桁架、梁、板、柱、墙、拱、壳、地面等。预应力混凝土结构的应用范围与钢筋混凝土结构相似，但由于它具有抗裂性好、刚度大和强度高等特点，特别适用于制作跨度大、荷载重以及有抗裂抗渗要求的结构。

2. 凡破坏时没有明显预兆，突然破坏的属于脆性破坏类型，脆性破坏是很危险的，是工程上不允许或不希望发生的。凡破坏时有明显预兆，不是突然破坏的属于延性破坏类型，是工程上可容许的。

3. 配置受力钢筋要满足两个条件：必要条件是变形一致，共同受力；充分条件是钢筋位置和数量正确。

4. 钢筋和混凝土的温度线膨胀系数接近；钢筋和混凝土有可靠的黏结；钢筋端部有足够的锚固长度。

5. 优点是：就地取材，施工方便，设计计算理论成熟，应用广泛，强度高，可模性好，耐火，耐久性好等；缺点是：自重大，施工周期长等。

6. 主要学习混凝土结构基本构件及结构设计方面的内容。应注意以下7方面问题：

（1）钢筋混凝土构件是由钢筋和混凝土两种材料组成，且混凝土是非均匀、非连续和非弹性材料，因此材料力学公式一般不能直接应用。

（2）钢筋和混凝土构件中的两种材料，在强度和数量上存在一个合理的配比范围。

（3）钢筋混凝土构件的计算方法是建立在试验研究基础上的。

（4）本课程有较强的实践性，有利于学生工程实践能力的培养。一方面要通过课堂学习、习题和作业来掌握混凝土结构设计的基本理论和方法，通过课程设计和毕业设计等实践性教学环节，学习工程计算、设计说明书的整理和编写、施工图纸的绘制等基本技能，逐步熟悉和正确运用这些知识来进行结构设计和解决工程中的技术问题；另一方面，要通过到现场参观，了解实际工程的结构布置、配筋构造、施工技术等，积累感性认识，增加工程设计经验，加强对基础理论知识的理解，培养学生综合运用理论知识解决实际工程的能力。

（5）结构设计是一项综合性很强的工作，有利于学生设计工作能力的培养。在形成结构方案、构件选型、材料选用、确定结构计算简图和分析方法以及配筋构造和施工方案等过程中，除遵循安全适用和经济合理耐久经用保证质量的设计原则外，尚应综合考虑各方面的因素。同一工程设计有多种方案和设计数据，不同的设计人员会有不同的选择，因此设计的结构不是唯一的。设计时应综合考虑使用功能、材料供应、施工条件、造价等各项指标，通过对各种方案的分析比较，选择最佳的设计方案。

（6）结构设计工作是一项创造性的工作，有利于学生创新精神的培养。结构设计时，须按照我国《混凝土结构设计规范》以及其他相关规范和标准进行设计；由于混凝土结构是一门发展很快的学科，其设计理论在不断更新，结构设计工作不应完全被规范所束缚，这就要求在深刻理解规范设计理论的基础上，充分发挥设计者的主动性和创造性，采取先进的结构设计理论和技术。

（7）结构方案和布置以及构造措施在结构设计中应给予足够的重视。结构设计由结构方案和布置、结构计算、构造措施三部分组成。其中，结构方案和布置的确定是结构设计是否合理的关键；混凝土结构设计固然离不开计算，但现行的实用计算方法一般只考虑了结构的荷载效应，其他因素影响如混凝土收缩、徐变、温度影响及地基不均匀沉降等，难以用计算来考虑。《混凝土结构设计规范》根据长期的工程实践经验，总结出了一些考虑这些影响的构造措施，同时在计算中的某些条件必须有相应的构造措施来保证，所以在设计时应检查各项构造措施是否得到满足。

本课程是主修建筑工程课群组的土木工程专业学生的主干专业课。为了使学生能够较好地掌握知识结构体系，宜有相应的课程设计、毕业设计或作业与之配相合。

第2章　混凝土结构材料的物理力学性能

内容提要 📍

1. 我国主要的钢筋种类有热轧钢筋（HPB300，HRB335，HRB400 级和 RRB400 级）、钢绞线、消除应力钢丝和热处理钢筋等。其中热轧钢筋常用于普通钢筋混凝土结构，钢绞线、消除应力钢丝和热处理钢筋主要用于预应力混凝土结构。

2. 钢筋按其受拉时应力应变关系曲线的特点不同，可分为有明显流幅和无明显流幅的钢筋。对有明显流幅钢筋取屈服强度作为强度取值的依据，对于无明显流幅的钢筋，则取条件屈服强度 $\sigma_{0.2}$ 作为强度取值的依据。

3. 混凝土单向受力时的强度有立方体抗压强度、轴心抗压强度和轴心抗拉强度，其中立方体抗压强度为混凝土材料性能的基本代表值，以其强度标准值来划分混凝土的强度等级。混凝土在双轴受压和三轴受压时强度提高，一向受拉而另一向受压时强度降低，双向受拉时抗拉强度基本不变。

4. 混凝土在不变的应力长期作用下，其变形随时间而徐徐增长的现象称为混凝土的徐变。影响混凝土徐变的因素很多，主要有应力大小、材料组成和外部环境，混凝土在空气中结硬时体积缩小的现象称为收缩。当混凝土的收缩受到限制时，将在混凝土中产生拉应力，导致混凝土中产生收缩裂缝。

5. 钢筋与混凝土之间存在的黏结力是二者共同工作的基础。黏结力包括三部分，即化学胶着力、摩擦力和机械咬合力。影响钢筋与混凝土黏结强度的因素很多，主要有混凝土强度、混凝土保护层的厚度及钢筋净距、钢筋外形、横向钢筋、侧向压应力和受力状态等。

6. 钢筋的锚固和搭接是混凝土结构设计的重要内容，在实际工程中，应通过计算确定钢筋的锚固长度和搭接长度，并满足相应的构造要求。

习题 📍

一、填空题

1. 钢筋和混凝土两种材料组合在一起，之所以能有效地共同工作，是由于_____、_____，以及混凝土对钢筋的保护层作用。

2. 混凝土强度等级为 C30，即_____为 30N/mm²，它具有_____的保证率。

3. 一般情况下，混凝土的强度提高时，延性_____。

4. 混凝土在长期不变荷载作用下将产生_____变形，混凝土随水分的蒸发将产生_____变形。

5. 钢筋的塑性变形性能通常用_____和_____两个指标来衡量。

6. 混凝土的线性徐变是指徐变变形与_____成正比。

7. 热轧钢筋的强度标准值系根据_____确定，预应力钢绞线、钢丝和热处理钢筋的强度标准值系根据_____确定。

8. 钢筋与混凝土之间的黏结力由化学胶结力、_____和_____组成。

9. 钢筋的连接可分为＿＿＿＿＿＿、＿＿＿＿＿＿或焊接。

10. 混凝土一个方向受拉、另一个方向受压时，强度会＿＿＿＿＿＿。

二、选择题

1. 混凝土强度等级按照（　　）确定。

　　A. 立方体抗压强度标准值　　　　　　B. 立方体抗压强度平均值

　　C. 轴心抗压强度标准值　　　　　　　D. 轴心抗压强度设计值

2. 下列说法正确的是（　　）。

　　A. 加载速度越快，测得的混凝土立方体抗压强度越低

　　B. 棱柱体试件的高宽比越大，测得的抗压强度越高

　　C. 混凝土立方体试件比棱柱体试件能更好地反映混凝土的实际受压情况

　　D. 混凝土试件与压力机垫板间的摩擦力使得混凝土的抗压强度提高

3. 同一强度等级的混凝土，各种强度之间的关系是（　　）。

　　A. $f_{ck} > f_{cuk} > f_{tk}$　　B. $f_{cuk} > f_{ck} > f_{tk}$　　C. $f_{cuk} > f_{tk} > f_{ck}$　　D. $f_{ck} > f_{tk} > f_{cuk}$

4. 混凝土立方体抗压强度标准值按（　　）确定。

　　A. $\mu f_{cu,m}$　　　　　　　　　　　B. $\mu f_{cu,m} - 1.645\sigma f_{cu,m}$

　　C. $\mu f_{cu,m} - 2\sigma f_{cu,m}$　　　　　　D. $\mu f_{cu,m} + 1.645\sigma f_{cu,m}$

5. 在轴向压力和剪力的共同作用下，混凝土的抗剪强度（　　）。

　　A. 随压应力的增大而增大

　　B. 随压应力的增大而减小

　　C. 随压应力的增大而增大，但压应力超过一定值后，抗剪强度反而减小

　　D. 与压应力无关

6. 在保持不变的长期荷载作用下，钢筋混凝土轴心受压构件中，（　　）。

　　A. 徐变使混凝土压应力减小

　　B. 混凝土及钢筋的压应力均不变

　　C. 徐变使混凝土压应力减小，钢筋压应力增大

　　D. 徐变使混凝土压应力增大，钢筋压应力减小

7. 热轧钢筋冷拉后，（　　）。

　　A. 可提高抗拉强度和抗压强度　　　　B. 只能提高抗拉强度

　　C. 可提高塑性，强度提高不多　　　　D. 只能提高抗压强度

8. 下列哪一项说法不正确（　　）。

　　A. 消除应力钢丝和热处理钢筋可以用作预应力钢筋

　　B.《混凝土结构设计规范》（GB 50010—2010）不允许采用冷加工钢筋作为混凝土结构
　　　用筋

　　C. HPB300 级钢筋不宜用作预应力钢筋

　　D. 钢筋混凝土结构中的纵向受力钢筋宜优先采用 HRB400 级钢筋

9. 无明显流幅钢筋的强度设计值是按（　　）确定的。

　　A. 材料强度标准值×材料分项系数

　　B. 材料强度标准值/材料分项系数

　　C. 0.85×材料强度标准值/材料分项系数

　　D. 材料强度标准值/(0.85×材料分项系数)

三、判断题（对于错误的，写出正确答案）

1. 钢筋混凝土结构的混凝土强度等级<u>不应低于 C15</u>。 （ ）

2. 混凝土各项强度指标的基本代表值是轴心抗压强度标准值。 （ ）

3. 混凝土在三向受压应力状态下，<u>抗压强度提高较多，延性略有降低</u>。 （ ）

4. 混凝土的弹性模量<u>不小于</u>变形模量。 （ ）

5. 单向受压的混凝土试件，在达到<u>极限压应变时应力同时达到最大</u>。 （ ）

6. 立方体试件尺寸越大，抗压强度<u>越高</u>。 （ ）

7. 一般来说，钢材含碳量越高，<u>其强度越高，伸长率也越大</u>。 （ ）

8. 热处理钢筋属于有明显流幅的钢筋。 （ ）

9. 轴心受拉构件的纵向受力钢筋<u>不得采用绑扎搭接接头</u>。 （ ）

四、问答题

1. 试述混凝土棱柱体试件在单向受压短期加载时应力-应变曲线的特点。在结构计算中，峰值应力对应应变 ε_0 和极限压应变 ε_u 各在什么时候采用？

2. 什么是混凝土的徐变？影响混凝土徐变的主要因素有哪些？徐变会对结构造成哪些影响？

3. 画出软钢和硬钢的受拉应力-应变曲线？并说明两种钢材应力-应变发展阶段和各自特点。

4. 混凝土结构对钢筋的性能有哪些要求？

参考答案 📍

一、填空题

1. 钢筋和混凝土之间有良好的黏结力，二者温度线膨胀系数接近；

2. 立方体抗压强度标准值，95%；

3. 降低；

4. 徐变，收缩；

5. 伸长率，冷弯性能；

6. 应力；

7. 屈服强度、极限抗拉强度；

8. 摩阻力，机械咬合力；

9. 绑扎搭接，机械连接；

10. 降低。

二、选择题

1. A；2. D；3. B；4. B；5. C；6. C；7. B；8. B；9. C。

三、判断题

1. √；

2. ×：立方体抗压强度标准值（混凝土强度等级）；

3. ×：抗压强度提高较多，延性也相应提高；

4. √；

5. ×：峰值应力对应应变时，应力达到最大；

6. ×：越低；

7．×：其强度越高，但伸长率降低；

8．×：无明显流幅的钢筋；

9．√。

四、问答题

1．图 1-1 是一次短期加载下混凝土的应力应变曲线。oa 段，$\sigma-\varepsilon$ 关系接近直线，主要是骨料结晶体受力产生的弹性变形。ab 段，应力大约为（$0.3\sim0.8$）f_c^s，混凝土呈现明显的塑性，应变增长快于应力的增长。bc 段，应变增长更快，直到峰值应力 f_c^s，应力此时达到最大值——棱柱体抗压强度 f_c^s，对应的应变为 ε_0。cd 段，混凝土压应力逐渐下降，当应变达到 ε_{cu}时，应力下降趋缓，逐渐稳定。

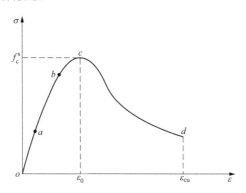

图 1-1　混凝土受压时的应力-应变曲线

峰值应力对应应变 ε_0，是均匀受压构件承载力计算的应变依据，一般为 0.002 左右。

极限压应变 ε_{cu}，是混凝土非均匀受压时承载力计算的应变依据，一般取 $0.003\ 3$ 左右。

2．在不变的应力长期持续作用下，混凝土的变形随时间的增加而徐徐增长的现象称为徐变。

徐变主要与应力大小、内部组成和环境几个因素有关。所施加的应力越大，徐变越大；水泥用量越多，水灰比越大，则徐变越大；骨料越坚硬，徐变越小；振捣条件好，养护及工作环境湿度大，养护时间长，则徐变小。

徐变会使构件变形增加，使构件的应力发生重分布。在预应力混凝土结构中徐变会造成预应力损失。在混凝土超静定结构中，徐变会引起内力重分布。

3．图 1-2 是软钢（有明显流幅的钢筋）的应力-应变曲线。在 a 点（比例极限）之前，应力与应变成比例变化；过 a 点后，应变较应力增长为快，到达 b 点（屈服上限）钢筋开始塑流；b（屈服下限）之后，钢筋进入流幅，应力基本不增加，而应变剧增，应力-应变成水平线；过 c 点以后，应力又继续上升，到达 d 点（极限强度）；过 d 点后钢筋出现颈缩，应变迅速增加，应力随之下降，在 e 点钢筋被拉断。

图 1-3 是硬钢（无明显流幅的钢筋）的应力-应变曲线。钢筋应力在大约 0.65 倍的极限抗拉强度之前，应力-应变按直线变化，之后，应力-应变呈曲线发展，但直到钢筋应力达到极限抗拉强度，没有明显的屈服点和流幅。超过极限抗拉强度后，由于颈缩出现下降段，最后被拉断。

4．（1）要求钢筋强度高，可以节省钢材；

（2）要求钢筋的塑性好，使结构在破坏之前有明显的预兆；

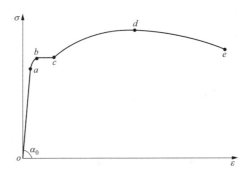

图 1-2　软钢的应力-应变曲线

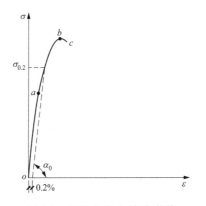

图 1-3　硬钢的应力-应变曲线

（3）要求钢筋的可焊性好，使钢筋焊接后不产生裂纹及过大的变形；

（4）要求钢筋与混凝土的黏结力锚固性能好，使钢筋与混凝土能有效地共同工作。

第3章 按概率理论为基础的极限状态设计法

内容提要 🔖

1. 结构设计的本质就是要科学地解决好结构物的可靠与经济之间的矛盾。结构可靠度是结构可靠性（安全性、适用性、耐久性）的概率度量。设计基准期是确定可变作用及与时间有关的材料性能等取值而选用的时间参数，设计使用年限是表示结构在规定的条件下所应达到的使用年限。

2. 作用于结构上的荷载可以分为永久荷载、可变荷载和偶然荷载。永久荷载采用标准值作为代表值，可变荷载采用标准值、组合值、频遇值和准永久值作为代表值。其中标准值是基本代表值，其他代表值都可在标准值的基础上乘以相应的系数后得到。

3. 在极限状态设计法中，以结构的失效概率或可靠指标来度量结构的可靠度，并且建立结构可靠度与结构极限状态之间的数学关系，这就是概率极限状态设计法。我国目前采用以概率理论为基础的极限状态设计表达式来进行工程设计。

4. 承载能力极限状态的荷载效应组合应采用基本组合或偶然组合。对正常使用极限状态的荷载效应组合，按荷载的持久性和不同的设计要求采用三种组合，即标准组合、频遇组合和准永久组合。

5. 钢筋和混凝土强度的概率分布基本符合正态分布，其强度设计值是用各自材料强度的标准值除以大于1的材料分项系数而得到。

习题 🔖

一、填空题

1. 结构的可靠性包括_____、_____、_____。

2. 建筑结构的极限状态有_____和_____。

3. 结构上的作用按其随时间的变异可分为_____、_____、_____。

4. 永久荷载的分项系数是这样取的：当其效应对结构不利时，由可变荷载控制的效应组合取_____，由永久荷载控制的效应组合取_____；对结构有利时，一般取_____，对结构的倾覆、滑移或漂流验算可以取_____。

5. 结构上的作用是指施加在结构上的_____或_____，以及引起结构外加变形或约束变形的原因。

6. 极限状态是区分结构_____与_____的界限。

7. 结构能完成预定功能的概率称为_____，不能完成预定功能的概率称为_____，两者相加的总和为_____。

8. 我国《建筑结构可靠性设计统一标准》（GB 50068—2018）规定，对于一般工业与民用建筑构件，在延性破坏时可靠度指标 β 取_____，脆性破坏时 β 取_____。

二、选择题

1. 若用 S 表示结构或构件截面上的荷载效应，用 R 表示结构或构件截面的抗力，结构或构件截面处于极限状态时，对应于（　　）式。

A. $R>S$　　　　　　B. $R=S$　　　　　　C. $R<S$　　　　　　D. $R\leqslant S$

2. 设计基准期是为确定可变荷载及与时间有关的材料性能取值而选用的时间参数，《建筑结构可靠性设计统一标准》（GB 50068—2018）所考虑的荷载统计参数，都是按设计基准期为（　　）年确定的。

A. 25　　　　　　B. 50　　　　　　C. 100　　　　　　D. 75

3. 下列（　　）状态应按正常使用极限状态验算。

A. 结构作为刚体失去平衡　　　　　B. 影响耐久性能的局部损坏

C. 因过度的塑性变形而不适于继续承载　D. 构件失去稳定

4. 荷载代表值有荷载的标准值、组合值、频遇值和准永久值，其中（　　）为荷载的基本代表值。

A. 组合值　　　　B. 准永久值　　　　C. 频遇值　　　　D. 标准值

5. 对所有钢筋混凝土结构构件都应进行（　　）。

A. 抗裂度验算　　　　　　　　　B. 裂缝宽度验算

C. 变形验算　　　　　　　　　　D. 承载能力计算

6. 下列（　　）项属于超出正常使用极限状态。

A. 在荷载设计值作用下轴心受拉构件的钢筋已达到屈服强度

B. 在荷载标准值作用下梁中裂缝宽度超出《混凝土结构设计规范》（GB 50010—2010）限值

C. 吊车梁垫板下混凝土局部受压，承载力不足

D. 构件失去稳定

7. 承载能力极限状态设计时，应进行荷载效应的（　　）。

A. 基本组合和偶然组合　　　　　B. 基本组合和标准组合

C. 偶然组合和标准组合　　　　　D. 标准组合和准永久组合

8. 正常使用极限状态设计时，应进行荷载效应的（　　）。

A. 标准组合、频遇组合和准永久组合

B. 基本组合、偶然组合和准永久组合

C. 标准组合、基本组合和准永久组合

D. 频遇组合、偶然组合和准永久组合

9. 某批混凝土经抽样，强度等级为C30，意味着该混凝土（　　）。

A. 立方体抗压强度达到30N/mm² 的保证率为95%

B. 立方体抗压强度的平均值达到30N/mm²

C. 立方体抗压强度达到30N/mm² 的保证率为5%

D. 立方体抗压强度设计值达到30N/mm² 的保证率为95%

10. 工程结构的可靠指标 β 与失效概率 p_f 之间存在下列（　　）关系。

A. β 愈大，p_f 愈大　　　　　　B. β 与 p_f 成反比关系

C. β 与 p_f 成正比关系　　　　　D. β 与 p_f 存在一一对应关系，β 愈大，p_f 愈小

11. 安全等级为二级的建筑结构的混凝土梁，当进行斜截面受剪承载力计算时，要求目标可靠指标 β 达到（　　）。

A. $\beta=2.7$　　　B. $\beta=3.2$　　　C. $\beta=3.7$　　　D. $\beta=4.2$

12. 设功能函数 $Z=R-S$，结构抗力 R 和作用效应 S 均服从正态分布，平均值 $\mu_R=120\text{kN}$，$\mu_S=60\text{kN}$，变异系数 $\delta_R=0.12$，$\delta_S=0.15$，则（ ）。

    A. $\beta=2.56$ B. $\beta=3.53$ C. $\beta=10.6$ D. $\beta=12.4$

三、判断题

1. 结构可靠度定义中的"规定时间"是指结构的设计基准期。（ ）
2. 结构上的永久作用的值在使用期间内不随时间变化。（ ）
3. 结构上的荷载效应和结构抗力都是随机变量。（ ）
4. 我国现行《混凝土结构设计规范》采用的是以概率理论为基础的极限状态设计法。（ ）
5. 荷载标准值是建筑结构按极限状态设计所采用的荷载基本代表值。（ ）
6. 结构的可靠指标越大，其失效概率就越小，结构使用的时间达到设计使用年限以后，失效概率会增大。（ ）
7. 偶然作用发生的概率很小，持续的时间很短，但对结构造成的危害可能很大。（ ）
8. 结构的承载能力极限状态和正常使用极限状态是同等重要的，在任何情况下都应该计算。（ ）
9. 结构的承载能力极限状态和正常使用极限状态计算中，都采用荷载设计值，因为这样偏于安全。（ ）
10. 材料强度标准值是材料强度概率分布中具有一定保证率的偏低的材料强度值。（ ）
11. 荷载的组合值系数是当结构上作用有几个可变荷载时，由于可变荷载的最大值同时出现的概率较小，为避免造成组合时结构可靠度不一致，对可变荷载设计值采取调整系数。（ ）

四、简答题

1. 何谓结构上的作用、作用效应及结构的抗力？
2. 荷载和作用有什么区别？
3. 何谓结构的功能要求，它包括哪些内容？可靠度和可靠性的关系是什么？
4. 我国不同类型建筑结构的设计使用年限是如何划分的？
5. 结构的设计基准期和设计使用年限有何不同？
6. 规范如何划分结构的安全等级？
7. 何谓结构的极限状态？它包括哪两方面内容？
8. 结构的功能函数和极限状态方程如何表达？
9. 何谓结构的失效概率 p_f？何谓结构的可靠指标 β？二者有何关系？
10. 什么是荷载的标准值，它是怎样确定的？
11. 什么是材料强度的标准值和设计值？
12. 写出承载能力极限状态基本表达式并解释各符号的含义？
13. 写出正常使用极限状态设计表达式并解释各符号的含义？
14. 为什么要引入荷载的分项系数？

参考答案

一、填空题

1. 安全性，适用性，耐久性；

2. 承载能力极限状态，正常使用极限状态；

3. 永久作用，可变作用，偶然作用；

4.1.2，1.35，1.0，0.9；

5. 分布力，集中力；

6. 可靠，失效；

7. 可靠概率，失效概率，1；

8.3.2，3.7。

二、选择题

1. B；2. B；3. B；4. D；5. D；6. B；7. A；8. A；9. A；10. D；11. C；12. B。

三、判断题

1. ×；2. ×；3. √；4. √；5. √；6. √；7. √；8. ×；9. ×；10. √；11. √。

四、简答题

1. 结构上的作用是指施加在结构上的集中力或分布力，以及引起结构外加变形或约束变形的原因。按其作用性质可分为直接作用和间接作用，以力的形式作用于结构上，称为直接作用，习惯上称荷载；以变形的形式出现在结构上，称为间接作用。按其随时间的变异分为永久作用、可变作用和偶然作用。

（1）永久作用：为在设计基准期内量值不随时间变化或其变化与平均值相比可以忽略不计的作用，特点是统计规律与时间参数无关，例如结构自重、土压力等。

（2）可变作用：在设计基准期内，有时出现，有时不出现，其量值随时间变化，且变化与平均值相比不可忽略，特点是统计规律与时间参数有关，例如风荷载、雪荷载、楼面活荷载等。

（3）偶然作用：在设计基准期内不一定出现，但一旦出现，往往数值大，持续时间短，例如爆炸、撞击等，目前对一些偶然作用，国内尚未有比较成熟的确定方法。

直接作用或间接作用作用于结构构件上，在结构构件内产生的内力或变形称为作用效应，例如梁中的弯矩、剪力，柱中的轴力，板的挠度以及变形裂缝等都属于作用效应。当为直接作用（荷载）时，其效应也称荷载效应。

结构或结构构件承受内力和变形的能力称为结构抗力，即结构承受作用效应的能力，如构件的受弯承载力、构件的刚度等。抗力与结构的形式，截面尺寸，材料等因素有关。

2. 通常能使结构产生效应的原因，多数可归结为直接作用在结构上的力集（包括集中力和分布力），因此习惯上都将结构上的各种作用统称为荷载。但在有些情况下，比如温度变化，地基变形，地面运动等现象，这类作用不是以力集的形式出现，称为荷载并不合适，就像地震时，结构由于地面运动而产生惯性力，此力是结构对地震的反应，并非是力直接作用在结构上，应该称为"地震作用"。因此，通常认为作用的含义较全面，而荷载只是作用的一种形式。

3. 结构在规定的设计使用年限内应满足的功能要求包括安全性、适用性和耐久性，具体包括：

（1）在正常施工和正常使用时，能承受可能出现的各种作用；

（2）在正常使用时具有良好的工作性能；

（3）在正常维护下具有足够的耐久性；

（4）在设计规定的偶然事件发生时及发生后，仍能保持必需的整体稳定性。

第（1）、（4）两条是结构安全性的要求，第（2）条是结构适用性的要求，第（3）条是结构耐久性的要求，三者可概括为结构可靠性的要求。以上安全性、适用性、耐久性总称为结构的可靠性，就是指结构在规定时间内，规定条件下，完成预定功能的能力。而结构的可靠度是指结构在规定时间内，规定条件下，完成预定功能的概率。即可靠度是可靠性的概率度量。

4. 规定的设计使用年限见表1-1。

表 1-1　　　　　　　　　　　　　规定设计使用年限

类别	设计使用年限（年）	示　　例
1	5	临时性结构
2	25	易于替换的结构构件
3	50	普通房屋和构筑物
4	100	纪念性建筑和特别重要的建筑物

5. 结构的设计基准期是进行结构设计时为确定可变荷载及与时间有关的材料性能等取值而选用的时间参数，而设计使用年限是表示按规定指标进行设计的结构或构件，在正常施工、使用和维护条件下，不需进行大修即可达到其预定目标的使用年限。当结构的实际使用年限超过设计使用年限后，结构可靠概率值可能较设计初期小，但并不意味着结构立即失效。

6. 结构设计中，按结构破坏时可能产生的后果（危及人的生命，造成经济损失，产生社会影响等）的严重程度，将结构分为三个安全等级。一级为重要的建筑物，一旦发生破坏，后果很严重；二级为一般的建筑物，一旦发生破坏后果比较严重，例如大部分工业与民用建筑属二级；三级为次要建筑，发生破坏的后果不严重。一般情况下，建筑结构构件的安全等级宜与整个建筑物的安全等级相同，但对部分特殊构件可根据其重要程度适当调整安全等级，但不得低于三级。

7. 整个结构或结构的一部分超过某一特定状态就不能满足设计规定的某一功能要求，此特定状态称为该功能的极限状态。极限状态是区分结构可靠与失效的界限。

（1）承载能力极限状态。

承载力的极限状态对应于结构或结构构件发挥允许的最大承载功能的状态，对应于结构或构件达到最大承载能力或达到不适合于继续承载的变形，当出现下列状态之一时，认为超过了承载能力的极限状态：

1）整个结构或结构的一部分作为刚体失去平衡。如烟囱在风力作用下发生整体倾覆，或挡土墙在土压力作用下发生整体滑移；

2）结构构件或其连接因超过材料强度（包括疲劳破坏）而破坏。如轴压柱中混凝土达到破坏，阳台、雨篷等悬挑构件因钢筋锚固长度不足而被拔出，或构件因过度变形而不适于继续承载；

3）结构转变为机动体系。如简支板、梁，由于截面到达极限抗弯强度，使结构成为机动体系而丧失承载能力；

4）结构或构件丧失稳定。如细长柱达临界荷载发生失稳破坏；

5）地基丧失承载能力而破坏。

（2）正常使用极限状态。

正常使用极限状态对应于结构或结构构件达到正常使用或耐久性的某项限值。

1）影响正常使用或外观的变形；

2）影响正常使用或耐久性的局部破坏；

3）影响正常使用的振动；

4）影响正常使用的其他特定状态，如沉降过大等。

8. 设结构作用效应为 S，结构抗力为 R，结构和构件的工作状态可用 S 和 R 的关系描述：

$$Z = R - S = g(R,S)$$

Z 定义为结构的功能函数，当

$Z > 0$，即 $R > S$ 时，结构处于可靠状态；

$Z < 0$，即 $R < S$ 时，结构处于失效状态；

$Z = 0$，即 $R = S$ 时，结构处于极限状态。

$Z = g(R,S) = 0$，称为极限状态方程，也可表达为：

$$Z = g(X_1, X_2, \cdots, X_n) = 0$$

式中，$g(\cdots)$——函数记号；

$X_1, X_2, \cdots, X_n$——影响结构功能的各种因素，如材料强度、几何参数、荷载等。

由于 R、S 均为非确定性的随机变量，因此 Z 也是非确定性的随机变量。

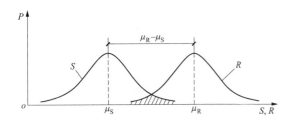

图 1-4　可靠指标与失效概率的关系示意图

9. 结构能完成预定功能的概率（$R > S$ 的概率）为可靠概率 P，不能完成预定功能的概率（$R < S$ 的概率）为失效概率 p_f，两者的关系为 $P + p_f = 1$。假设结构上的作用效应 S 和抗力 R 两个随机变量都服从正态分布，两者的均值分别为 μ_S 和 μ_R，标准差分别为 σ_S 和 σ_R。显然，两图重叠区即阴影部分是 $R < S$ 的情况。阴影部分与横轴相包围的面积就是结构的失效概率 p_f，见图 1-4。

为简化计算，规范还引入结构可靠指标 β 的概念，如图 1-4 所示，其计算公式是：

$$p_f = \Phi\left(-\frac{\mu_z}{\sigma_z}\right) = \Phi(-\beta)$$

此时，β 与 p_f 之间存在一一对应关系，β 小，p_f 越大；反之 β 大，p_f 小，即结构越可靠。因此，β 与 p_f 一样，可以作为衡量结构可靠性的指标，称 β 为结构的可靠指标。

10. 荷载的标准值是结构在使用期间，正常情况下可能出现的最大荷载，是具有一定保证率的荷载最大值，是建筑结构各类极限状态设计时采用的基本代表值。永久荷载的标准值一般根据构件的设计尺寸和材料的标准容重计算。可变荷载的标准值是根据观测资料，并考虑工程实践经验，取其设计基准期最大荷载概率分布的某一分位值确定。

11. 材料强度标准值是符合规定质量的材料强度的概率分布的某一分位值，它具有一定的保证率。混凝土立方体抗压强度的标准值 f_{cuk} 是由混凝土立方体抗压强度的平均值减去 1.645 倍的标准差得到，具有 95% 的保证率，轴心抗压和抗拉强度标准值由立方体抗压强度的标准值换算而来。热轧钢筋取国家标准规定的屈服点作为强度标准值，抗拉强度的标准值与国家标准中规定的钢筋的废品限值一致，即钢筋抗拉强度的平均值减去 2 倍的标准差，其保证率为 97.72%。对于无明显流幅的硬钢，如预应力钢铰线、高强钢丝、热处理钢筋，取极限抗拉强度的 85% 作为条件屈服强度。

混凝土和各类钢筋的强度设计值分别为其强度标准值除以各自的材料分项系数。

12. 对承载能力极限状态，应考虑荷载效应的基本组合和偶然组合，表达式为：

$$\gamma_0 S_d \leqslant R_d$$

式中，γ_0——结构重要系数，应按各有关建筑结构设计规范的规定采用；

    S_d——荷载组合的效应设计值；

    R_d——结构构件抗力的设计值，应按各有关建筑结构设计规范的规定确定。

由可变荷载效应控制的组合

$$S_d = \sum_{j=1}^{m} \gamma_{Gj} S_{Gjk} + \gamma_{Q1} \gamma_{L1} S_{G1k} + \sum_{i=2}^{n} \gamma_{Qi} \gamma_{Li} \psi_{ci} S_{Qik}$$

式中，γ_{Gj}——第 j 个永久荷载的分项系数；

    γ_{Qi}——第 i 个可变荷载的分项系数，其中 γ_{Q1} 为主导可变荷载 Q_i 的分项系数；

    γ_{Li}——第 i 个可变荷载考虑设计使用年限的调整系数，其中 γ_{Li} 为主导可变荷载 Q_i 考虑设计使用年限的调整系数；

    S_{Gjk}——按第 j 个永久荷载标准值 G_{jk} 计算的荷载效应值；

    S_{Qik}——按第 i 个可变荷载标准值 Q_{ik} 计算的荷载效应值，其中 S_{Q1k} 为诸可变荷载效应中起控制作用者；

    ψ_{ci}——第 i 个可变荷载 Q_i 的组合值系数；

    m——参与组合的永久荷载数；

    n——参与组合的可变荷载数。

由永久荷载效应控制的组合

$$S_d = \sum_{j=1}^{m} \gamma_{Gj} S_{Gjk} + \sum_{i=1}^{n} \gamma_{Qi} \gamma_{Li} \psi_{ci} S_{Qik}$$

13. 在正常使用极限状态计算时，对不同的设计要求，采用荷载的标准组合、频遇组合或准永久组合，其设计表达式为

$$S_d \leqslant C$$

式中，C——结构或结构构件达到正常使用要求的规定限值，例如变形、裂缝、振幅、加速度、应力等的限值，应按各有关建筑结构设计规范的规定采用。

对于标准组合，荷载效应设计值 S_d 应按下式进行计算

$$S_d = \sum_{j=1}^{m} S_{Gjk} + S_{Qik} + \sum_{i=2}^{n} \psi_{ci} S_{Qik}$$

对于频遇组合，荷载效应设计值 S_d 应按下式进行计算

$$S_d = \sum_{j=1}^{m} S_{Gjk} + \psi_{f1} S_{Q1k} + \sum_{i=2}^{n} \psi_{qi} S_{Qik}$$

对于准永久组合，荷载效应设计值 S_d 应按下式进行计算

$$S_d = \sum_{j=1}^{m} S_{Gjk} + \sum_{i=1}^{n} \psi_{qi} S_{Qik}$$

14. 虽然荷载标准值有一定保证率，但统计资料表明，各类荷载标准值并不相同，如按荷载标准值设计，将造成结构可靠度的严重差异，并使某些结构可靠度达不到目标可靠度的要求，所以引入荷载分项系数予以调整。考虑到荷载的统计资料尚不够完备，且为了简化计算，《建筑结构可靠性设计统一标准》暂时按永久荷载和可变荷载两大类分别给出荷载分项系数。

第4章 受弯构件正截面承载力

内容提要 📍

1. 纵向受拉钢筋配筋率对混凝土受弯构件正截面破坏形态的影响很大。根据配筋率的不同，可将受弯构件正截面的破坏形态分为三种，即适筋破坏，超筋破坏和少筋破坏。适筋梁在受压区混凝土压碎之前受拉钢筋已经达到屈服，破坏前有明显的预兆，属于塑性破坏。而超筋梁和少筋梁破坏时没有明显预兆，属于脆性破坏，而且材料的强度没有得到充分利用，设计时应当避免。

2. 钢筋混凝土适筋梁从开始加荷直至破坏经历了三个阶段，即未开裂阶段、带裂缝工作阶段和破坏阶段。

3. 为简化计算，可将受压区混凝土实际的曲线型应力分布图形等效为矩形应力图形。等效的原则为受压区混凝土压应力的合力大小相等，合力作用点的位置不变。

4. 受弯构件正截面承载力计算包括单筋矩形截面、双筋矩形截面和 T 形截面计算等方面的内容，分为截面设计和截面复核两类问题，应掌握基本公式及其适用条件。

习题 📍

一、填空题

1. 仅在受拉区配置纵向受力钢筋的称_____；同时在受拉区和受压区配置纵向受力钢筋的称_____。

2. 受弯构件承载能力极限状态设计主要包括_____、_____、和_____三个方面的内容。

3. 受弯构件正常使用极限状态设计主要包括_____和_____两个方面的内容。

4. 对于单筋矩形截面受弯构件，配筋率是指_____的截面面积与截面_____的比值。

5. 受弯构件正截面受弯性能试验时，通常沿梁高两侧外表布置_____，测_____；钢筋表面贴_____，测_____；跨中_____，测_____；有时还安装_____，测梁转角。

6. 适筋受弯构件正截面受弯全过程可分为_____、_____和_____三个阶段。

7. 适筋梁正截面受力性能试验主要通过梁的_____、_____和截面应变试验曲线等三个方面反映的。

8. 受弯构件的正截面抗裂验算是以_____阶段为依据；裂缝宽度验算是以_____应力阶段为依据；承载力计算是以_____阶段为依据；变形验算是以_____应力阶段为依据。

9. 适筋梁的特点是破坏始于_____，受压区边缘混凝土的_____而破坏；超筋梁的破坏始于_____，破坏时挠度不大，属于_____性破坏。

10. 少筋梁的破坏特点是_____。

11. 适筋梁中规定 $\rho \leqslant \rho_{max}$ 的工程意义是_____；$\rho \geqslant \rho_{min}$ 的工程意义是_____。

12. 在受弯构件的正截面承载力计算中，可采用等效矩形压应力图形代替实际的曲线应力图形。两个图形等效的原则是_____和_____。

13. 适筋梁与超筋梁的界限破坏特征是：受拉钢筋应力_____，混凝土受压区边缘_____。与此对应的配筋率称为_____或_____。

14. 对单筋 T 形截面受弯构件，其配筋率 ρ 是按肋宽 b 计算的，即 $\rho = A_s/(bh_0)$，而不是按 $A_s/(b_f'h_0)$ 计算的，其中 A_s、b、b_f' 和 h_0 分别为_____、_____、_____和_____。

15. 在受压区配置受压钢筋 A_s'，主要可提高截面的_____和_____。

16. 在适筋梁范围内，在不改变截面尺寸情况下，影响钢筋混凝土梁正截面受弯承载力的主要因素是_____。

17. 在适筋梁范围内，梁所需钢筋用量与其截面尺寸有关，特别是_____对配筋量影响显著。

18. 在应用双筋矩形截面梁的基本计算公式时，应满足下列适用条件：①_____；②_____；其中第①条是为了防止_____，而第②条是为了保证_____。

二、选择题

1. 一钢筋混凝土矩形截面梁，混凝土强度等级为 C30，$f_t = 1.43 N/mm^2$ 钢筋采用 HRB400 级，$f_y = 360 N/mm^2$，则纵向受拉钢筋的最小配筋率 ρ_{min} 为（   ）。
   A. 0.18%　　　　B. 0.19%　　　　C. 0.20%　　　　D. 0.25%

2. 正截面受弯性能的试验研究中用到的仪器仪表不包括（   ）。
   A. 百分表　　　B. 位移计　　　C. 水准仪　　　D. 力传感器

3. 钢筋混凝土梁的受拉区边缘达到（   ）情况时，受拉区边缘混凝土开始出现裂缝。
   A. 达到混凝土弯曲受拉时的极限拉应变值
   B. 达到混凝土轴心抗拉强度标准值
   C. 达到混凝土轴心抗拉强度设计值
   D. 达到混凝土实际的轴心抗拉平均强度

4. 在适筋梁的受弯性能试验中，对中性轴变化情况的描述正确的是（   ）。
   A. 中性轴的位置不变　　　　　　B. 中性轴的位置在不断上移
   C. 中性轴的位置在不断下移　　　D. 屈服前中性轴上移，屈服后中性轴下移

5. 适筋梁在逐渐加载过程中，当受拉钢筋刚刚屈服后，则（   ）。
   A. 该梁达到最大承载力而立即破坏
   B. 该梁达到最大承载力，一直维持到受压区边缘混凝土达到极限压应变而破坏
   C. 该梁达到最大承载力，随后承载力缓慢下降，直至破坏
   D. 该梁承载力略有增加，待受压区边缘混凝土达到极限压应变而破坏

6. 截面尺寸和材料强度等级确定后，受弯构件正截面受弯承载力与受拉区纵向钢筋配筋率 ρ 之间的关系是（   ）。

A. ρ 愈大，正截面受弯承载力也愈大

B. ρ 愈大，正截面受弯承载力愈小

C. 当 $\rho < \rho_{max}$ 时，ρ 愈大，则正截面载力也愈大

D. 当 $\rho_{min} \leqslant \rho \leqslant \rho_{max}$ 时，ρ 愈大，正截面受弯承受弯承载力愈小

7. 受弯构件的界限破坏属于（　　）。

    A. 脆性破坏   B. 延性破坏   C. 最经济破坏   D. 最不经济破坏

8. 截面的有效高度是指（　　）。

    A. 受压钢筋合力点至截面受压区边缘之间的距离

    B. 受拉钢筋合力点至截面受压区边缘之间的距离

    C. 受拉钢筋合力点至受压钢筋合力点之间的距离

    D. 受压钢筋合力点至截面受拉区边缘之间的距离

9. 有两根其他条件均相同的受弯构件，仅正截面受拉区受拉钢筋的配筋率 ρ 不同，一根 ρ 大，一根 ρ 小。设 M_{cr} 是正截面开裂弯矩，M_u 是正截面受弯承载力，则 ρ 与 M_{cr}/M_u 的关系是（　　）。

    A. ρ 大的，M_{cr}/M_u 大   B. ρ 小的，M_{cr}/M_u 大

    C. 两者的 M_{cr}/M_u 相同   D. 无法比较

10. 提高适筋受弯构件正截面受弯能力最有效的方法是（　　）。

    A. 提高混凝土强度等级   B. 增加保护层厚度

    C. 增加截面高度   D. 增加截面宽度

11. 钢筋混凝土现浇板中分布钢筋的主要作用不是（　　）。

    A. 承受弯矩   B. 将板面荷载均匀地传给受力钢筋

    C. 形成钢筋网片固定受力钢筋   D. 抵抗温度和收缩应力

12. 在进行钢筋混凝土矩形截面双筋梁正截面承载力计算时，若 $x < 2a_s'$ 时，则说明（　　）。

    A. 受压钢筋配置过多   B. 受压钢筋配置过少

    C. 截面尺寸过大   D. 梁发生破坏时受压钢筋早已屈服

13. 当已知 A_s'，在进行钢筋混凝土矩形截面双筋梁正截面承载力计算时，若 $\xi > \xi_b$ 时，则说明（　　）。

    A. 受压钢筋配置过多   B. 受压钢筋配置过少

    C. 截面尺寸过大   D. 梁发生破坏时受压钢筋早已屈服

14. 当已知 A_s'，在进行钢筋混凝土矩形截面双筋梁正截面承载力复核时，若 $x < 2a_s'$ 时，则说明（　　），此时，截面能承受的极限弯矩为（　　）。

    A. 受压钢筋 A_s' 未达到屈服强度 f_y'，按受压钢筋 A_s' 未知重新计算

    B. 受压钢筋 A_s' 未达到屈服强度 f_y'，近似取 $x = 2a_s'$，并对受压钢筋 A_s' 合力点取矩

    C. 受压钢筋 A_s' 未达到屈服强度 f_y'，按最小配筋率确定极限弯矩

    D. 受拉钢筋 A_s 未达到屈服强度 f_y，按最小配筋率确定极限弯矩

15. 在进行钢筋混凝土矩形截面双筋梁正截面承载力复核时，若 $x > x_b = \xi_b h_0$ 时，则截面能承受的极限弯矩为（　　）。

    A. 可近似取 $x = x_b = \xi_b h_0$，由此计算极限弯矩

    B. 按受拉钢筋 A_s 未知重新计算

C. 按受压钢筋 A'_s 未知重新计算

D. 按最小配筋率确定极限弯矩

16. 在 T 形截面梁的正截面承载力计算中，假定在受压区翼缘计算宽度 b'_f 内，（　　）。

A. 压应力均匀分布　　　　　　　　B. 压应力按抛物线型分布

C. 压应力按三角形分布　　　　　　D. 压应力部分均匀分布，部分非均匀分布

17. 在 T 形截面受弯梁的截面设计中，关于 T 形截面类型的判别正确的是（　　）。

A. 如果 $M > \alpha_1 f_c b'_f h'_f (h_0 - 0.5h'_f)$，则属于第一类 T 形截面

B. 如果 $M \leqslant \alpha_1 f_c b'_f h'_f (h_0 - 0.5h'_f)$，则属于第一类 T 形截面

C. 如果 $f_y A_s \leqslant \alpha_1 f_c b'_f h'_f$，则属于第一类 T 形截面

D. 如果 $f_y A_s > \alpha_1 f_c b'_f h'_f$，则属于第一类

18. 在进行钢筋混凝土双筋矩形截面受弯构件正截面承载力计算时，要求受压区高度 $x \geqslant 2a'_s$ 的原因是（　　）。

A. 为了保证计算简图的简化

B. 为了保证不发生超筋破坏

C. 为了保证梁发生破坏时受压钢筋能够屈服

D. 为了保证梁发生破坏时受拉钢筋能够屈服

19. 混凝土保护层厚度指（　　）。

A. 钢筋内边缘至混凝土表面的距离

B. 纵向受力钢筋外边缘至混凝土表面的距离

C. 箍筋外边缘至混凝土构件外边缘的距离

D. 纵向受力钢筋重心至混凝土表面的距离

三、判断题

1. 适筋梁正截面受弯的全过程分为三个工作阶段，即未裂阶段、裂缝阶段和破坏阶段。

（　　）

2. 少筋梁发生正截面受弯破坏时，截面的破坏弯矩一般小于正常情况下的开裂弯矩。

（　　）

3. 凡正截面受弯时，由于受压区边缘的压应变达到混凝土极限压应变值，使混凝土压碎而产生破坏的梁，都称为超筋梁。（　　）

4. 适筋梁正截面受弯破坏时，最大压应力不在受压区边缘而是在受压区边缘的内侧处。

（　　）

5. 在截面的受压区配置一定数量的钢筋对改善混凝土的延性没有作用。　　（　　）

6. 在受弯构件中，采用受压钢筋协助混凝土承受压力一般来说是比较经济的。　（　　）

7. "受拉区混凝土一裂就坏"是少筋梁的破坏特点。　　　　　　　　　（　　）

8. 对于材料和尺寸都相同的单筋矩形截面适筋梁，它的正截面受弯承载力和破坏阶段的变形能力都随纵向受拉钢筋配筋百分率的增大而提高。　　　　　　　　（　　）

9. 截面的平均应变符合平截面假定是指在开裂区段中的某一个截面的应变符合平截面假定。

（　　）

10. 在适筋梁的受力破坏过程中，混凝土受压区的高度保持不变。　　　（　　）

11. 板中的分布钢筋应与板中的受力钢筋垂直。　　　　　　　　　　　（　　）

12. 若 $\xi > \xi_b$，则梁发生破坏时的受压区边缘混凝土纤维应变 $\varepsilon_c = \varepsilon_{cu}$，同时受拉钢筋的拉

应变 $\varepsilon_s > \varepsilon_y$，即梁发生破坏时受拉钢筋已经屈服，梁发生的破坏为超筋破坏情况。 （ ）

四、问答题

1. 简述受弯构件正截面破坏形态与斜截面破坏形态的不同之处。

2. 简述钢筋混凝土适筋梁三个工作阶段的特点以及工程意义。

3. 钢筋混凝土梁正截面受弯全过程与匀质弹性材料梁有哪些主要区别？

4. 钢筋混凝土梁正截面受弯主要有哪几种破坏形态？各有什么特点？

5. 为什么超筋梁的纵向受拉钢筋应力较小且不会屈服，试用平截面假定予以说明。

6. 适筋梁的配筋率有一定的范围，在这个范围内配筋率的改变对构件的哪些性能有影响？

7. 什么是相对受压区高度 ξ？什么是相对界限受压区高度 ξ_b？ξ_b 主要与哪些因素有关？

8. 混凝土受弯构件正截面承载力计算的基本假定是什么？

9. 单筋矩形截面梁正截面承载力计算公式的适用条件是什么？

10. 什么情况下应该采用双筋梁？

11. 在进行 T 形截面梁的截面设计和截面复核时，应如何分别判别 T 形截面的类型，其判别式是根据什么原理确定的？试由截面力的平衡予以说明。

12. 双筋梁截面承载力计算公式为何要满足 $x \geqslant 2a'_s$，不满足时，如何处理？

13. 一矩形截面梁，负担弯矩的纵向受拉钢筋有 4 根，直径为 25mm，如果布置成一排，则梁的宽度 b 至少应为多少？

14. 何为深受弯构件？

15. T 形截面受压区翼缘计算宽度 b'_f 为什么是有限的？b'_f 的确定考虑了哪些因素？

16. 第二类 T 形截面梁受弯承载力计算公式的思路和双筋矩形截面梁有何异同？

五、计算题

1. 已知一钢筋混凝土简支梁的计算跨度为 $l_0=6.8$m，承受均布荷载，其中永久荷载标准值为 12kN/m（不包括梁自重），可变荷载标准值为 11kN/m，结构的安全等级为二级，环境类别为一类，要求确定梁的截面尺寸和纵向受拉钢筋。

2. 一钢筋混凝土矩形截面简支梁，截面尺寸 $b \times h = 250\text{mm} \times 500\text{mm}$，计算跨度 $l_0 = 6.6$m，混凝土强度等级为 C30，纵向受拉钢筋采用 3Φ22 的 HRB335 级钢筋，环境类别为一类。试求该梁所能承受的均布荷载设计值（包括梁自重）。

3. 矩形截面梁，$b=250$mm，$h=600$mm，承受弯矩设计值 $M=180$kN·m，纵向受拉钢筋采用 HRB400 级，混凝土强度等级为 C25，环境类别为一类，试求纵向受拉钢筋截面面积 A_s。

4. 已知一钢筋混凝土雨篷板，板厚 $h=110$mm，承受均布荷载，计算跨度 $l_0=1.2$m，垂直于板跨度方向梁的总跨度为 6.6m，取单位宽度的板带 $b=1$m 计算，均布活荷载标准值 $q_k=3$kN/m²，混凝土强度等级为 C30，采用 HPB300 级钢筋，环境类别为二类 b。要求计算雨篷板的受力钢筋面积，选用钢筋直径和间距，并绘出钢筋分布图。

5. 已知一钢筋混凝土现浇简支板，计算跨度 $l_0=3$m，承受均布活荷载标准值 $q_k=4$kN/m²，混凝土强度等级为 C20，采用 HPB300 级钢筋，永久荷载分项系数 $\gamma_G=1.2$，可变荷载分项系数 $\gamma_Q=1.4$，钢筋混凝土容重为 25kN/m³，环境类别为一类，求受拉钢筋截面面积 A_s。

6. 已知矩形截面梁，梁宽 $b=250$mm，梁高分别为 $h=500$mm，550mm 和 600mm，承受弯矩设计值 $M=210$kN·m，纵向受拉钢筋采用 HRB400 级，混凝土强度等级为 C30，环境类别为一类，试求纵向受拉钢筋截面面积并分析受拉筋面积与梁高的关系。

7. 已知：矩形截面梁，梁宽 $b=250\text{mm}$，梁高 $h=500\text{mm}$，采用 C20 级混凝土，HRB400 级钢筋。承受弯矩设计值 $M=253\text{kN}\cdot\text{m}$，试计算该梁的纵向受力钢筋，并绘制截面配筋图。若改用 HRB335 级钢筋，截面配筋情况怎样？

8. 一矩形截面简支梁，截面尺寸 $b\times h=200\text{mm}\times500\text{mm}$，$a_s=a_s'=35\text{mm}$。该梁在不同荷载组合下受到变号弯矩的作用，其设计值分别为 $M=-80\text{kN}\cdot\text{m}$，$M=+140\text{kN}\cdot\text{m}$。采用 C20 级混凝土，HRB400 级钢筋。试求：

(1) 按单筋矩形截面计算在 $M=-80\text{kN}\cdot\text{m}$ 作用下，梁顶面需配置的受拉钢筋面积 A_s'；

(2) 按单筋矩形截面计算在 $M=+140\text{kN}\cdot\text{m}$ 作用下，梁底面需配置的受拉钢筋面积 A_s；

(3) 将在 $M=-80\text{kN}\cdot\text{m}$ 作用下梁顶面配置的受拉钢筋面积 A_s' 作为受压钢筋，按双筋矩形截面计算在 $M=+140\text{kN}\cdot\text{m}$ 作用下梁底面需配置的受拉钢筋面积 A_s；

(4) 比较（2）和（3）的总配筋面积。并讨论如何按双筋截面计算在 $M=-80\text{kN}\cdot\text{m}$ 作用下的配筋。

9. 一矩形截面简支梁，截面尺寸 $b\times h=250\text{mm}\times600\text{mm}$，混凝土强度等级为 C20，纵向钢筋采用 HRB400 级，环境类别为一类，梁跨中截面承受的最大弯矩设计值为 $M=446\text{kN}\cdot\text{m}$，若上述设计条件不能改变，求截面所需的受力钢筋截面面积。

10. 一矩形截面梁，截面尺寸 $b\times h=250\text{mm}\times700\text{mm}$，混凝土强度等级为 C20，纵向钢筋采用 HRB335 级，环境类别为一类，$a_s=a_s'=35\text{mm}$，受压区已配有钢筋 2Φ16，并且在计算中考虑其受压作用，截面所承受的弯矩设计值 $M=210\text{kN}\cdot\text{m}$，试计算所需的纵向受拉钢筋面积。

11. 若 10 题中的梁在受压区已配有钢筋 2Φ22，并且在计算中考虑其受压作用，其他条件不变，试计算所需的纵向受拉钢筋面积。

12. 钢筋混凝土 T 形截面梁，$b_f'=400\text{mm}$，$h_f'=100\text{mm}$，$b=200\text{mm}$，$h=600\text{mm}$，混凝土强度等级为 C20，钢筋选用 HRB400 级，$a_s=60\text{mm}$。试计算以下情况该梁的配筋：

(1) 承受弯矩设计值 $M=160\text{kN}\cdot\text{m}$；

(2) 承受弯矩设计值 $M=280\text{kN}\cdot\text{m}$；

(3) 承受弯矩设计值 $M=320\text{kN}\cdot\text{m}$。

13. 钢筋混凝土 T 形截面梁，$b_f'=500\text{mm}$，$h_f'=100\text{mm}$，$b=200\text{mm}$，$h=500\text{mm}$，混凝土强度等级为 C20，钢筋选用 HRB400 级。试计算以下情况该梁所能抵抗的极限弯矩设计值 M_u：

(1) 纵向受拉钢筋 $A_s=764\text{mm}^2$（3Φ18），$a_s=35\text{mm}$；

(2) 纵向受拉钢筋 $A_s=1526\text{mm}^2$（6Φ18），$a_s=60\text{mm}$。

14. 已知一矩形截面梁，截面尺寸 $b\times h=200\text{mm}\times450\text{mm}$，配置 HRB400 级钢筋，其中受拉钢筋为 3Φ25（$A_s=1473\text{mm}^2$），受压钢筋为 2Φ20（$A_s'=628\text{mm}^2$），混凝土强度等级为 C25，弯矩设计值为 $M=150\text{kN}\cdot\text{m}$，环境类别为一类，试计算此梁正截面承载力是否可靠。

15. 已知一 T 形截面梁，截面尺寸 $b=200\text{mm}$，$h=600\text{mm}$，$b_f'=400\text{mm}$，$h_f'=100\text{mm}$，混凝土强度等级为 C20，梁受拉区已配有 5Φ22（$A_s=1900\text{mm}^2$）的 HRB400 级受拉钢筋，$a_s=60\text{mm}$，承受的最大弯矩设计值 $M=240\text{kN}\cdot\text{m}$，试验算此梁正截面承载力是否满足要求。

参考答案

一、填空题

1. 单筋截面，双筋截面；
2. 正截面受弯承载力，斜截面受剪承载力，斜截面受弯承载力；
3. 裂缝宽度验算，挠度（变形）验算；
4. 受拉钢筋，有效面积 bh_0；
5. 应变片，纵向应变，电阻应变片，钢筋应变，位移计，挠度，倾角仪；
6. 未裂阶段（弹性阶段），带裂缝工作阶段，破坏阶段；
7. 挠度，纵筋拉应力；
8. 第Ⅰ阶段末（Ⅰₐ），第Ⅱ阶段，第Ⅲ阶段末（Ⅲₐ），第Ⅱ阶段；
9. 受拉钢筋先屈服，应变到达极限压应变，受压区混凝土被压碎，脆性；
10. 受拉区混凝土一裂就坏；
11. 防止超筋破坏，防止少筋破坏；
12. 受压区混凝土合力大小不变，受压区混凝土合力作用位置不变；
13. 达到屈服强度的同时，达到极限压应变 ε_{cu}，界限配筋率 ρ_b，最大配筋率 ρ_{max}；
14. 受拉钢筋面积，梁肋宽度，翼缘计算宽度，截面有效高度；
15. 承载力，延性；
16. 纵向受拉钢筋的配筋率；
17. 截面高度；
18. $\xi \leqslant \xi_b$，$x \geqslant 2a'_s$，发生超筋破坏，破坏时 A'_s 可达到 f'_y。

二、选择题

1. C；2. C；3. A；4. B；5. D；6. C；7. B；8. B；9. B；10. C；11. A；12. A；13. B；14. B；15. A；16. A；17. B；18. C；19. B。

三、判断题

1. √；2. ×；3. ×；4. √；5. ×；6. ×；7. √；8. ×；9. ×；10. ×；11. √；12. ×。

四、问答题

1. 正截面受弯破坏形态——在构件的纯弯段，随着弯矩的增大，在截面受拉区将出现垂直裂缝，混凝土退出工作，由配置在受拉区的纵向钢筋承担拉力。此后，钢筋应力随弯矩的增大而逐渐增大，直到受拉钢筋应力达到屈服强度，受压区混凝土被压碎而破坏。

斜截面受剪破坏形态——在弯矩和剪力的共同作用下，构件弯剪区段内的主拉应力方向是倾斜的，当主拉应力超过混凝土的抗拉强度时，将出现斜裂缝。由箍筋承受剪力，当穿过斜裂缝的箍筋应力达到屈服强度，剪压区的混凝土达到剪压复合受力强度时，构件沿斜截面破坏。

2. Ⅰ阶段——弹性工作阶段。

特点：①梁未开裂，处于弹性工作状态；②M/M_u-f 曲线接近直线；③钢筋应力 σ_s 较小；④截面应变符合平截面假定；⑤混凝土受拉区、受压区应力均为三角形分布。

Ⅰₐ状态为混凝土受拉边缘达到极限拉应变 ε_{tu}，受拉区应力为曲线分布。此应力状态可作为受弯构件抗裂验算的依据。

Ⅱ阶段——带裂缝工作阶段。

特点：①梁出现第一条裂缝，且随荷载增大裂缝逐渐增多，增宽；②M/M_u-f 曲线出现第一次转折，刚度降低；③钢筋应力突增；④平均应变仍符合平截面假定；⑤混凝土受压区应力分布渐渐弯曲，表现出塑性。

Ⅱ阶段可作为梁在正常使用阶段变形和裂缝开展宽度验算的依据。Ⅱ$_a$状态，受拉钢筋应力达到屈服强度，即 $\varepsilon_s = \varepsilon_y$。

Ⅲ阶段——破坏阶段。

特点：①裂缝急剧开展，挠度迅速增长；②M/M_u-f 曲线出现第二次转折，接近水平线；③钢筋进入流幅，$\sigma_s = f_y$，而钢筋应变持续增长；④平均应变仍符合平截面假定；⑤混凝土受压区应力分布图形更加弯曲，混凝土塑性表现更充分。

Ⅲ$_a$状态为混凝土受压边缘达到极限压应变 ε_{cu}，梁宣告破坏。可作为受弯构件正截面受弯承载能力计算依据。

3. 主要区别：钢筋混凝土梁的挠度变形可分为三个阶段，其中，前两个阶段近似为直线变化，但两个阶段的刚度不同，第二阶段的刚度小一些，这是由于混凝土的开裂造成的；第三阶段的挠度变形接近水平直线，而匀质弹性材料梁的挠度变化为刚度不变的直线段。

钢筋混凝土梁的纵筋受拉应力变化也可分为三个阶段，两个界分点分别为混凝土的开裂导致纵筋应力突然增大和纵筋屈服导致应力保持不变；而匀质弹性材料梁的截面应力是均匀变化的。

钢筋混凝土梁的截面应变在受力全过程中是线性变化，但这是在一段距离上的平均截面应变，而匀质弹性材料梁的截面应变是严格的线性变化的。

4. 主要有三种破坏形态：

（1）适筋破坏形态。

当纵向受拉钢筋配筋率 ρ 适当时，发生适筋破坏。

适筋破坏的特征是受拉钢筋首先达到屈服强度，而后混凝土压碎。破坏前有明显的预兆——裂缝、变形急剧发展，为"塑性破坏"。

（2）超筋破坏形态。

当纵向受拉钢筋配筋率 ρ 很大时，发生超筋破坏。

破坏时，钢筋尚处于弹性阶段，裂缝宽度较小，挠度也小，而且不能形成一条开展宽度较大的主裂缝，破坏始于受压区混凝土边缘达到极限压应变 ε_{cu}，破坏相当突然，无明显预兆，所配钢筋不能充分利用。

（3）少筋破坏形态。

当纵向受拉钢筋配筋率 ρ 很小时，发生少筋破坏。

梁出现裂缝前与适筋梁类似，混凝土一旦开裂，拉力由钢筋负担，钢筋应力 σ_s 迅速增长并可能超过其屈服强度而进入强化段。其承载能力仅仅大致相当于素混凝土梁的承载力。

5. 超筋梁在破坏时受压区混凝土的应变与适筋梁破坏和界限破坏的相同均为混凝土的极限压应变 ε_{cu}，如图 1-5 所示。超筋梁的受压区高度 $x >$

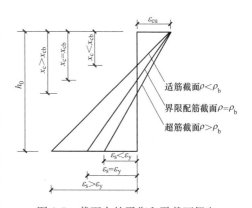

图 1-5　截面力的平衡和平截面假定

x_b，根据平截面假定则受拉区纵筋的应变较小，$\varepsilon_s < \varepsilon_y$，即纵向受拉钢筋应力较小且不会屈服。

6. 主要影响：在适筋梁的配筋率范围内，随着配筋率的增大，构件的承载力增大，但变形性能在降低，截面延性也降低。

7. 定义受压区高度与截面有效高度的比值，即 $\xi = x/h_0$ 为相对受压区高度。定义与界限破坏对应的矩形应力分布受压区高度与截面有效高度的比值，即 $\xi_b = x_b/h_0$ 为相对界限受压区高度。影响 ξ_b 的主要因素有：截面尺寸、钢筋强度及配筋率、混凝土强度等。

8. 混凝土受弯构件正截面承载力计算的基本假定有四个：

（1）截面应变保持平面；

（2）截面受拉区的拉力全部由钢筋负担，不考虑受拉区混凝土的抗拉作用；

（3）混凝土的 σ-ε 曲线，见图 1-6；

（4）纵向受拉钢筋的应力，为双折线，见图 1-7。

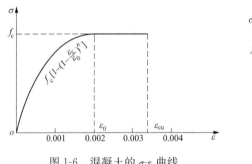

图 1-6　混凝土的 σ-ε 曲线　　　　图 1-7　钢筋的 σ-ε 曲线

9. 单筋矩形截面梁正截面承载力计算公式的适用条件是：

（1）$x \leqslant x_b = \xi_b h_0$，防止超筋破坏；

（2）$A_s \geqslant A_{s,min}$，防止少筋破坏。

10. 一般双筋梁在以下情况应用：

（1）设计弯矩较大，如果按单筋矩形截面设计将出现 $\xi > \xi_b$，即超筋梁，而截面尺寸受到限制，混凝土强度又不能提高时；

（2）梁可能分别承受正、负弯矩作用；

（3）由于某种原因，截面受压区已配有受压钢筋 A'_s。

11. 截面设计时：

如果 $M \leqslant \alpha_1 f_c b'_f h'_f (h_0 - 0.5 h'_f)$，属于第一类 T 形截面；

如果 $M > \alpha_1 f_c b'_f h'_f (h_0 - 0.5 h'_f)$，属于第二类 T 形截面。

截面复核时：

如果 $f_y A_s \leqslant \alpha_1 f_c b'_f h'_f$，属于第一类 T 形截面；

如果 $f_y A_s > \alpha_1 f_c b'_f h'_f$，属于第二类 T 形截面。

根据 $x = h'_f$ 时，截面的受力平衡方程得到。

12. 双筋梁截面承载力计算时要满足 $x \geqslant 2a'_s$，是为了防止构件破坏时受压钢筋达不到屈服强度。若截面设计时不满足该条件，近似取 $x = 2a'_s$，并对受压钢筋 A'_s 合力点取矩。

13. 根据梁钢筋净间距最小为 25 或钢筋直径，以及保护层厚度为 25mm，则梁的宽度最小为 $4 \times 25 + 3 \times 25 + 2 \times 25 = 225 \text{(mm)}$，因此，取 250mm。

14. 对于构件跨高比 $l_0/h<5$ 的受弯构件，其内力及截面应力分布与一般混凝土受弯构件相比较大，称其为深受弯构件。

15. 根据试验和理论分析，靠近梁肋处的翼缘中压应力较高，而离梁肋越远则翼缘中的压应力越小，其分布取决于截面和跨度等。

16. 第二类 T 形截面梁受弯承载力计算公式的思路和双筋矩形截面梁是一致的，受拉区的抗力由受拉钢筋提供，受压区的抗力由受压钢筋和受压区混凝土提供，不同点在于 T 形截面梁受压区混凝土的截面形式为 T 形，而双筋矩形梁受压区混凝土的截面形式为矩形。

五、计算题

1. 解：采用 C30 混凝土，HRB335 级钢筋，截面尺寸 $b\times h=200\text{mm}\times500\text{mm}$

$M=189.6\text{kN} \cdot \text{m}$

$\alpha_s=\dfrac{M}{\alpha_1 f_c b h_0^2}=0.342$，$\xi=1-\sqrt{1-2\alpha_s}=0.439<\xi_b=0.550$

$A_s=\dfrac{\alpha_1 f_c b h_0 \xi}{f_y}=1840\text{mm}^2$，$\rho=\dfrac{A_s}{bh_0}=2.1\%>\rho_{\min}$

选用 6Φ20，实际配筋面积 $A_s=1885\text{mm}^2$。

2. 解：（1）验算配筋率。

$\rho=\dfrac{A_s}{bh_0}=0.98\%>\rho_{\min}$

（2）计算受弯承载力。

$x=\dfrac{f_y A_s}{\alpha_1 f_c b}=96\text{mm}<\xi_b h_0=256\text{mm}$

$M_u=\alpha_1 f_c b x\left(h_0-\dfrac{x}{2}\right)=142.7\text{kN} \cdot \text{m}$

由 $M_u=\dfrac{1}{8}ql_0^2$，得 $q=26.2\text{kN/m}$

3. 解：$\alpha_s=\dfrac{M}{\alpha_1 f_c b h_0^2}=0.190$

$\xi=1-\sqrt{1-2\alpha_s}=0.212<\xi_b=0.518$

$A_s=\dfrac{\alpha_1 f_c b h_0 \xi}{f_y}=990\text{mm}^2$

$\rho=\dfrac{A_s}{bh_0}=0.7\%>\rho_{\min}$

选用 4Φ18，实际配筋面积 $A_s=1018\text{mm}^2$。

4. 解：$M=5.4\text{kN} \cdot \text{m}$

$\alpha_s=\dfrac{M}{\alpha_1 f_c b h_0^2}=0.052$

$\xi=1-\sqrt{1-2\alpha_s}=0.054<\xi_b=0.614$

$A_s=\dfrac{\alpha_1 f_c b h_0 \xi}{f_y}=243\text{mm}^2$

选用 Φ8@200，实际配筋面积 $A_s=252\text{mm}^2$。

5. 解：取板厚 $h=100\text{mm}$，则

$M = 9.68 \text{kN} \cdot \text{m}$

$\alpha_s = \dfrac{M}{\alpha_1 f_c b h_0^2} = 0.140$，$\xi = 1 - \sqrt{1 - 2\alpha_s} = 0.151 < \xi_b = 0.614$

$A_s = \dfrac{\alpha_1 f_c b h_0 \xi}{f_y} = 456.2 \text{mm}^2$

6. 解：（1）梁高 $h = 500\text{mm}$ 时

$\alpha_s = \dfrac{M}{\alpha_1 f_c b h_0^2} = 0.260$，$\xi = 1 - \sqrt{1 - 2\alpha_s} = 0.308 < \xi_b = 0.518$

$A_s = \dfrac{\alpha_1 f_c b h_0 \xi}{f_y} = 1451.3 \text{mm}^2$

（2）梁高 $h = 550\text{mm}$ 时

$\alpha_s = \dfrac{M}{\alpha_1 f_c b h_0^2} = 0.213$，$\xi = 1 - \sqrt{1 - 2\alpha_s} = 0.243 < \xi_b = 0.518$

$A_s = \dfrac{\alpha_1 f_c b h_0 \xi}{f_y} = 1264.4 \text{mm}^2$

（3）梁高 $h = 600\text{mm}$ 时

$\alpha_s = \dfrac{M}{\alpha_1 f_c b h_0^2} = 0.178$，$\xi = 1 - \sqrt{1 - 2\alpha_s} = 0.197 < \xi_b = 0.518$

$A_s = \dfrac{\alpha_1 f_c b h_0 \xi}{f_y} = 1125.4 \text{mm}^2$

承受相同的弯矩时，随着梁高的增大，所需受拉钢筋的面积明显减小。

7. 解：（1）纵筋采用 HRB400 级钢筋时，取 $\xi = \xi_b$

$A_s' = \dfrac{M - \xi_b(1 - 0.5\xi_b) b h_0^2 \alpha_1 f_c}{f_y'(h_0 - a_s')} = 348.2 \text{mm}^2$

选用 2Φ16，实际配筋 $A_s' = 402 \text{mm}^2$。

$A_s = \dfrac{\alpha_1 f_c b h_0 \xi_b + f_y' A_s'}{f_y} = 1952.9 \text{mm}^2$

选用 4Φ25，实际配筋 $A_s = 1963 \text{mm}^2$。

$A_s + A_s' = 2301.1 \text{mm}^2$

实际配筋 $A_s + A_s' = 2365 \text{mm}^2$。

（2）纵筋采用 HRB335 级钢筋时，取 $\xi = \xi_b$

$A_s' = \dfrac{M - \xi_b(1 - 0.5\xi_b) b h_0^2 \alpha_1 f_c}{f_y'(h_0 - a_s')} = 357.2 \text{mm}^2$

选用 2Φ16，实际配筋 $A_s' = 402 \text{mm}^2$。

$A_s = \dfrac{\alpha_1 f_c b h_0 \xi_b + f_y' A_s'}{f_y} = 2403.2 \text{mm}^2$

选用 5Φ25，实际配筋 $A_s = 2454 \text{mm}^2$。

$A_s + A_s' = 2760.4 \text{mm}^2$

实际配筋 $A_s + A_s' = 2856 \text{mm}^2$。

8. 解：（1）$M = -80\text{kN} \cdot \text{m}$ 作用时

$\alpha_s = \dfrac{M}{\alpha_1 f_c b h_0^2} = 0.193$，$\xi = 1 - \sqrt{1 - 2\alpha_s} = 0.216 < \xi_b = 0.518$

$$A'_s=\frac{\alpha_1 f_c b h_0 \xi}{f_y}=536\text{mm}^2$$

（2）$M=+140\text{kN}\cdot\text{m}$ 作用时

$$\alpha_s=\frac{M}{\alpha_1 f_c b h_0^2}=0.337,\ \xi=1-\sqrt{1-2\alpha_s}=0.429<\xi_b=0.518$$

$$A_s=\frac{\alpha_1 f_c b h_0 \xi}{f_y}=1065\text{mm}^2$$

（3）已知受压钢筋面积 $A'_s=536\text{mm}^2$

$$\alpha_s=\frac{M-f'_y A'_s(h_0-a'_s)}{\alpha_1 f_c b h_0^2}=0.137,\xi=1-\sqrt{1-2\alpha_s}=0.148<\xi_b=0.518,\ 且<\frac{2a'_s}{h_0}=0.151$$

说明 A'_s 数量过多，破坏时受压钢筋 A'_s 未达到抗压强度 f'_y。

取 $x=2a'_s$，并对 A'_s 合力点取矩得

$$A_s=\frac{M}{f_y(h_0-a'_s)}=905\text{mm}^2$$

9. 解：截面所受弯矩较大，故采用双筋截面，取 $\xi=\xi_b$，则

$$A'_s=\frac{M-\xi_b(1-0.5\xi_b)b h_0^2 \alpha_1 f_c}{f'_y(h_0-a'_s)}=755.3\text{mm}^2，选用 3\Phi18，实际配筋 A'_s=763\text{mm}^2。$$

$$A_s=\frac{\alpha_1 f_c b h_0 \xi_b+f'_y A'_s}{f_y}=2722.4\text{mm}^2，选用 4\Phi25+2\Phi22，实际配筋 A_s=2723\text{mm}^2。$$

10. 解：已知受压钢筋面积 $A'_s=402\text{mm}^2$，则

$$\alpha_s=\frac{M-f'_y A'_s(h_0-a'_s)}{\alpha_1 f_c b h_0^2}=0.126,\xi=1-\sqrt{1-2\alpha_s}=0.135<\xi_b=0.550,\ 且>\frac{2a'_s}{h_0}=0.105$$

$$A_s=\frac{\alpha_1 f_c b h_0 \xi+f'_y A'_s}{f_y}=1122\text{mm}^2$$

11. 解：已知受压钢筋面积 $A'_s=760\text{mm}^2$

$$\alpha_s=\frac{M-f'_y A'_s(h_0-a'_s)}{\alpha_1 f_c b h_0^2}=0.063$$

$$\xi=1-\sqrt{1-2\alpha_s}=0.065<\xi_b=0.550,\ 且<\frac{2a'_s}{h_0}=0.105$$

说明 A'_s 数量过多，破坏时受压钢筋 A'_s 未达到抗压强度 f'_y。

取 $x=2a'_s$，并对 A'_s 合力点取矩

$$A_s=\frac{M}{f_y(h_0-a'_s)}=1111\text{mm}^2$$

12. 解：（1）判别 T 形截面的类型

$$M=160\text{kN}\cdot\text{m}<\alpha_1 f_c b'_f h'_f\left(h_0-\frac{h'_f}{2}\right)=188.2\text{kN}\cdot\text{m}$$

属于第一类 T 形截面。

按 $b'_f\times h$ 的矩形截面计算配筋，则

$$\alpha_s=\frac{M}{\alpha_1 f_c b'_f h_0^2}=0.143,\ \xi=1-\sqrt{1-2\alpha_s}=0.155<\xi_b=0.518$$

$$A_s=\frac{\alpha_1 f_c b h_0 \xi}{f_y}=892.1\text{mm}^2$$

（2）判别 T 形截面的类型

$$M=280\text{kN}\cdot\text{m}>\alpha_1 f'_c b'_f h'_f\left(h_0-\frac{h'_f}{2}\right)=188.2\text{kN}\cdot\text{m}$$

属于第二类 T 形截面。

$$\alpha_s=\frac{M-\alpha_1 f_c\ (b'_f-b)\ h'_f\left(h_0-\frac{h'_f}{2}\right)}{\alpha_1 f_c b h_0^2}=0.332,\ \xi=1-\sqrt{1-2\alpha_s}=0.420<\xi_b=0.518$$

$$A_s=\alpha_1 f_c b\xi h_0/f_y+\alpha_1 f_c(b'_f-b)h'_f/f_y=1224.0\text{mm}^2$$

（3）判别 T 形截面的类型

$$M=320\text{kN}\cdot\text{m}>\alpha_1 f'_c b'_f h'_f\left(h_0-\frac{h'_f}{2}\right)=188.2\text{kN}\cdot\text{m}$$

属于第二类 T 形截面。

$$\alpha_s=\frac{M-\alpha_1 f_c(b'_f-b)h'_f\left(h_0-\frac{h'_f}{2}\right)}{\alpha_1 f_c b h_0^2}=0.404,\xi=1-\sqrt{1-2\alpha_s}=0.561>\xi_b=0.518$$

说明为超筋梁，可增加梁高 h 或提高混凝土强度等级。如果这些都受到限制而不能提高时，则可按双筋 T 形截面计算。

13. 解：（1）判别 T 形截面的类型

$$f_y A_s=275\text{kN}<\alpha_1 f_c b'_f h'_f=480\text{kN}$$

属于第一类 T 形截面。

按 $b'_f\times h$ 的矩形截面计算配筋

$$x=\frac{f_y A_s}{\alpha_1 f_c b'_f}=57\text{mm}<\xi_b h_0=241\text{mm}$$

$$M_u=\alpha_1 f_c b'_f x\left(h_0-\frac{x}{2}\right)=120\text{kN}\cdot\text{m}$$

（2）判别 T 形截面的类型

$$f_y A_s=549\text{kN}>\alpha_1 f_c b'_f h'_f=480\text{kN}$$

属于第二类 T 形截面。

$$\xi=\frac{f_y A_s-\alpha_1 f_c(b'_f-b)h'_f}{\alpha_1 f_c b h_0}=0.309<\xi_b=0.518$$

$$\alpha_s=\xi(1-0.5\xi)=0.262$$

$$M_u=\alpha_s\alpha_1 f_c b h_0^2+\alpha_1 f_c(b'_f-b)h'_f\left(h_0-\frac{h'_f}{2}\right)=209.5\text{kN}\cdot\text{m}$$

14. 解：$x=\dfrac{f_y A_s-f'_y A'_s}{\alpha_1 f_c b}=128\text{mm}<\xi_b h_0=215\text{mm}$，且$>2a'_s=70\text{mm}$

$$M_u=\alpha_1 f_c b x\left(h_0-\frac{x}{2}\right)+f'_y A'_s(h_0-a'_s)=192.7\text{kN}\cdot\text{m}>M=150\text{kN}\cdot\text{m}，满足要求。$$

15. 解：判别 T 形截面的类型

$$f_y A_s=684\text{kN}>\alpha_1 f_c b'_f h'_f=384\text{kN}$$

属于第二类 T 形截面。

$$\xi = \frac{f_y A_s - \alpha_1 f_c (b_f' - b) h_f'}{\alpha_1 f_c b h_0} = 0.475 < \xi_b = 0.518$$

$$\alpha_s = \xi (1 - 0.5\xi) = 0.362$$

$$M_u = \alpha_s \alpha_1 f_c b h_0^2 + \alpha_1 f_c (b_f' - b) h_f' \left(h_0 - \frac{h_f'}{2} \right) = 296.7 \text{kN} \cdot \text{m} > M = 240 \text{kN} \cdot \text{m}$$

满足要求。

第5章　受弯构件斜截面承载力

内容提要 📍

1. 在荷载作用下，钢筋混凝土梁弯剪区段产生斜裂缝的主要原因为主拉应力超过了混凝土的抗拉强度；斜裂缝的开展方向大致沿着主压应力迹线（垂直于主拉应力）方向。斜裂缝可分为两类，一类为弯剪斜裂缝，常见于一般梁中。另一类为腹剪斜裂缝，在薄腹梁中更易发生。

2. 受弯构件斜截面剪切破坏的主要形态有斜压破坏、剪压破坏和斜拉破坏三种，当弯剪区剪力较大、弯矩较小，即剪跨比较小（$\lambda < 1$）时，或剪跨比虽适中（$1 < \lambda < 3$）但腹筋配置过多时，以及薄腹梁中易发生斜压破坏，其特点为混凝土被斜向压坏时，箍筋应力达不到屈服强度，属脆性破坏，设计时用限制截面尺寸不能过小来防止这种破坏的发生。当梁的剪跨比较大（$\lambda > 3$）且腹筋数量过少时易发生斜拉破坏，破坏时梁沿斜向裂成两部分，破坏过程短促而突然，脆性很大，设计时采用配置一定数量的箍筋和构造措施来避免发生斜拉破坏。剪压破坏多发生在剪跨比适中（$1 < \lambda < 3$）和腹筋配置适量的梁中，其破坏特征为箍筋应力首先达到屈服强度，然后剪压区混凝土达到剪压复合受力时的强度而破坏，钢筋和混凝土的强度均被充分利用。因此，斜截面受剪承载力的计算公式是以剪压破坏为基础建立的。

3. 影响受弯构件斜截面受剪承载力的因素很多，主要有剪跨比、混凝土强度、箍筋的配筋率和箍筋强度，以及纵向钢筋的配筋率等。一般来讲，剪跨比愈大，受剪承载力愈低；混凝土强度越高，受剪承载力越大；在配筋量适当的范围内，箍筋配得愈多，箍筋强度愈高，受剪承载力也愈大；增加纵筋的配筋率可以提高梁的受剪承载力。

4. 受弯构件除了可能沿斜截面发生受剪破坏外，还可能沿斜截面发生受弯破坏。对于斜截面受剪承载力，应通过计算配置适量的腹筋来保证；对于斜截面受弯承载力，主要是采取构造措施，确定纵向受力钢筋的弯起、截断、锚固及箍筋的间距等，一般不必进行计算。

5. 钢筋混凝土构件的剪切破坏机理及受剪承载力计算是一个极为复杂的问题，目前仍未很好解决。我国《混凝土结构设计规范》（GB 50010—2010）采用半理论半经验的方法，给出了受剪承载力计算公式，它得到的是试验结果的偏下限值。

习题 📍

一、填空题

1. 受弯构件斜截面承载力计算主要包括斜截面_____承载力和斜截面_____承载力两个方面。

2. 箍筋和弯起钢筋统称为_____或_____。

3. _____与_____的比值称为剪跨比或广义剪跨比；_____与_____的比值称之为计算剪跨比。

4. 无腹筋梁的抗剪承载力随剪跨比的增大而_____，随混凝土强度等级的提高而_____。

5. 受弯构件斜截面破坏的主要形态有＿＿＿＿＿＿＿＿、＿＿＿＿＿＿＿和＿＿＿＿＿＿＿。

6. 影响受弯构件斜截面受剪承载力的主要因素有：＿＿＿＿＿＿＿＿、＿＿＿＿＿＿＿、＿＿＿＿＿＿＿＿、＿＿＿＿＿＿＿以及＿＿＿＿＿＿＿。

7. 钢筋混凝土无腹筋梁发生斜拉破坏时，受剪承载力取决于＿＿＿＿＿＿＿；发生斜压破坏时，受剪承载力取决于＿＿＿＿＿＿＿＿＿；发生剪压破坏时，受剪承载力取决于＿＿＿＿＿＿＿＿。

8. 区分受弯构件斜截面破坏形态为斜拉、剪压和斜压破坏的主要因素为＿＿＿＿＿＿＿和＿＿＿＿＿＿＿。

9. 梁中箍筋的配筋率 ρ_{sv} 的计算公式为：＿＿＿＿＿＿＿。

10. 有腹筋梁沿斜截面剪切破坏可能出现三种主要破坏形态。其中，斜压破坏是＿＿＿＿＿＿＿而发生的；斜拉破坏是由于＿＿＿＿＿＿＿＿＿而引起的。

11. 斜截面受剪承载力的上限值，即截面的尺寸限值条件主要是为了避免梁发生＿＿＿＿＿＿＿破坏。

12. 斜截面受剪承载力的下限值，即箍筋的最小配筋率主要是为了避免梁发生＿＿＿＿＿＿破坏。

13. 规范规定，梁内应配置一定数量的箍筋，箍筋的间距不能超过规定的箍筋最大间距，是保证＿＿＿＿＿＿＿＿。

14. 在纵筋有弯起或截断的钢筋混凝土受弯梁中，梁的斜截面承载能力除应考虑斜截面抗剪承载力外，还应考虑＿＿＿＿＿＿＿＿＿＿＿＿。

15. 钢筋混凝土梁中，在确定纵筋的弯起时需满足＿＿＿＿＿＿＿＿＿＿、＿＿＿＿＿＿＿和＿＿＿＿＿＿＿＿＿＿＿＿等三个方面的要求。

16. 钢筋混凝土梁中，纵筋弯起时的角度一般取＿＿＿＿和＿＿＿＿。

17. 为保证梁斜截面受弯承载力，梁弯起钢筋在受拉区的弯点，应设在该钢筋的充分利用点以外，该弯点至充分利用点的距离应＿＿＿＿＿＿＿＿＿＿＿＿。

二、选择题

1. 我国现行混凝土规范的受剪承载力计算公式是依据有腹筋梁（　　）特征建立的。
　　A. 斜拉破坏　　　　B. 剪压破坏　　　　C. 斜压破坏　　　　D. 适筋破坏

2. 我国现行混凝土规范的受剪承载力计算时主要考虑的抗剪能力不包括（　　）。
　　A. 混凝土的抗剪能力　　　　　　　B. 纵筋的抗剪能力
　　C. 箍筋的抗剪能力　　　　　　　　D. 弯起筋的抗剪能力

3. 在梁的斜截面受剪承载力计算时，必须对梁的截面尺寸加以限制（不能过小），目的是防止发生（　　）。
　　A. 斜拉破坏　　　　B. 剪压破坏　　　　C. 斜压破坏　　　　D. 斜截面弯曲破坏

4. 在梁的斜截面受剪承载力计算时，必须对梁的最小配箍率进行限值，目的是防止发生（　　）。
　　A. 斜拉破坏　　　　B. 剪压破坏　　　　C. 斜压破坏　　　　D. 少筋破坏

5. 受弯构件斜截面破坏的主要形态中，就抗剪承载能力而言（　　）。
　　A. 斜拉破坏＞剪压破坏＞斜压破坏　　　B. 剪压破坏＞斜拉破坏＞斜压破坏
　　C. 斜压破坏＞剪压破坏＞斜拉破坏　　　D. 剪压破坏＞斜压破坏＞斜拉破坏

6. 受弯构件斜截面破坏的主要形态中，就变形能力而言（　　）。

A. 斜拉破坏＞剪压破坏＞斜压破坏　　B. 剪压破坏＞斜拉破坏＞斜压破坏

C. 斜压破坏＞剪压破坏＞斜拉破坏　　D. 剪压破坏＞斜压破坏＞斜拉破坏

7. 连续梁在主要为均布荷载作用下，计算抗剪承载力时剪跨比可以使用（　　）。

A. 计算剪跨比

B. 广义剪跨比

C. 计算剪跨比和广义剪跨比的较大值

D. 计算剪跨比和广义剪跨比的较小值

8. 防止梁发生斜压破坏最有效的措施是（　　）。

A. 增加箍筋　　　B. 增加截面尺寸　　C. 增加腹筋　　　D. 增加弯起筋

9. 对于承受均布荷载的梁受剪承载力计算的计算截面选取错误的是（　　）。

A. 支座边缘处的截面

B. 受拉区弯起钢筋弯起点的截面

C. 跨中截面

D. 腹板宽度改变处的截面

10. 影响梁斜截面受剪承载力的主要因素不包括（　　）。

A. 剪跨比　　　　　　　　　　B. 混凝土保护层厚度

C. 箍筋的配筋率和箍筋强度　　D. 纵筋的配筋率

11. 对于弯起钢筋的说法错误的是（　　）。

A. 弯起钢筋所承受的剪力随弯起钢筋面积的加大而提高

B. 弯起钢筋所承受的剪力与弯起角度有关

C. 弯起钢筋的弯起点位置无特殊要求，只要方便施工即可

D. 弯起钢筋可伸入连续梁的支座兼做负弯矩筋，并可以截断

12. 对于纵筋的截断说法正确的是（　　）。

A. 支座负弯矩钢筋和跨间受拉钢筋均可截断

B. 弯起钢筋延伸必须长度后而切断

C. 纵筋的截断位置可以选择在钢筋的理论截断点处

D. 纵筋的截断位置可以选择在钢筋的充分利用点处

13. 对于弯起钢筋的构造要求说法错误的是（　　）。

A. 当不能弯起纵向受拉钢筋抗剪时，亦可放置浮筋抗剪

B. 当不能弯起纵向受拉钢筋抗剪时，亦可放置压筋抗剪

C. 当梁截面高度大于 700mm 时，弯起角度宜采用 60°

D. 若弯起钢筋是光面钢筋，应在末端设置弯钩

14. 钢筋混凝土梁剪切破坏的剪压区多发生在（　　）。

A. 弯矩最大截面　　　　　　　B. 剪力最大截面

C. 弯矩和剪力都较大截面　　　D. 剪力较大，弯矩较小截面

15. 关于简支梁斜截面受剪机理的说法错误的是（　　）。

A. 无腹筋梁在临界斜裂缝出现后，梁被斜裂缝分割成套拱式机构

B. 无腹筋梁的传力体系可比拟为一个拉杆拱

C. 有腹筋梁的传力体系可比拟为一个拱形桁架

D. 有腹筋梁的拱形桁架中纵筋为受拉腹杆

三、判断题

1. 箍筋的主要作用是提供抗剪承载力、正截面受弯承载力和约束混凝土的变形。（　　）

2. 钢筋混凝土梁的配筋中只有箍筋承受剪力，其他钢筋都不承受剪力。（　　）

3. 受弯构件斜截面破坏的主要形态中：斜拉破坏和斜压破坏为脆性破坏，剪压破坏时箍筋屈服，因此受弯构件斜截面承载能力计算公式是按剪压破坏的受力特征建立的。（　　）

4. 纵筋弯起时，若按计算弯起钢筋需要有多排，两排钢筋的弯起点的距离没有特别的要求，只要方便施工即可。（　　）

5. 当梁的剪跨比较大（$\lambda > 3$）时，梁一定发生斜拉破坏，因此，设计时必须限制梁的剪跨比 $\lambda \leqslant 3$。（　　）

6. 我国现行《混凝土结构设计规范》中对梁中箍筋的最大间距和最小直径进行了限制，其目的主要是避免梁发生斜拉破坏。（　　）

7. 当梁上只作用均布荷载时，进行梁的斜截面受剪承载力计算时可不考虑剪跨比的影响。（　　）

8. 钢筋混凝土梁中纵筋的截断位置为，在钢筋的充分利用点处截断。（　　）

9. 钢筋混凝土梁中纵筋的截断位置为，在钢筋的理论不需要点处截断。（　　）

10. 纵筋的截断通常只在梁的负弯矩区进行。（　　）

四、问答题

1. 在无腹筋钢筋混凝土梁中，斜裂缝出现后梁的应力状态发生了哪些变化，为什么会发生这些变化？

2. 无腹筋梁斜截面受剪破坏形态有哪些？影响无腹筋梁受剪破坏的主要因素是什么？

3. 剪跨比对无腹筋梁的受剪传力机制和受剪破坏形态有何影响？

4. 什么是广义剪跨比？什么是计算剪跨比？其表示的力学含义各是什么？

5. 箍筋的作用主要有哪些？

6. 影响有腹筋梁受剪破坏的主要因素是什么？为什么配置腹筋不能提高斜压破坏的受剪承载力？

7. 受弯构件斜截面破坏的主要形态有几种？各发生在什么情况下？设计中如何避免破坏的发生？

8. 我国现行《混凝土结构设计规范》中受剪承载力计算公式的适用范围是什么？采取什么措施来防止斜拉破坏和斜压破坏？与受弯构件正截面承载力计算中防止少筋梁和超筋梁的措施相比，有何异同之处？

9. 在进行梁斜截面受剪承载力设计时，计算截面如何取？

10. 箍筋的设置满足最大间距和最小直径要求是否一定满足最小配箍率的要求？

11. 对于偏心受压构件，轴向力对构件受剪承载力有何影响？原因何在？主要规律如何？

12. 什么是抵抗弯矩图？它与设计弯矩图的关系应当怎样？什么是纵筋的充分利用点和理论截断点？

13. 什么是冲切破坏？抗冲切钢筋有哪些构造要求？

14. 试绘出图 1-8（均布荷载作用的悬臂梁；均布荷载作用的外伸梁；均布荷载作用的连续梁；水平荷载作用的框架）所示结构或构件可能发生斜裂缝的状况。

五、计算题

1. 某楼层钢筋混凝土矩形截面简支梁，截面尺寸 $b \times h = 250\text{mm} \times 500\text{mm}$，计算净跨为

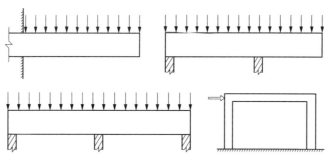

图 1-8　问答题 14 图

$l_0 = 5.76\text{m}$，承受楼面传来的均布恒载标准值 22kN/m（包括梁自重），均布活荷载标准值 10kN/m，采用 C20 混凝土，纵筋为 HRB400 级钢筋，箍筋为 HPB300 级钢筋。若此梁只配置箍筋，试确定箍筋的直径和间距。

2．T 形截面简支梁，梁的支承情况、荷载设计值（包括梁自重）及截面尺寸如图 1-9 所示。混凝土强度等级为 C30，纵向钢筋采用 HRB400 级，箍筋采用 HRB335 级。梁截面受拉区配有 6Φ20 纵向受力钢筋，$h_0 = 690\text{mm}$。求：

（1）仅配置箍筋，求箍筋的直径和间距；

（2）配置双肢Φ8@120 箍筋，计算弯起钢筋的数量。

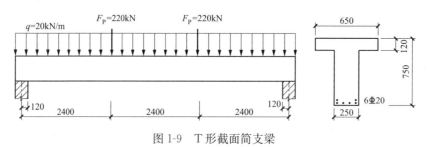

图 1-9　T 形截面简支梁

3．矩形截面简支梁如图 1-10 所示，集中荷载设计值 $F_P = 120\text{kN}$（包括梁自重等恒载），混凝土为 C20 级，纵筋为 HRB400 级钢筋，箍筋采用 HPB300 级钢筋，要求：

（1）根据跨中最大弯矩计算该梁的纵向受拉钢筋；

（2）按配箍筋和弯起钢筋进行斜截面受剪承载力计算；

（3）进行配筋，并绘制抵抗弯矩图、钢筋布置图和钢筋尺寸详图。

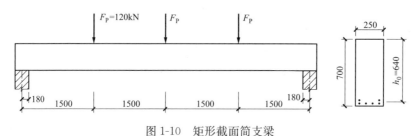

图 1-10　矩形截面简支梁

4．某车间工作平台梁如图 1-11 所示，截面尺寸 $b = 300\text{mm}$，$h = 700\text{mm}$，梁上均布荷载设计值 90kN/m（包括梁自重）。混凝土强度等级为 C25，纵筋采用 HRB400 级钢筋，箍筋采用 HRB335 级钢筋。求：进行正截面及斜截面承载力计算，并确定纵筋、箍筋和弯起钢筋的数量。

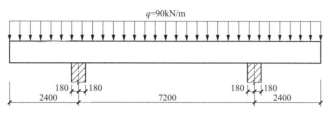

图 1-11　两端外伸梁

5. 受均布荷载作用的伸臂梁间图 1-12 所示，简支梁跨度为 6.9m，均布荷载设计值为 70kN/m，伸臂跨度为 1.83m，均布荷载设计值为 150kN/m。梁截面尺寸 $b = 250mm$，$h = 650mm$。混凝土强度等级为 C25，纵筋采用 HRB335 级钢筋，箍筋采用 HPB300 级钢筋。要求对该梁进行配筋计算并布置钢筋。

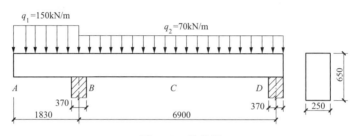

图 1-12　外伸梁

6. 框架柱截面 $b \times h = 400mm \times 400mm$，柱净高 $H_n = 3m$，柱端作用弯矩设计值 $M = 130kN \cdot m$，与剪力相应的轴向压力设计值 $N = 800kN$，剪力设计值 $V = 180kN$。混凝土强度等级为 C30，纵筋采用 HRB400 级，箍筋采用 HPB300 级。试验算柱截面尺寸，并确定箍筋数量。

7. 某工作平台板，板厚 90mm，结构平面见图 1-13 所示。板面承受均布荷载设计值 6kN/m²，混凝土强度等级为 C20，钢筋采用 HPB300 级钢筋。要求计算板的配筋，并画出钢筋布置图。

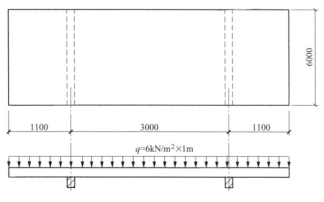

图 1-13　平台板

35

参考答案

一、填空题

1. 受剪，受弯；

2. 腹筋，横向钢筋；

3. 弯矩 M，剪力和截面有效高度的乘积 Vh_0，剪跨 a，截面有效高度；

4. 减小，增大；

5. 斜压破坏，剪压破坏，斜拉破坏；

6. 剪跨比，混凝土强度，箍筋配筋率，箍筋强度，纵筋配筋率；

7. 混凝土的抗拉强度，混凝土斜压柱的受压承载力（混凝土抗压强度），混凝土强度；

8. 剪跨比，箍筋配筋率；

9. $\rho_{sv} = \dfrac{A_{sv}}{bs}$；

10. 剪跨比较小或剪跨比适当而腹筋数量过多，剪跨比较大而腹筋过少；

11. 斜压破坏；

12. 斜拉破坏；

13. 避免剪压区混凝土在剪压复合应力作用下达到混凝土复合受力强度而破坏；

14. 斜截面受弯承载力；

15. 正截面受弯承载力，斜截面受剪承载力，斜截面受弯承载力；

16. $45°$，$60°$；

17. $\geqslant h_0/2$。

二、选择题

1. B；2. B；3. C；4. A；5. C；6. D；7. B；8. B；9. C；10. B；11. C；12. B；13. A；14. C；15. D。

三、判断题

1. ×；2. ×；3. √；4. ×；5. ×；6. √；7. √；8. ×；9. ×；10. √。

四、问答题

1. 梁上出现斜裂缝后，梁的应力状态发生了很大变化，亦即发生了应力重分布。

在斜裂缝出现前，剪力 V_A 由全截面承受，在斜裂缝形成后，剪力 V_A 全部由斜裂缝上端混凝土残余面抵抗。同时，由 V_A 和 V_c 所组成的力偶须由纵筋的拉力 T_s 和混凝土压力 D_c 组成的力偶来平衡。因此，剪力 V_A 在斜截面上不仅引起 V_c，还引起 T_s 和 D_c，致使斜裂缝上端混凝土残余面既受剪又受压，故称剪压区。由于剪压区的截面面积远小于全截面面积，因而斜裂缝出现后剪压区的剪应力 τ 显著增大；同时剪压区的压应力 σ 也显著增大。

在斜裂缝出现前，截面 BB' 处纵筋的拉应力由该截面处的弯矩 M_B 所决定。在斜裂缝形成后，截面 BB' 处的纵筋拉应力则由截面 AA' 处的弯矩 M_A 所决定。由于 $M_A > M_B$，所以斜截面形成后，穿过斜裂缝的纵筋的拉应力将突然增大。

2. 主要有三种形式的破坏形态：

剪跨比很小（$\lambda < 1$）时，发生斜压破坏，荷载主要通过拱作用直接传递到支座。主压应力方向与支座和荷载作用点的连线基本一致，拱体如同斜向受压小柱。最后，拱体混凝土在斜向压应力的作用下受压破坏，呈受压脆性破坏特征。

剪跨比很大时（λ＞3），发生斜拉破坏，一旦出现斜裂缝，就很快形成临界裂缝，承载力急剧下降，脆性性质显著，属于受拉脆性破坏。

剪跨比适中时（1＜λ＜3），发生剪压破坏，此时有一定拱的作用，斜裂缝出现后，部分荷载通过拱作用传递到支座。随着荷载的增大，会形成临界斜裂缝，斜裂缝顶端处混凝土在剪应力和压应力的共同作用下，达到混凝土的复合受力下的强度而破坏，同样为脆性破坏。

影响因素主要有剪跨比、混凝土强度、纵筋配筋率、截面尺寸和尺寸效应等。

3. 剪跨比大，荷载主要通过梁机构传递到支座；剪跨比小，荷载主要通过拱机构直接传递到支座。随着剪跨比的增大，受剪承载力很快减小，表明拱机构传递机制随着剪跨比的增大而很快降低。

剪跨比对受剪破坏形态的影响见题2。

4. 定义 $\lambda = M/Vh_0$ 为广义剪跨比，简称剪跨比。梁的受剪性能与梁截面上弯矩 M 和剪力 V 的相对大小有很大关系，实质上是与截面 σ 和 τ 的相对比值有关。剪跨比 λ 是一个能反映梁斜截面受剪承载力变化规律和区分发生各种剪切破坏形态的重要参数。

定义剪跨 a 与截面有效高度的比值，称为计算剪跨比，即 $\lambda = a/h_0$。计算剪跨比是对集中荷载作用下的简支梁的广义剪跨比的进一步简化。

5. 箍筋的主要作用：

（1）增强斜截面的受剪承载力。

（2）与纵筋形成钢筋骨架。

（3）使各种钢筋在施工时保持正确的位置。

（4）箍筋还能防止纵筋受压后过早压屈而失稳。

（5）对核心混凝土形成一定的约束，改善混凝土的受力性能。

6. 影响有腹筋梁受剪破坏的主要因素有剪跨比、混凝土强度、箍筋配筋率和箍筋强度、纵筋配筋率等。由于斜压破坏时，梁最后是因为斜压柱体被压碎而破坏，破坏时与斜裂缝相交的箍筋应力达不到屈服强度，梁的受剪承载力主要取决于混凝土斜压柱体的受压承载力。因此，配置过多的箍筋不能提高受剪承载力。

7. 受弯构件斜截面破坏的主要形态有三种：

（1）斜压破坏。发生条件：当梁的剪跨比较小（λ＜1）；或剪跨比适当（1＜λ＜3），但截面尺寸过小而腹筋数量过多时。破坏特征：斜裂缝首先在梁腹部出现，有若干条，并且大致相互平行。随着荷载的增加，斜裂缝一端朝支座另一端朝荷载作用点发展，梁腹部被这些斜裂缝分割成若干个倾斜的受压柱体，梁最后是因为斜压柱体被压碎而破坏。

符合截面尺寸限值条件即可避免斜压破坏。

（2）剪压破坏。发生条件：当梁的剪跨比适当（1＜λ＜3），且梁中腹筋数量不过多；或梁的剪跨比较大（λ＞3），但腹筋数量不过少时。破坏特征：梁的弯剪段下边缘先出现初始垂直裂缝，随荷载增加，这些初始垂直裂缝将大体上沿着主压应力轨迹向集中荷载作用点延伸。当荷载增加到某一数值时，在几条斜裂缝中会形成一条主要的临界斜裂缝。最后，与临界斜裂缝相交的箍筋应力达到屈服强度，剪压区混凝土在剪压复合应力作用下达到混凝土复合受力强度而破坏。

通过受剪承载力配筋即可避免剪压破坏。

（3）斜拉破坏。发生条件：当梁的剪跨比较大（λ＞3），同时梁内配置的腹筋数量又过少时。破坏特征：斜裂缝一出现，即很快形成临界斜裂缝，并迅速延伸到集中荷载作用点处。

因腹筋数量过少，所以腹筋应力很快达到屈服强度，梁斜向被拉裂成两部分而突然破坏。

满足箍筋最小配筋率即可避免斜拉破坏。

8. 公式的适用范围有两条：

（1）公式的上限——截面尺寸限制条件。该条件表面上限制截面尺寸不应过小，其实质是防止箍筋配置过多，导致不能屈服，产生斜压破坏。相当于受弯构件正截面承载力计算中防止超筋梁的措施。

（2）公式的下限——防止腹筋过少过稀（构造配箍条件）。如果梁内箍筋配置过少，斜裂缝一出现，箍筋立即屈服甚至被拉断，导致发生脆性的斜拉破坏。相当于受弯构件正截面承载力计算中防止少筋梁的措施。

9. 控制梁斜截面受剪承载力的应该是剪力设计值较大而受剪承载力较小或截面抗力变化处的斜截面。计算截面一般取：

（1）支座边缘处的截面；

（2）受拉区弯起钢筋弯起点处的截面；

（3）箍筋截面面积或间距改变处的截面；

（4）腹板宽度改变处的截面。

10. 不一定。这是因为箍筋的设置之所以要满足最大间距和最小直径要求，是为了控制使用荷载下的斜裂缝宽度，并保证每条斜裂缝至少穿过一个箍筋。而最小配箍率的设置，是为了保证斜裂缝出现后，箍筋不至于不能承担斜裂缝截面混凝土退出工作所释放出来的拉应力，和剪跨比较大时，可能发生的斜拉破坏。

11. 试验表明，对于偏压构件，其受剪承载力 V_u 随轴压力或轴压比 n 的增大而增大，当 $n \approx 0.3 \sim 0.5$ 时，V_u 达到最大值。即轴向压力 N 对构件受剪承载力起有利作用。主要原因是：

（1）N 能阻止斜裂缝的出现和开展，使裂缝出现推迟，裂缝宽度减小；

（2）N 使截面受压区高度增加，剪压区面积增大；

（3）N 使临界斜裂缝与纵轴的夹角减小。

与偏压构件相反，对于偏拉构件，轴向拉力的存在会加快裂缝的出现和开展，使 V_u 明显降低。

12. 抵抗弯矩图又称材料图，是按梁实际配置的纵向受力钢筋所确定的各正截面所能抵抗的弯矩图形，代表各截面实际能抵抗的弯矩值，要大于设计弯矩图。

充分利用点：材料图上钢筋强度完全得到充分利用的临界点。

理论截断点（不需要点）：抵抗弯矩图上钢筋强度不再发挥作用的临界点。

13. 对于承受集中荷载的板、柱下基础等构件，其受力和破坏特点与承受局部或集中反力的钢筋混凝土板类似，除可能产生弯曲破坏外，能产生双向剪切破坏，即两个方向的斜截面形成一个截头锥体，锥体斜截面大体呈 45° 倾角，这种破坏称为冲切破坏。

14. 斜裂缝如图 1-14 所示。

五、计算题

1. 解：（1）验算截面尺寸。

$h_w / b = 1.86$，$V = 116.4 \text{kN} < 0.25 \beta_c f_c b h_0 = 279 \text{kN}$，故截面尺寸满足要求。

$V = 116.4 \text{kN} > 0.7 f_t b h_0 = 89.5 \text{kN}$，故需计算配置箍筋。

（2）计算配筋。

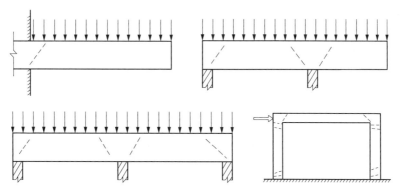

图 1-14 斜裂缝发展图

$$\frac{A_{sv}}{s} \geq \frac{V-0.7f_t b h_0}{f_{yv} h_0} = 0.214$$

选用双肢φ6@160，实际 $A_{sv}/s = 0.353$

$$\rho_{sv} = \frac{A_{sv}}{bs} = 0.14\% > \rho_{sv,min} = 0.24\frac{f_t}{f_{yv}} = 0.1\%$$

2. 解：（1）$h_w/b = 2.28$，$V = 289.6\text{kN}(244\text{kN}) < 0.25\beta_c f_c b h_0 = 616.7\text{kN}$，故截面尺寸满足要求。

经计算知，集中力产生的剪力占总剪力的 75% 以上，剪跨比 $\lambda = a/h_0 = 3.48$，则

$V = 289.6\text{kN}(244\text{kN}) > \dfrac{1.75}{\lambda+1}f_t b h_0 = 89.5\text{kN}$，故需计算配置箍筋。

1) 若仅配置箍筋。

对于 AB 段，$V = 289.6\text{kN}$

由 $V = \dfrac{1.75}{\lambda+1}f_t b h_0 + f_{yv}\dfrac{A_{sv}}{s}h_0$，得

$A_{sv}/s = 0.967$，选用双肢Φ8@100，实际 $A_{sv}/s = 1.01$。

2) 对于 BC 段，$V = 244\text{kN}$。

由 $V = \dfrac{1.75}{\lambda+1}f_t b h_0 + f_{yv}\dfrac{A_{sv}}{s}h_0$，得

$A_{sv}/s = 0.746$，选用双肢Φ8@130，实际 $A_{sv}/s = 0.777$。

（2）若配置箍筋双肢Φ8@120。

对于 AB 段，$V = 289.6\text{kN}$

由 $V = \dfrac{1.75}{\lambda+1}f_t b h_0 + f_{yv}\dfrac{A_{sv}}{s}h_0 + 0.8f_{yv}A_{sb}\sin\alpha_s$，得

$A_{sb} = 127\text{mm}^2$，弯起 2Φ20，分两排弯起，实际 $A_{sb} = 314\text{mm}^2$。

对于 BC 段，$V = 244\text{kN}$

由 $V = \dfrac{1.75}{\lambda+1}f_t b h_0 + f_{yv}\dfrac{A_{sv}}{s}h_0 + 0.8f_{yv}A_{sb}\sin\alpha_s$，得

$A_{sb} < 0$，BC 段故不需要弯起钢筋。

3. 解：（1）$M = 360\text{kN·m}$，按单筋截面计算。

$$\alpha_s = \frac{M}{\alpha_1 f_c b h_0^2} = 0.366, \quad \xi = 1 - \sqrt{1-2\alpha_s} = 0.483 < \xi_b = 0.518$$

$A_s = \dfrac{\alpha_1 f_c b h_0 \xi}{f_y} = 2060\text{mm}^2$，$\rho = \dfrac{A_s}{b h_0} = 1.29\% > \rho_{\min}$

选用 3⊕22＋3⊕20，实际配筋面积 $A_s = 2082\text{mm}^2$。

（2）求解。

1）$h_w / b = 2.56$，$V = 180\text{kN} < 0.25 \beta_c f_c b h_0 = 384\text{kN}$，故截面尺寸满足要求。

剪跨比 $\lambda = a / h_0 = 2.1$

$V = 180\text{kN} > \dfrac{1.75}{\lambda + 1} f_t b h_0 = 99.4\text{kN}$，故需计算配置箍筋。

2）计算配筋。

选用箍筋为双肢Φ8@200，则 $A_{sv}/s = 0.283$

由 $V = \dfrac{1.75}{\lambda + 1} f_t b h_0 + f_{yv} \dfrac{A_{sv}}{s} h_0 + 0.8 f_{yv} A_{sb} \sin\alpha_s$，得

$A_{sb} = 156\text{mm}^2$，弯起 3⊕20，分三排弯起，实际 $A_{sb} = 314\text{mm}^2$。

4．解：（1）跨中正截面承载力计算，$M = 324.1\text{kN·m}$，按单筋截面计算。

$\alpha_s = \dfrac{M}{\alpha_1 f_c b h_0^2} = 0.222$，$\xi = 1 - \sqrt{1 - 2\alpha_s} = 0.254 < \xi_b = 0.518$

$A_s = \dfrac{\alpha_1 f_c b h_0 \xi}{f_y} = 1611\text{mm}^2$，$\rho = \dfrac{A_s}{b h_0} = 0.84\% > \rho_{\min}$

选用 4⊕18＋4⊕14，实际配筋面积 $A_s = 1634\text{mm}^2$。

（2）支座正截面承载力计算，$M = 259.2\text{kN·m}$，按单筋截面计算。

$\alpha_s = \dfrac{M}{\alpha_1 f_c b h_0^2} = 0.177$，$\xi = 1 - \sqrt{1 - 2\alpha_s} = 0.197 < \xi_b = 0.518$

$A_s = \dfrac{\alpha_1 f_c b h_0 \xi}{f_y} = 1248\text{mm}^2$，$\rho = \dfrac{A_s}{b h_0} = 0.65\% > \rho_{\min}$

选用 4⊕16＋4⊕14，实际配筋面积 $A_s = 1420\text{mm}^2$。

（3）支座斜截面承载力计算。

1）$h_w / b = 2.13$，$V = 523.8\text{kN} < 0.25 \beta_c f_c b h_0 = 571.2\text{kN}$，故截面尺寸满足要求。

$V = 523.8\text{kN} > 0.7 f_t b h_0 = 170.7\text{kN}$，故需计算配置箍筋。

2）计算配筋。选用箍筋为双肢⊕10@120，则 $A_{sv}/s = 1.309$

由 $V = 0.7 f_t b h_0 + f_{yv} \dfrac{A_{sv}}{s} h_0 + 0.8 f_{yv} A_{sb} \sin\alpha_s$，得

$A_{sb} = 500\text{mm}^2$，弯起 4⊕14，分两排弯起，实际 $A_{sb} = 615\text{mm}^2$。

5．解：（1）跨中正截面承载力计算，$M = 291.1\text{kN·m}$，按单筋截面计算

$\alpha_s = \dfrac{M}{\alpha_1 f_c b h_0^2} = 0.281$，$\xi = 1 - \sqrt{1 - 2\alpha_s} = 0.338 < \xi_b = 0.550$

$A_s = \dfrac{\alpha_1 f_c b h_0 \xi}{f_y} = 1980\text{mm}^2$，$\rho = \dfrac{A_s}{b h_0} = 1.34\% > \rho_{\min}$

选用 4⊕20＋4⊕16，实际配筋面积 $A_s = 2061\text{mm}^2$。

（2）支座正截面承载力计算，$M = 251\text{kN·m}$，按单筋截面计算。

$\alpha_s = \dfrac{M}{\alpha_1 f_c b h_0^2} = 0.242$，$\xi = 1 - \sqrt{1 - 2\alpha_s} = 0.282 < \xi_b = 0.550$

$$A_s = \frac{\alpha_1 f_c b h_0 \xi}{f_y} = 1651 \text{mm}^2, \quad \rho = \frac{A_s}{b h_0} = 1.12\% > \rho_{\min}$$

选用 1Φ20+7Φ16，实际配筋面积 $A_s = 1721 \text{mm}^2$。

（3）B 支座斜截面承载力计算。

①$h_w/b = 2.36$，$V = 267 \text{kN} < 0.25\beta_c f_c b h_0 = 438.8 \text{kN}$，故截面尺寸满足要求。

$V = 267 \text{kN} > 0.7 f_t b h_0 = 131.1 \text{kN}$，故需计算配置箍筋。

②计算配筋，若只配箍筋

由 $V = 0.7 f_t b h_0 + f_{yv} \dfrac{A_{sv}}{s} h_0$，得

$A_{sv}/s = 0.853$，选用Φ8@110，实际 $A_{sv}/s = 0.914$。

（4）D 支座斜截面承载力计算。

1）$h_w/b = 2.36$，$V = 205.1 \text{kN} < 0.25\beta_c f_c b h_0 = 438.8 \text{kN}$，故截面尺寸满足要求。

$V = 205.1 \text{kN} > 0.7 f_t b h_0 = 131.1 \text{kN}$，故需计算配置箍筋。

2）计算配筋，若只配箍筋。

由 $V = 0.7 f_t b h_0 + f_{yv} \dfrac{A_{sv}}{s} h_0$，得

$A_{sv}/s = 0.465$，选用Φ8@200，实际 $A_{sv}/s = 0.503$。

6. 解：（1）$h_w/b = 0.91$，$V = 180 \text{kN} < 0.25\beta_c f_c b h_0 = 522 \text{kN}$，故截面尺寸满足要求。
剪跨比 $\lambda = M/V h_0 = 1.98$

$$V = 180 \text{kN} > \frac{1.75}{\lambda + 1} f_t b h_0 = 122.6 \text{kN}$$，故需计算配置箍筋。

（2）计算配筋。

由 $V = \dfrac{1.75}{\lambda + 1} f_t b h_0 + f_{yv} \dfrac{A_{sv}}{s} h_0 + 0.07N$

因 $N = 800 \text{kN} > 0.3 f_c A = 686.4 \text{kN}$，故取 $N = 686.4 \text{kN}$，得

$A_{sv}/s = 0.1$，选用双肢Φ6@200，实际 $A_{sv}/s = 0.285$。

7. 解：（1）取 1m 宽板进行计算
跨中截面，$M = 3.12 \text{kN·m}$，按单筋截面计算

$$\alpha_s = \frac{M}{\alpha_1 f_c b h_0^2} = 0.066, \quad \xi = 1 - \sqrt{1 - 2\alpha_s} = 0.069 < \xi_b = 0.614$$

$$A_s = \frac{\alpha_1 f_c b h_0 \xi}{f_y} = 171 \text{mm}^2$$

选用Φ6@120，实际配筋面积 $A_s = 226 \text{mm}^2$

（2）支座截面，$M = 3.63 \text{kN·m}$，按单筋截面计算

$$\alpha_s = \frac{M}{\alpha_1 f_c b h_0^2} = 0.077, \quad \xi = 1 - \sqrt{1 - 2\alpha_s} = 0.080 < \xi_b = 0.614$$

$$A_s = \frac{\alpha_1 f_c b h_0 \xi}{f_y} = 200 \text{mm}^2$$

选用Φ6@120，实际配筋面积 $A_s = 226 \text{mm}^2$

垂直于受力钢筋方向布置分布钢筋，采用Φ6@250。

$V \ll 0.7 f_t b h_0 = 53.9 \text{kN}$，可以不设腹筋。

第6章 受压构件截面承载力

内容提要 📍

1. 钢筋混凝土轴心受压短柱的破坏属于材料破坏,钢筋和混凝土都达到各自的极限强度。一般的长柱破坏也属于材料破坏,但特别细长的柱会由于失稳而破坏。轴心受压长柱和短柱采用同一受压承载力计算公式,采用稳定系数 φ 来反映长柱纵向弯曲引起的受压承载力的降低。

2. 间接钢筋通过对核心混凝土的约束作用,提高了核心混凝土的抗压强度,从而使构件的承载力有所增大,承载力提高的幅度与间接配筋的数量及其抗拉强度有关。

3. 偏心受压构件的正截面破坏有大偏心受压破坏和小偏心受压破坏两种。当纵向压力 N 的相对偏心距 e_0/h_0 较大,且受拉钢筋 A_s 不过多时发生大偏心受压破坏,又称受拉破坏。当纵向压力 N 的相对偏心距 e_0/h_0 较大,但受拉钢筋 A_s 数量过多,或者相对偏心距 e_0/h_0 较小时发生小偏心受压破坏,又称受压破坏。两种破坏的界限在于受压混凝土压碎时受拉钢筋是否已经屈服。当 $\xi \leqslant \xi_b$ 时为大偏心受压,$\xi > \xi_b$ 为小偏心受压。大偏心受压破坏属于延性破坏,而小偏心受压破坏则为脆性破坏。

4. 长细比较大的偏心受压构件,可采用弯矩增大系数 η_{ns} 来考虑由纵向弯曲引起的二阶效应的影响。计算时构件的偏心距取 e_i,其中 $e_i = e_0 + e_a$,e_a 取 20mm 和 $h/30$ 两者中的较大值。当矩形截面 l_0/h(圆形截面为 l_0/d)$\leqslant 5$ 或者对于任意截面 $l_0/i \leqslant 17.5$ 时,取 $\eta_{ns} = 1.0$。

5. 大、小偏心受压构件正截面承载力的计算原理是相同的,基本公式都是由两个平衡条件得到的。具体计算时,应根据实际情况作出判断,并验算适用条件,必要时还应补充条件。

6. 在一定范围内,轴向压力对偏心受压构件的斜截面受剪承载力有提高作用,计算中应予以考虑。

习题 📍

一、填空题

1. 根据轴向压力作用点是否与构件截面形心位置重合,受压构件分为_____ 和_____ 两大类。

2. 根据长细比大小的不同,轴心受压柱分为_____ 和_____ 两大类。

3. 螺旋箍筋或焊接环筋也称_____。

4. 偏心受压构件正截面破坏有_____ 和_____ 破坏两种形态。当纵向压力 N 的相对偏心距 e_0/h_0 较大,且 A_s 不过多时发生_____ 破坏,也称_____。其特征为_____。

5. 小偏心受压破坏特征是受压区混凝土_____,压应力较大一侧钢筋_____,而另一侧钢筋受拉_____ 或者受压_____。

6. 界限破坏指_____,此时受压区混凝土相对高度为_____。

7. 判别大、小偏心受压破坏的条件为：_____，为大偏心受压；_____，为小偏心受压。

8. 偏心受压长柱计算中，由于侧向挠曲而引起的附加弯矩是通过_____来加以考虑的。

9. 柱截面尺寸 $b \times h$（b 小于 h），计算长度为 l_0。当按偏心受压计算时，其长细比为_____；当按平面外轴心受压验算时，其长细比为_____。

10. 由于工程中实际存在着荷载作用位置的不定性、_____及_____等因素，在偏心受压构件的正截面承载力计算中，应计入轴向压力在偏心方向的附加偏心距 e_a，其值取_____和_____两者中的较大值。

11. 大偏心受压构件承载力计算公式的两个适用条件是_____和_____。

二、选择题

1. 轴心受压构件正截面承载力计算公式 $N \leqslant N_u = 0.9\varphi(f_c A + f'_y A'_s)$ 中，0.9 的含义是（ ）。
    A. 分项系数　　　 B. 可靠度调整系数　 C. 组合系数　　　 D. 经验系数

2. 配置螺旋箍筋可以提高轴心受压柱正截面承载力的主要原因是（ ）。
    A. 螺旋箍筋的强度高
    B. 螺旋箍筋可有效约束纵筋，提高纵筋的抗压强度
    C. 螺旋箍筋可有效约束核心混凝土，提高混凝土的抗压强度
    D. 螺旋箍筋的变形能力很强

3. 钢筋混凝土大偏压构件的破坏特征是（ ）。
    A. 靠近纵向力作用一侧的钢筋拉屈，随后另一侧钢筋压屈，混凝土也压碎
    B. 远离纵向力作用一侧的钢筋拉屈，随后另一侧钢筋压屈，混凝土也压碎
    C. 靠近纵向力作用一侧的钢筋和混凝土应力不定，而另一侧受拉钢筋拉屈
    D. 远离纵向力作用一侧的钢筋和混凝土应力不定，而另一侧受拉钢筋拉屈

4. 对于对称配筋的钢筋混凝土受压柱，大小偏心受压构件的判断条件是（ ）。
    A. $e_i < 0.3h_0$ 时，为大偏心受压构件
    B. $\xi > \xi_b$ 时，为大偏心受压构件
    C. $\xi \leqslant \xi_b$ 时，为大偏心受压构件
    D. $e_i > 0.3h_0$ 时，为小偏心受压构件

5. 一对称配筋的大偏心受压柱，承受的四组内力中，最不利的一组内力为（ ）。
    A. $M = 495$kN·m，$N = 230$kN　　　 B. $M = 510$kN·m，$N = 320$kN
    C. $M = 503$kN·m，$N = 410$kN　　　 D. $M = -510$kN·m，$N = 500$kN

6. 一小偏心受压柱，可能承受以下四组内力设计值，试确定按（ ）组内力计算所得配筋量最大。
    A. $M = 430$kN·m，$N = 1800$kN　　　 B. $M = 430$kN·m，$N = 2500$kN
    C. $M = 430$kN·m，$N = 3200$kN　　　 D. $M = 530$kN·m，$N = 1800$kN

7. 钢筋混凝土矩形截面大偏压构件截面设计当 $x < 2a'_s$ 时，受拉钢筋的计算截面面积 A_s 的求法是（ ）。
    A. 对受压钢筋合力点取矩求得，即按 $x = 2a'_s$ 计算
    B. 先按 $x = 2a'_s$ 计算，再按 $A'_s = 0$ 计算，两者取大值

混凝土结构原理与设计

C. 按 $x=\xi_b h_0$ 计算

D. 按最小配筋率及构造要求确定

8. 钢筋混凝土偏心受压构件，其大小偏心受压的根本区别是（　　）。

A. 截面破坏时，受拉钢筋是否屈服　　　B. 截面破坏时，受压钢筋是否屈服

C. 偏心距的大小　　　D. 受压一侧混凝土是否达到极限压应变值

9. 一对称配筋构件，经检验发现少放了 20% 的钢筋，则（　　）。

A. 对轴压承载力的影响比轴拉大

B. 对轴压和轴拉承载力的影响程度相同

C. 对轴压承载力的影响比轴拉小

D. 对轴压和大小偏压界限状态轴力承载力的影响相同

10. 影响弯矩增大系数 η_{ns} 的直接因素不包括（　　）。

A. 构件的计算长度　　　B. 截面面积

C. 初始偏心　　　D. 弯矩的大小

11. 有一个不对称配筋偏心受压构件，经过承载力计算得 $A_s=-316\text{mm}^2$，则（　　）。

A. A_s 按 -316mm^2 配置

B. A_s 按受拉钢筋最小配筋率配置

C. A_s 按受压钢筋最小配筋率配置

D. A_s 可以不配置

12. 有一个不对称配筋偏心受压构件，经过承载力计算得 $A'_s=-316\text{mm}^2$，则（　　）。

A. A'_s 按 -316mm^2 配置

B. A'_s 按受拉钢筋最小配筋率配置

C. A'_s 按受压钢筋最小配筋率配置

D. A'_s 可以不配置

13. 对于大偏心受压构件，若在受压区已配有受压钢筋 A'_s，而承载力计算时有 $x>\xi_b h_0$，则（　　）。

A. 按小偏心受压计算

B. 应加大构件截面尺寸，或按 A'_s 未知重新计算

C. A'_s 按受压钢筋最小配筋率配置

D. A_s 按受拉钢筋最小配筋率配置

14. 钢筋混凝土矩形截面对称配筋柱，下列说法错误的是（　　）。

A. 对大偏心受压，当轴向压力 N 值不变时，弯矩 M 值越大，所需纵向钢筋越多

B. 对大偏心受压，当弯矩 M 值不变时，轴向压力 N 值越大，所需纵向钢筋越多

C. 对小偏心受压，当轴向压力 N 值不变时，弯矩 M 值越大，所需纵向钢筋越多

D. 对小偏心受压，当弯矩 M 值不变时，轴向压力 N 值越大，所需纵向钢筋越多

15. 对于一个对称配筋的矩形截面柱，作用有两组弯矩和轴力值，分别为 (M_1,N_1) 和 (M_2,N_2)，两组内力均为大偏心受压情况，已知 $M_1<M_2$，$N_1>N_2$，且在 (M_1,N_1) 作用下，柱将破坏，那么在 (M_2,N_2) 作用下（　　）。

A. 柱不会破坏　　　B. 不能判断是否会破坏

C. 柱将破坏　　　D. 柱会有一定变形，但不会破坏

44

三、判断题

1. 轴心受压构件主要是利用纵筋而非混凝土承受轴心压力。（　　）

2. 钢筋混凝土矩形截面对称配筋柱，对大偏心受压，当轴向压力 N 值不变时，弯矩 M 值越大，所需纵向钢筋越多。（　　）

3. 其他条件相同时，若轴心受压构件的长细比不同，其正截面承载力也不同。（　　）

4. 截面尺寸、材料强度和纵筋配筋均相同的螺旋箍筋钢筋混凝土轴心受压柱的承载力比普通箍筋钢筋混凝土轴心受压柱的承载力低。（　　）

5. 钢筋混凝土大、小偏心受压构件破坏的主要区别是：破坏时离轴向力较远一侧的钢筋是受拉还是受压。（　　）

6. 钢筋混凝土大、小偏心受压构件破坏的共同特征是：破坏时受压区混凝土均压碎，受压区钢筋均达到其强度值。（　　）

7. 螺旋箍筋的抗拉强度比普通箍筋强度高，因此，其配置螺旋箍筋的轴压构件正截面承载力就比普通箍筋轴压构件的承载力高。（　　）

8. 钢筋混凝土大偏压构件的破坏特征是远离纵向压力作用一侧的钢筋拉屈，随后另一侧钢筋压屈，混凝土被压碎。（　　）

9. 钢筋混凝土小偏压构件的破坏特征是破坏始于受压区混凝土的压碎，远离纵向力作用一侧的钢筋一定受拉不屈服，而另一侧钢筋必定受压屈服。（　　）

10. 钢筋混凝土大偏心受压构件承载力计算时，若验算时 $x<2a_s'$，则说明受压区（即靠近纵向压力的一侧）钢筋在构件中不能充分利用。（　　）

四、问答题

1. 纵筋在受压构件中有何作用？

2. 配置间接钢筋的轴心受压柱，其正截面承载力比配置普通箍筋的轴压柱的承载力高，原因是什么？

3. 螺旋箍筋柱不能适用于哪些情况？为什么？

4. 偏心受压正截面破坏形态有几种？发生条件和破坏特征怎样？偏心距较大时为什么也会发生受压破坏？

5. 什么是大、小偏心受压的界限破坏？与界限状态对应的 ξ_b 是如何确定的？

6. 偏心受压构件正截面承载力计算与受弯构件正截面承载力计算有何异同？什么情况下，偏心受压构件计算允许出现 $\xi>\xi_b$？此时，受拉钢筋的应力如何确定？

7. 对受压构件中的纵向弯曲影响，为什么轴压和偏压采用不同的表达式？

8. 偏压构件的承载力计算时，为什么要考虑附加偏心距？

9. 说明截面设计时大、小偏心受压破坏的判别条件是什么？对称配筋时如何进行判别？

10. 什么是二阶效应？在偏心受压构件设计中如何考虑这一问题？

11. 画出矩形截面大、小偏心受压破坏时截面应力计算图形，并标明钢筋和受压混凝土的应力值。

12. 小偏心受压非对称配筋截面设计，当 A_s 及 A_s' 均未知时，为什么可以首先确定 A_s' 的数量？如何确定？

13. 钢筋混凝土大偏心受压构件非对称配筋，如果计算中出现 $x<2a_s'$，应如何计算？出现这种现象的原因是什么？

14. 影响受压构件延性的因素有哪些？如何提高受压构件的延性？

15. 试总结不对称和对称配筋截面大小偏心受压的判别方法。截面设计与截面复核大小偏心的判别方法有什么不同？

五、计算题

1. 某混合结构多层房屋，门厅为现浇内框架结构（按无侧移考虑），其底层柱截面为方形，按轴心受压构件计算。轴向压力设计值 $N=3200\text{kN}$，层高 $H=5\text{m}$，混凝土为 C30 级，纵筋用 HRB335 级钢筋，箍筋为 HPB300 级钢筋。试求柱的截面尺寸并配置纵筋和箍筋。

2. 若题 1 中的柱截面由于建筑要求，限定为直径不大于 450mm 的圆形截面，其他条件不变，试求：

（1）采用普通箍筋柱；

（2）采用螺旋箍筋柱，分别求柱的配筋。

3. 已知矩形截面偏心受压柱，截面尺寸 $b \times h=400\text{mm} \times 600\text{mm}$，采用 C30 混凝土，HRB400 级钢筋，$a_s=a_s'=40\text{mm}$，柱的计算长度 $l_0=7\text{m}$，弯矩作用平面内柱上下两端的支撑长度为 5.6m，承受轴向压力设计值 $N=2000\text{kN}$，柱顶截面弯矩设计值 $M_1=470\text{kN}\cdot\text{m}$，柱底截面弯矩设计值 $M_2=510\text{kN}\cdot\text{m}$，柱端弯矩在结构分析时已考虑侧移二阶效应，柱挠曲变形为单曲率变形。试计算柱的纵向钢筋面积 A_s 和 A_s'。

4. 已知数据同题 3，但已知配置受压钢筋 6⌀25，$A_s'=2945\text{mm}^2$。计算所需配置的受拉钢筋 A_s。

5. 已知矩形截面偏心受压柱，截面尺寸 $b \times h=400\text{mm} \times 600\text{mm}$，采用 C40 混凝土，HRB400 级钢筋，$a_s=a_s'=40\text{mm}$，柱的计算长度 $l_0=4.5\text{m}$，弯矩作用平面内柱上下两端的支撑长度为 3.6m，承受轴向压力设计值 $N=5000\text{kN}$，柱顶截面弯矩设计值 $M_1=92\text{kN}\cdot\text{m}$，柱底截面弯矩设计值 $M_2=100\text{kN}\cdot\text{m}$，柱端弯矩在结构分析时已考虑侧移二阶效应，柱挠曲变形为单曲率变形。试计算柱的纵向钢筋面积 A_s 和 A_s'。

6. 已知数据同题 5，采用对称配筋，求 $A_s=A_s'$。

7. 其他条件同题 3，但轴向压力设计值 $N=1500\text{kN}$，采用对称配筋，求 $A_s=A_s'$。

8. 已知矩形截面柱，$b \times h=400\text{mm} \times 500\text{mm}$，$a_s=a_s'=40\text{mm}$，纵筋采用 HRB335 级钢筋，$A_s'$ 为 4⌀20，A_s 为 2⌀20，混凝土强度等级为 C20，柱的计算长度 l_0 为 6m，轴向力的设计值 $N=800\text{kN}$。求该柱能承受的弯矩设计值。

参考答案

一、填空题

1. 轴心受压，偏心受压；

2. 长柱，短柱；

3. 间接钢筋；

4. 大偏心受压，小偏心受压，大偏心受压，受拉破坏，破坏从受拉区开始，受拉钢筋首先屈服，而后受压区混凝土被压坏；

5. 被压坏，受压屈服，不屈服，不屈服；

6. 偏压构件中，当受拉纵筋 A_s 屈服的同时受压区边缘混凝土达到极限压应变 ε_{cu}，ξ_b；

7. $\xi \leqslant \xi_b$，$\xi > \xi_b$；

8. 偏心距增大系数；

9. l_0/h，l_0/b；

10. 混凝土质量的不均匀性（配筋的不对称性），施工偏差，20mm，$h/30$；

11. $x \leqslant \xi_b h_0$（或 $\xi \leqslant \xi_b$），$x \geqslant 2a_s'$（或 $\xi \geqslant 2a_s'/h_0$）。

二、选择题

1. B；2. C；3. B；4. C；5. A；6. C；7. A；8. A；9. C；10. B；11. B；12. C；13. B；14. B；15. C。

三、判断题

1. ×；2. √；3. √；4. ×；5. ×；6. √；7. ×；8. √；9. ×；10. √。

四、问答题

1. 纵筋在受压构件中的作用主要有：

（1）改善构件的延性；

（2）减小混凝土的徐变；

（3）承受轴压力 N 的作用以减小构件尺寸；

（4）防止偶然偏心产生的破坏。

2. 对于配置间接钢筋的轴心受压柱，间接钢筋的存在使核心混凝土处于三向受压状态，提高了混凝土的抗压强度，进而提高了构件的受压承载力。

3. 下列情况，不考虑间接钢筋的影响而按轴压计算构件的承载力：

（1）当构件的长细比 $l_0/d > 12$ 时；此时由于轴向压力及初始偏心引起纵向弯曲，降低构件承载能力，使得螺旋箍筋不能发挥作用。

（2）当按考虑间接钢筋的提高作用计算得到的承载力小于按轴压计算得到的承载力时，此时，外围混凝土相对较厚而间接钢筋较少；

（3）当间接钢筋的换算截面面积 A_{sso} 小于纵向钢筋的全部截面面积的 25% 时，此时，可以认为间接钢筋配置太少，它对核心混凝土的约束作用不明显。

4. 主要有两种破坏形态：

（1）拉压破坏（大偏心受压破坏）。发生条件：相对偏心距 e_0/h_0 较大，受拉纵筋 A_s 不过多时。

破坏特征：破坏从受拉区开始，受拉钢筋首先屈服，而后受压区混凝土被压坏。

（2）受压破坏（小偏心受压破坏）。发生条件：当相对偏心距 e_0/h_0 较大，但受拉纵筋 A_s 数量过多时，或相对偏心距 e_0/h_0 较小时；当相对偏心距 e_0/h_0 很小时。

破坏特征：由于混凝土受压而破坏，压应力较大一侧钢筋能够达到屈服强度，而另一侧钢筋受拉不屈服或者受压不屈服。

相对偏心距 e_0/h_0 较大，但受拉纵筋 A_s 数量过多时，同样可以发生受压破坏，这是因为过多受拉钢筋的存在导致破坏时钢筋达不到屈服强度，从而发生受压破坏。

5. 大、小偏心受压的界限破坏是指，受拉纵筋 A_s 达到屈服强度的同时受压区边缘混凝土达到极限压应变 ε_{cu}。

偏压构件的界限破坏特征和适筋梁与超筋梁的界限破坏特征完全相同，因此，ξ_b 的表达式和确定方法与受弯构件的完全一样。

6. 对于大偏压构件，其承载力计算思路与受弯构件双筋截面承载力计算思路是相同的，而小偏压构件则不同。当偏心距很小，或受压纵筋数量过多时，允许出现 $\xi > \xi_b$。

7. 轴压承载力计算中，纵向弯曲的影响主要是构件的长细比引起的，因此，只要采用构件的稳定系数考虑长细比的影响即可。而偏压构件的承载力计算中，纵向弯曲的影响包括荷载作用位置的不定性、混凝土质量的不均匀性、施工的偏差、长细比以及偏心距等因素，因此，采用偏心距增大系数综合考虑上述因素对承载力的影响。

8. 为了考虑实际工程中，竖向荷载作用位置的不定性、混凝土质量的不均匀性、施工的偏差等因素对偏压构件承载力的影响，须考虑附加偏心距。

9. 截面设计时可按下列条件判别大、小偏压：

当 $\eta e_i > 0.3 h_0$ 时，可能为大偏压，也可能为小偏压，可按大偏压设计；

当 $\eta e_i \leqslant 0.3 h_0$ 时，按小偏压设计。

对称配筋时，$x = N / \alpha_1 f_c b$，当 $x \leqslant \xi_b h_0$ 时，为大偏压；当 $x > \xi_b h_0$ 时，为小偏压。

用上式判别对称配筋大、小偏压有时会出现矛盾。当轴向压力的偏心距很小甚至接近轴心受压时，应属于小偏压。然而当截面尺寸较大而 N 又较小时，用上式计算的 x 判断，有可能判为大偏压。也就是说会出现 $\eta e_i < 0.3 h_0$ 而 $x < \xi_b h_0$ 的情况。其原因是截面尺寸过大，截面并未达到承载能力极限状态。此时，无论用大偏心受压或小偏心受压公式计算，所需配筋均由最小配筋率控制。

10. 对无侧移的框架结构，二阶效应是指轴向压力在产生了挠曲变形的柱段中引起的附加内力，通常称为 $P\text{-}\delta$ 效应，它可能增大柱段中部的弯矩，一般不增大柱端控制截面的弯矩。对有侧移的框架结构，二阶效应主要是指竖向荷载在产生了侧移的框架中引起的附加内力，通常称为 $P\text{-}\Delta$ 效应。

我国《混凝土结构设计规范》推荐采用 ηl_0 法或弹性分析法考虑二阶效应的不利影响。

11. 大、小偏心受压破坏时截面应力计算图形如图 1-15 和图 1-16 所示。

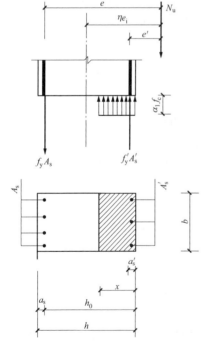
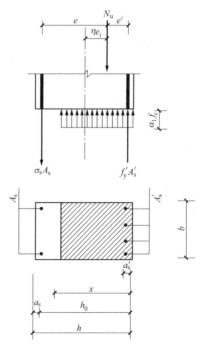

图 1-15　矩形截面非对称配筋
大偏压构件截面应力计算图形

图 1-16　矩形截面非对称配筋小偏压
构件截面应力计算图形

12. 根据小偏心受压非对称配筋截面的受力特点，当 $\xi_b<\xi<2\beta-\xi_b$ 时，则 A_s 无论配筋多少，都不能达到屈服。因此，为使钢筋量最小，可按最小配筋率来确定 A_s。因为 A_s 可能受拉，也可能受压，因此最小配筋率可取受压和受拉钢筋最小配筋率两者中的较大者。

另一方面，当偏心距很小时，如果附加偏心距与荷载偏心距相反，或 A_s 配置得很少，则可能 A_s 侧的混凝土首先达到受压破坏的情况，此时通常为全截面受压，对 A_s' 取矩可得到 A_s 值。

13. 如果计算中出现 $x<2a_s'$，说明破坏时受压钢筋 A_s' 未达到抗压强度，可近似取 $x=2a_s'$，并对 A_s' 合力点取矩，得：$Ne'\leqslant N_u e'=f_y A_s(h_0-a_s')$。造成这种现象的原因主要是受压钢筋 A_s' 配置过多。

14. 对于一般配箍情况，影响钢筋混凝土构件延性的主要因素是相对受压区高度 ξ。ξ 越小，延性越大。轴向压力增加，导致 ξ 增加，延性减小。另外，增加受压钢筋，可减小 ξ，提高延性。对于小偏压构件，可增加箍筋的配置来约束混凝土，提高混凝土的变形能力来改善延性，而圆形、复合箍筋或螺旋箍筋的约束效果好，可明显提高受压构件的延性。

15. 不对称配筋截面大小偏心受压的判别方法：

截面设计时，当 $e_i>0.3h_0$ 时，可能为大偏压，也可能为小偏压，可按大偏压设计；当 $e_i\leqslant 0.3h_0$ 时，按小偏压设计。

截面复核时，可先计算 e_i，当 $e_i>0.3h_0$ 时，可按大偏压受压构件计算得到受压区高度 x。若 $x\leqslant \xi_b h_0$，则为大偏压构件；若 $x>\xi_b h_0$，则为小偏压构件。

对称配筋截面大小偏心受压的判别方法：

截面设计时，$x=N/\alpha_1 f_c b$，当 $x\leqslant \xi_b h_0$ 时，为大偏压；当 $x>\xi_b h_0$ 时，为小偏压。

五、计算题

1. 解：（1）估算截面尺寸。

设配筋率 $\rho'=0.01$，$\varphi=1$

由 $N=0.9\varphi(f_c+\rho'f_y')A$，得

$A=205\,523\text{mm}^2$，正方形边长 $b=\sqrt{A}=453.3\text{mm}$，取 $b=450\text{mm}$。

（2）$l_0/b=11$，$\varphi=0.96$，由 $N=0.9\varphi(f_c A+f_y'A_s')$，得

$A_s'=2693\text{mm}^2$，选用 8Φ22，实际配筋 $A_s'=3041\text{mm}^2$，箍筋选用 Φ6@300。

2. 解：（1）采用普通箍筋柱。

$l_0/d=11$，$\varphi=0.94$

由 $N=0.9\varphi(f_c A+f_y'A_s')$，得

$A_s'=5194\text{mm}^2$，选用 14Φ22，实际配筋 $A_s'=5322\text{mm}^2$。

（2）采用螺旋箍筋柱。

纵筋选用 8Φ22，实际配筋 $A_s'=3041\text{mm}^2$。

由 $N_u=0.9(f_c A_{cor}+2\alpha f_{yv}A_{ss0}+f_y'A_s')$，得

$A_{ss0}=1569\text{mm}^2>0.25A_s'=760\text{mm}^2$

设螺旋箍筋直径为 10mm，$A_{ss1}=79\text{mm}^2$

$s=\dfrac{\pi d_{cor}A_{ss1}}{A_{ss0}}=49.2\text{mm}$，取 $s=45\text{mm}<\dfrac{d_{cor}}{5}=80\text{mm}$，满足构造要求，故螺旋箍筋选用 Φ10@45。

3. 解：（1）计算弯矩增大系数

混凝土结构原理与设计

杆端弯矩比：$\dfrac{M_1}{M_2}=\dfrac{470}{510}=0.92>0.9$

故应考虑杆件自身挠曲变形的影响。

$h_0=600-40=560(\mathrm{mm})$，$e_a=20\mathrm{mm}$

$\xi_c=\dfrac{0.5f_cA}{N}=0.858<1$，$C_m=0.7+0.3\dfrac{M_1}{M_2}=0.976$

$\eta_{ns}=1+\dfrac{1}{1300\left(\dfrac{M_2}{N}+e_a\right)/h_0}\left(\dfrac{l_c}{h}\right)^2\xi_c=1.12$

弯矩设计值：$M=C_m\cdot\eta_{ns}\cdot M_2=557.5\mathrm{kN\cdot m}$

$e_0=\dfrac{M}{N}=\dfrac{557.5\times10^6}{2000\times10^3}=279$（mm）

$e_i=e_0+e_a=299\mathrm{mm}>0.3h_0=168\mathrm{mm}$

故可先按大偏心受压计算。

（2）计算配筋。

$e=e_i+\dfrac{h}{2}-a_s=299+\dfrac{600}{2}-40=559(\mathrm{mm})$

为使钢筋总用量最小，近似取 $\xi=\xi_b=0.518$。

$A_s'=\dfrac{Ne-a_1f_cbh_0^2\xi_b(1-0.5\xi_b)}{f_y'(h_0-a_s')}=2294\mathrm{mm}^2>\rho_{min}'\cdot b\cdot h$

选用 7Φ22，实际配筋 $A_s'=2661\mathrm{mm}^2$。

$A_s=\dfrac{a_1f_cbh_0\xi_b+f_y'A_s'-N}{f_y}=1348\mathrm{mm}^2>\rho_{min}\cdot b\cdot h$

选用 7Φ16，实际配筋 $A_s=1407\mathrm{mm}^2$。

4. 解：（1）由上题知 $h_0=560\mathrm{mm}$，$e_i=e_0+e_a=299\mathrm{mm}$，$\eta_{ns}=1.12$

$e_i=299\mathrm{mm}>0.3h_0=168\mathrm{mm}$，故可先按大偏心受压计算

（2）计算配筋。

$e=e_i+\left(\dfrac{h}{2}-a_s\right)=559\mathrm{mm}$

受压钢筋承担的弯矩：

$M'=f_y'A_s'(h_0-a_s')=551.3\mathrm{kN\cdot m}$

$M_1=Ne-M'=566.7\mathrm{kN\cdot m}$

$\alpha_s=\dfrac{M_1}{\alpha_1f_cbh_0^2}=0.316$，$\xi=1-\sqrt{1-2\alpha_s}=0.393$

$x=\xi h_0=220\mathrm{mm}<\xi_bh_0=290\mathrm{mm}$，且$>2a_s'=80\mathrm{mm}$

$A_s=\dfrac{\alpha_1f_cbh_0\xi+f_y'A_s'-N}{f_y}=886\mathrm{mm}^2>\rho_{min}bh$

选用 3Φ20，实际配筋 $A_s=942\mathrm{mm}^2$。

5. 解：（1）计算弯矩增大系数

杆端弯矩比：$\dfrac{M_1}{M_2}=\dfrac{92}{100}=0.92>0.9$

故应考虑杆件自身挠曲变形的影响。

$h_0=600-40=560(\mathrm{mm})$，$e_a=20\mathrm{mm}$

$\xi_c=\dfrac{0.5f_cA}{N}=0.458<1$，$C_m=0.7+0.3\dfrac{M_1}{M_2}=0.976$

$\eta_{ns}=1+\dfrac{1}{1300\left(\dfrac{M_2}{N}+e_a\right)/h_0}\left(\dfrac{l_c}{h}\right)^2\xi_c=1.18$

弯矩设计值：$M=C_m\cdot\eta_{ns}\cdot M_2=115\mathrm{kN\cdot m}$

$e_0=\dfrac{M}{N}=\dfrac{115\times10^6}{5000\times10^3}=23(\mathrm{mm})$

$e_i=e_0+e_a=43\mathrm{mm}<0.3h_0=168\mathrm{mm}$

故可先按小偏心受压计算。

（2）计算配筋。

$e=e_i+\dfrac{h}{2}-a_s=43+\dfrac{600}{2}-40=303(\mathrm{mm})$

$e'=\dfrac{h}{2}-a'-(e_0-e_a)=257\mathrm{mm}$

$A_{s,min}=\rho_{min}\cdot b\cdot h=0.002\times400\times600=480(\mathrm{mm}^2)$

$f_c\cdot b\cdot h=19.1\times400\times600=4584(\mathrm{kN})<N=5000(\mathrm{kN})$

故需要进行反向受压破坏验算。

$A_s=\dfrac{Ne'-f_cbh\left(h_0'-\dfrac{h}{2}\right)}{f_y'(h_0'-a_s)}=498\mathrm{mm}^2$

故选用3Φ16，实际配筋$A_s=603\mathrm{mm}^2$。

$A=\dfrac{a_s'}{h_0}+\left(1-\dfrac{a_s'}{h_0}\right)\dfrac{f_yA_s}{(\xi_b-\beta_1)\alpha_1f_cbh_0}=-0.0956$

$B=\dfrac{2Ne'}{\alpha_1f_cbh_0^2}-2\beta_1\left(1-\dfrac{a_s'}{h_0}\right)\dfrac{f_yA_s}{(\xi_b-\beta_1)\alpha_1f_cbh_0}=1.34$

$\xi=A+\sqrt{A^2+B}=1.066$

$\sigma_s=\dfrac{\xi-\beta_1}{\xi_b-\beta_1}f_y=-340\mathrm{N/mm}^2(-f_y'<\sigma_s<f_y)$

$A_s'=\dfrac{Ne-\alpha_1f_cbh_0^2\xi(1-0.5\xi)}{f_y'(h_0-a_s')}=1721\mathrm{mm}^2$

故选用6Φ20，实际配筋$A_s'=1884\mathrm{mm}^2$。

总配筋率$\rho=\dfrac{A_s+A_s'}{bh}=0.01>0.0055$（满足最小配筋率要求）。

6. 解：由上题知$e_i<0.3h_0$，且$N=5000\mathrm{kN}>N_b=2353\mathrm{kN}$
故可按小偏心受压计算

$\xi=\dfrac{N-\alpha_1f_cbh_0\xi_b}{\dfrac{Ne-0.43\alpha_1f_cbh_0^2}{(\beta_1-\xi_b)(h_0-a_s')}+\alpha_1f_cbh_0}+\xi_b=0.885$

$A_s'=A_s=\dfrac{Ne-\alpha_1f_cbh_0^2\xi(1-0.5\xi)}{f_y'(h_0-a_s')}=1778\mathrm{mm}^2$

选用 4Φ25，实际配筋 $A_s = A_s' = 1963\text{mm}^2$。

7. 解：（1）计算弯矩增大系数

杆端弯矩比 $\dfrac{M_1}{M_2} = \dfrac{470}{510} = 0.92 > 0.9$

故应考虑杆件自身挠曲变形的影响。

$h_0 = 600 - 40 = 560$（mm），$e_a = 20\text{mm}$

$\zeta_c = \dfrac{0.5 f_c A}{N} = 1.144 > 1$，故取 $\zeta_c = 1$

$C_m = 0.7 + 0.3 \dfrac{M_1}{M_2} = 0.976$

$\eta_{ns} = 1 + \dfrac{1}{1300\left(\dfrac{M_2}{N} + e_a\right)/h_0}\left(\dfrac{l_c}{h}\right)^2 \xi_c = 1.12$

弯矩设计值：$M = C_m \eta_{ns} M_2 = 549.5\text{kN·m}$

$e_0 = \dfrac{M}{N} = 366\text{mm}$；$e_i = e_0 + e_a = 386\text{mm}$

$e = e_i + \dfrac{h}{2} - a_s = 646\text{mm}$

（2）判断偏压类型。

$x = \dfrac{N}{\alpha_1 f_c b} = 262\text{mm} < \xi_b h_0 = 290\text{mm}$，且 $x > 2a_s' = 80\text{mm}$

故按大偏心受压计算。

（3）计算配筋。

由 $Ne = \alpha_1 f_c b x \left(h_0 - \dfrac{x}{2}\right) + f_y' A_s'(h_0 - a_s')$，得

$A_s' = 1742\text{mm}^2$

故选用 4Φ25，实际配筋 $A_s = A_s' = 1964\text{mm}^2$。

$\rho = \dfrac{A_s + A_s'}{bh} = 0.016 > 0.005\,5$（满足最小配筋率要求）。

8. 解：（1）判断偏心受压情况。

$N_b = \alpha_1 f_c b \xi_b h_0 + f_y' A_s' - f_y A_s = 1160\text{kN}$，$N < N_b$

故为大偏心受压。

（2）计算受压区高度。

由 $N = \alpha_1 f_c b x + f_y' A_s' - f_y A_s$，得

$x = 159\text{mm} < \xi_b h_0 = 253\text{mm}$

（3）计算 e_0 和 M。

由 $Ne = \alpha_1 f_c b x \left(h_0 - \dfrac{x}{2}\right) + f_y' A_s'(h_0 - a_s')$ 得 $e = 488\text{mm}$。

由 $e = e_i + \dfrac{h}{2} - a_s$ 得 $e_i = 278\text{mm}$

由 $e_i = e_0 + e_a$ 且 $e_a = 20\text{mm}$，得 $e_0 = 258\text{mm}$，则

$M = e_0 \cdot N = 206.4\text{kN·m}$

第7章　受拉构件截面承载力

内容提要 📍

1. 轴心受拉和小偏心受拉构件破坏时裂缝贯通整个截面，裂缝截面的纵向拉力全部由钢筋承担。大偏心受拉构件的破坏特征与偏心受压构件相似，截面设计时，取受拉钢筋先屈服，然后受压区混凝土被压碎为承载能力极限状态，计算过程可参照大偏心受压构件正截面受压承载力的计算。

2. 偏心受拉构件，当纵向拉力作用于 A_s 和 A_s' 之间（即 $e_0 \leqslant h/2 - a_s$）时为小偏心受拉，当纵向拉力作用于 A_s 和 A_s' 范围之外（即 $e_0 > h/2 - a_s$）时为大偏心受拉。

3. 由于纵向拉力降低了混凝土的抗剪能力，故偏心受拉构件斜截面受剪承载力的计算应考虑纵向拉力的不利影响。

习题 📍

一、填空题

1. 轴心受拉构件裂缝出现以前，由_____和_____共同承担拉力；裂缝出现后_____退出工作，拉力全部由_____承担。

2. 钢筋混凝土大小偏心受拉构件的判别条件是：当轴向拉力作用在 A_s 合力点及 A_s' 合力点_____时为大偏心受拉构件；当轴向拉力作用在 A_s 合力点及 A_s' 合力点_____时为小偏心受拉构件。

二、选择题

1. 下列关于钢筋混凝土受拉构件的叙述中，（　　）是错误的。
   A. 当轴向拉力 N 作用于 A_s 合力点及 A_s' 合力点以内时，发生小偏心受拉破坏
   B. 破坏时，钢筋混凝土轴心受拉构件截面存在受压区
   C. 钢筋混凝土轴心受拉构件破坏时，混凝土已被拉裂，开裂截面全部外力由钢筋来承担
   D. 小偏心受拉构件破坏时，只有当纵向拉力 N 作用于钢筋截面面积的"塑性中心"时，两侧纵向钢筋才会同时达到屈服强度

2. 关于偏心受拉构件的说法错误的是（　　）。
   A. 大偏心受拉构件承载力计算时应满足 $\xi \leqslant \xi_b$ 和 $x \geqslant 2a_s'$
   B. 小偏心受拉构件的 A_s 和 A_s' 均应满足最小配筋率的要求
   C. 大偏心受拉构件中 A_s 和 A_s' 其中之一可能承受压力
   D. 小偏心受拉构件中 A_s 和 A_s' 其中之一可能承受压力

3. 偏拉构件的抗剪承载力（　　）。
   A. 随着轴向力的增加而增加
   B. 随着轴向力的减少而增加
   C. 小偏心受拉时随着轴向力的增加而增加

D. 大偏心受拉时随着轴向力的增加而增加

三、判断题

1. 当轴向拉力 N 作用于 A_s 合力点及 A'_s 合力点以内时，发生小偏心受拉破坏。 （ ）

2. 小偏心受拉构件破坏时，只有当纵向拉力 N 作用于钢筋截面面积的"塑性中心"时，两侧纵向钢筋才会同时达到屈服强度。 （ ）

3. 偏拉构件的抗剪承载力随着轴向力的增加而增加。 （ ）

4. 小偏拉构件若偏心距 e_0 改变，则钢筋总面积 $A_s + A'_s$ 不变。 （ ）

四、问答题

1. 大小偏心受拉的界限是如何划分的？试写出对称配筋矩形截面大小偏心受拉界限时的轴力 N_u 和弯矩 M_u。

2. 偏心受拉构件正截面承载力计算中为何不考虑偏心距增大系数？

3. 试说明为什么对称配筋矩形截面偏心受拉构件：

（1）在小偏心受拉情况下，A'_s 不可能达到屈服；

（2）在大偏心受拉情况下，A'_s 不可能达到屈服也不可能出现的 $\xi > \xi_b$ 情况。

4. 轴向拉力对偏心受拉构件的斜截面承载力有何影响？计算中是如何考虑的？

五、计算题

1. 矩形截面偏心受拉构件，截面尺寸 $b \times h = 300mm \times 500mm$，承受轴向拉力设计值 $N = 600kN$，弯矩设计值 $M = 43kN \cdot m$，混凝土强度等级 C20，纵向钢筋采用 HRB335 级钢筋，计算截面配筋。

2. 钢筋混凝土偏心受拉构件，截面尺寸 $b \times h = 250mm \times 400mm$，$a_s = a'_s = 40mm$，承受轴向拉力设计值 $N = 28kN$，弯矩设计值 $M = 52kN \cdot m$，混凝土强度等级 C25，纵向钢筋采用 HRB335 级钢筋，混凝土保护层厚度 $c = 30mm$。求钢筋面积 A_s 和 A'_s。

参考答案 🔍

一、填空题

1. 混凝土，纵向钢筋，混凝土，钢筋；

2. 之外，之内。

二、选择题

1. B；2. D；3. B。

三、判断题

1. √；2. √；3. ×；4. √。

四、问答题

1. 大小偏心受拉的界限：

小偏拉：当纵向拉力 N 作用于 A_s 合力点及 A'_s 合力点以内时。大偏拉：当纵向拉力 N 作用于 A_s 合力点及 A'_s 合力点以外时。

2. 偏心受拉构件的承载力计算时，不需要考虑构件的长细比、混凝土的强度和施工的离散性和附加偏心距等，受拉构件也没有二阶效应，因此，不需要考虑偏心距增大系数。

3. 对于矩形截面小偏心受拉构件，当为对称配筋时，为保持截面内外力的平衡，靠近轴向力一侧的钢筋 A_s 可以达到屈服，而另一侧钢筋 A'_s，由于远离轴向力，故达不到屈服。

对于矩形截面大偏心受拉构件，当为对称配筋时，根据轴向力的平衡方程可以得出受压

区高度 x 为负值，即 $x<2a'_s$，且 $\xi<\xi_b$，也就是说 A'_s 不可能达到屈服，也不可能出现 $\xi>\xi_b$ 的情况。

4. 轴向拉力的存在会加速受剪斜裂缝的发展，使斜裂缝宽度更大，加大了斜裂缝的倾角，减小了剪压区的高度，从而降低了混凝土的受剪承载力和偏拉构件的斜截面承载力。在计算公式中，添加一项轴向拉力的不利影响表达式：$-0.2N$。

五、计算题

1. 解：取 $a'_s=a_s=40\text{mm}$

$e_0=\dfrac{M}{N}=72\text{mm}<\dfrac{h}{2}-a_s=210\text{mm}$，故属于小偏心受拉。

由 $N_u e'=f_y A_s\ (h-a_s-a'_s)$

得 $A_s=1343\text{mm}^2$，选用 3Φ25，实际配筋面积 $A_s=1473\text{mm}^2$。

由 $N_u e=f_y A'_s\ (h-a_s-a'_s)$

得 $A'_s=657\text{mm}^2$，选用 2Φ22，实际配筋面积 $A'_s=760\text{mm}^2$。

2. 解：取 $a'_s=a_s=40\text{mm}$

$e_0=\dfrac{M}{N}=1857\text{mm}>\dfrac{h}{2}-a_s=170\text{mm}$，故属于大偏心受拉。

取 $x=\xi_b h_0$ 使配筋总量最小，则

$$A'_s=\frac{Ne-\alpha_{s,\max}f_c bh_0^2}{f_y\ (h_0-a'_s)}<0$$

取 $A'_s=\rho'_{\min}bh=200\text{mm}^2$，选用 2$\Phi$12，实际配筋面积 $A'_s=226\text{mm}^2$。

按 A'_s 已知计算。

由 $N\leqslant N_u=f_y A_s-f'_y A'_s-\alpha_1 f_c bh_0\xi$ 和 $Ne\leqslant N_u e=\alpha_1 f_c\alpha_s bh_0^2+f'_y A'_s(h_0-a'_s)$

得 $A_s=588\text{mm}^2$，选用 3Φ16，实际配筋面积 $A_s=603\text{mm}^2$。

第8章 受扭构件截面承载力

内容提要 📍

1. 素混凝土矩形截面纯扭构件在扭矩的作用下，截面上各点均产生剪应力和相应的主应力，当主拉应力超过混凝土的抗拉强度时，构件开裂。最后的破坏面为三面开裂、一面受压的空间扭曲面。这种破坏属于脆性破坏，构件的受扭承载力很低。

2. 根据所配抗扭箍筋和抗扭纵筋数量的多少，钢筋混凝土受扭构件的破坏形态主要有四种，即少筋破坏、适筋破坏、超筋破坏和部分超筋破坏，其中适筋破坏和部分超筋破坏时，钢筋强度能充分或基本充分利用，破坏有一定的塑性性质。为了使抗扭箍筋和纵筋的应力在构件受扭破坏时都能达到屈服强度，抗扭箍筋和纵筋的配筋强度比应满足 $0.6 \leqslant \zeta \leqslant 1.7$ 的要求，最佳的 ζ 取值为 1.2。

3. 钢筋混凝土构件在弯剪扭复合受力时的承载力计算非常复杂，准确计算十分困难。规范采用简化的计算方法，按部分相关、部分叠加的原则，即对混凝土的抗力考虑剪扭相关性，而对抗弯、抗扭纵筋及抗剪、抗扭箍筋的抗力则采用分别计算然后叠加的方法。

4. 在一定范围内，轴向压力的存在，可以延缓裂缝的出现，增加混凝土骨料的咬合力和纵筋的销栓力，从而提高构件的受扭和受剪承载力。

习题 📍

一、填空题

1. 混凝土构件受到的扭转有两大类，一类是外荷载直接作用产生的扭转，称为_____，一类是由于变形的协调使截面产生的扭转，称为_____。

2. 无筋矩形截面混凝土构件在扭矩作用下的破坏，首先在其_____中点最薄弱处产生一条斜裂缝，然后向两边延伸，当构件破坏时，形成_____开裂、_____受压的一个空间扭曲的斜裂缝，其破坏性质属于_____。

3. 受扭构件的配筋是采用_____与_____形成的空间配筋方式。

4. 通过对钢筋混凝土受扭构件扭曲截面承载力的分析可知，抗扭纵筋一般应沿截面周边_____布置。

5. 钢筋混凝土受扭构件根据所配箍筋和纵筋数量的多少，构件的破坏可分为四种类型，即_____、_____、_____和_____。其中当_____和_____时，钢筋强度能充分或基本充分利用，破坏具有较好的塑性性质。

6. 剪扭相关性体现了由于扭矩的存在，截面的抗剪承载力随扭矩的增加而_____；由于剪力的存在，截面的抗扭承载力随剪力的增加而_____。

7. 受扭构件的极限受扭承载力不仅与配筋量有关，还与抗扭纵筋与箍筋的_____有关，其最佳值为_____。

8. 钢筋混凝土纯扭构件受力机理的分析中，常用的受力机理模型是_____。

二、选择题

1. 对于纯扭构件来说，最有效的配筋形式是沿（　　）方向布置螺旋箍筋。

  A. 30°   B. 45°   C. 60°   D. 90°

2. 在设计钢筋混凝土受扭构件时，按照现行《混凝土结构设计规范》的要求，其受扭纵筋与受扭箍筋的配筋强度比 ζ 应（　　）。

  A. >2.0   B. 0～0.5   C. 不受限制 D. 0.6～1.7

3. 素混凝土构件的实际抗扭承载力是（　　）。

  A. 等于按弹性分析方法确定的值

  B. 等于按塑性分析方法确定的值

  C. 大于按塑性分析方法确定的值而小于按弹性分析方法确定的值

  D. 大于按弹性分析方法确定的值而小于按塑性分析方法确定的值

4. 钢筋混凝土纯扭构件，若受扭纵筋和箍筋的配筋强度比为 $\zeta=1.0$，则构件破坏时，（　　）。

  A. 仅箍筋达到屈服强度   B. 仅纵筋达到屈服强度

  C. 纵筋和箍筋都能达到屈服强度 D. 纵筋和箍筋都不能达到屈服强度

5. 对于钢筋混凝土 T 形和 I 形截面剪扭构件的承载力计算，可划分成矩形块计算，此时（　　）。

  A. 腹板承受截面的全部剪力和扭矩

  B. 翼缘承受截面的全部剪力和扭矩

  C. 截面的全部剪力由腹板承受，截面的全部扭矩由腹板和翼缘共同承受

  D. 截面的全部扭矩由腹板承受，截面的全部剪力由腹板和翼缘共同承受

6. 对我国现行混凝土规范中剪扭构件的相关性理解正确的是（　　）。

  A. 混凝土承载力不考虑相关关系，钢筋承载力考虑相关关系

  B. 混凝土承载力考虑相关关系，钢筋承载力不考虑相关关系

  C. 混凝土承载力及钢筋承载力均考虑相关关系

  D. 混凝土承载力及钢筋承载力都不考虑相关关系

7. 关于钢筋混凝土受扭构件的配筋和构造说法错误的是（　　）。

  A. 配筋的上限是防止构件受扭时发生超筋破坏

  B. 配筋的下限是防止构件受扭时发生少筋破坏

  C. 纵筋与箍筋的配筋强度比范围是为了保证发生适筋破坏

  D. 部分超筋破坏属于脆性破坏

8. 试验和计算分析表明，剪扭构件的剪-扭承载力相关关系可近似取（　　）。

  A. 1/2 圆   B. 1/4 圆   C. 直线   D. 双折线

三、判断题

1. 由于混凝土是弹塑性材料，因此，在计算素混凝土纯扭构件的承载力时，按弹性方法计算。（　　）

2. 抗扭箍筋和纵筋的配筋量和配筋强度比是决定受扭构件破坏形态的主要因素。（　　）

3. 剪扭构件承载力计算中，混凝土的承载力考虑剪扭相关关系，而钢筋的承载力按纯扭和纯剪的承载力叠加计算。（　　）

4. 轴心压力对受剪构件受剪承载力有明显影响，而对剪扭构件的受剪承载力没有多大影响。

（   ）

四、问答题

1. 什么是平衡扭矩？什么是协调扭矩？各有什么特点？它们在实际工程中都存在于哪些构件中？

2. 扭转斜裂缝与受剪斜裂缝有何异同？

3. 钢筋混凝土矩形截面纯扭构件主要有哪些破坏形态？破坏特征是什么？

4. 何谓变角空间桁架模型？它与古典空间桁架模型有何不同？

5. 什么是配筋强度比？为什么要对配筋强度比的范围加以限制？

6. 纯扭构件计算中如何防止超筋和少筋破坏？如何避免部分超筋破坏？

7. 剪扭构件计算中如何防止超筋和少筋破坏？试比较正截面受弯、斜截面受剪、受剪扭设计中防止超筋和少筋破坏的措施。

8. 简述现行混凝土规范对弯剪扭构件的承载力计算方法。

9. 什么是混凝土剪扭承载力的相关性？

五、计算题

1. 已知钢筋混凝土矩形截面构件，截面尺寸 $b \times h = 300\text{mm} \times 500\text{mm}$，混凝土强度等级为 C25，纵向钢筋采用 HRB335 级，箍筋采用 HPB300，环境类别为二类 a，扭矩设计值 $T = 20\text{kN} \cdot \text{m}$，$M = 0$，$V = 0$，试求抗扭箍筋及纵筋的数量，并绘制截面配筋图。

2. 已知一均布荷载作用下的矩形截面构件，截面尺寸 $b \times h = 200\text{mm} \times 400\text{mm}$，承受扭矩设计值 $T = 5\text{kN} \cdot \text{m}$，弯矩设计值 $M = 80\text{kN} \cdot \text{m}$，剪力设计值 $V = 50\text{kN}$，采用 C20 级混凝土，纵筋采用 HRB335 级钢筋，箍筋采用 HPB300 钢筋，试计算配筋，并绘制截面配筋图。

3. 某雨篷剖面如图 1-17 所示，雨篷上承受均布恒载（包括板自重）标准值 $g = 2.2\text{kN/m}^2$，活载标准值 $p = 0.7\text{kN/m}^2$ 或施工（或检修）在雨篷自由端沿板宽方向每米承受活荷载设计值 $F = 1.2\text{kN/m}$。雨篷梁截面尺寸 $240\text{mm} \times 240\text{mm}$，计算跨度为 1.2m。混凝土强度等级采用 C20，纵筋为 HRB335 级，箍筋为 HPB300 级，环境类别为二类。经计算知，雨篷梁承受的最大弯矩设计值 $M = 15.2\text{kN} \cdot \text{m}$，最大剪力设计值 $V = 26\text{kN}$，试确定该雨篷梁的配筋。

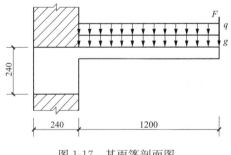

图 1-17　某雨篷剖面图

4. 承受均布荷载的矩形截面构件，截面尺寸 $b \times h = 250\text{mm} \times 500\text{mm}$，作用于构件截面上的弯矩、剪力和扭矩设计值分别为 $M = 127\text{kN} \cdot \text{m}$，$V = 162\text{kN}$，$T = 3.2\text{kN} \cdot \text{m}$，采用 C30 级混凝土，纵筋采用 HRB400 级钢筋，箍筋采用 HPB300 钢筋，试计算所需的纵向钢筋和箍筋。

参考答案

一、填空题

1. 平衡扭转，协调扭转；

2. 长边，三面，一面，脆性破坏；

3. 受扭箍筋，受扭纵筋；

4. 均匀；

5. 少筋破坏，适筋破坏，超筋破坏，部分超筋破坏，适筋破坏，部分超筋破坏；

6. 降低，降低；

7. 配筋强度比，1.2；

8. 空间桁架模型。

二、选择题

1. B；2. D；3. D；4. C；5. C；6. B；7. D；8. B。

三、判断题

1. ×；2. √；3. √；4. ×。

四、问答题

1. 平衡扭矩：由荷载作用直接引起的，可用结构的平衡条件求得。如吊车梁、雨篷梁、曲梁、螺旋楼梯。

协调扭矩：由于超静定结构构件之间的连续性，在某些构件中引起的扭矩。例如，现浇框架结构中的边梁。

2. 在受剪构件的弯剪段，当主拉应力超过混凝土抗拉强度 f_t 时，将出现斜裂缝。截面下边缘的主拉应力仍为水平的，故在这些区段一般先出现垂直裂缝，并随着荷载的增大，这些垂直裂缝将斜向发展，形成弯剪斜裂缝。

而在受扭构件中，在扭矩作用下，当主拉应力超过混凝土抗拉强度 f_t 时，在矩形截面混凝土构件长边中点首先出现斜裂缝，然后延伸发展，破坏时形成三面开裂、一面受压的空间扭曲破坏面。

3. 纯扭构件的主要破坏形态。

(1) 适筋受扭破坏。

发生条件：当受扭纵筋、箍筋数量均适当时；

破坏特征：与临界斜裂缝相交的箍筋和纵筋相继达到屈服强度，沿空间扭曲破坏面受压边混凝土被压碎后，构件破坏，塑性破坏。

(2) 少筋受扭破坏。

发生条件：当受扭纵筋、箍筋之一或两者过少时；

破坏特征：破坏特征与素混凝土构件相似，脆性破坏。

(3) 部分超筋受扭破坏。

发生条件：当受扭纵筋和箍筋一种过多而另一种适当时；

破坏特征：破坏前数量适当的那种钢筋能屈服，另一种钢筋直到受压边混凝土压碎仍未屈服，破坏有一定的塑性特征。

(4) 完全超筋受扭破坏。

发生条件：当纵筋和箍筋都配置过多时；

破坏特征：破坏时裂缝间的混凝土被压碎，箍筋和纵筋应力均未达到屈服强度，具有脆性性质。

4. 古典空间桁架模型：抗扭纵筋视为空间桁架的弦杆，箍筋视为受拉腹杆，被斜裂缝分割的斜向混凝土条带视为斜压腹杆，斜压杆角度等于 $45°$。

变角空间桁架模型：抗扭纵筋视为空间桁架的弦杆，箍筋视为受拉腹杆，被斜裂缝分割的斜向混凝土条带视为斜压腹杆，斜压杆角度取决于纵筋与箍筋的配筋强度比 ζ，$\zeta = 1.0$ 时，斜压杆的角度等于 $45°$，而随着 ζ 的改变，斜压杆的角度也发生变化，故称为变角空间桁架模型。

5. 定义抗扭纵筋与抗扭箍筋的体积比和强度比的乘积为配筋强度比。

因为配筋强度比是决定受扭构件破坏形态的主要因素，当 $0.6 \leqslant \zeta \leqslant 1.7$ 时，受扭破坏时纵筋和箍筋基本上都能达到屈服强度，当 $\zeta = 1.2$ 左右时，抗扭纵筋与抗扭箍筋配合最佳。

6. 纯扭构件中，主要利用限定配筋强度比的范围来防止超筋和少筋破坏，当符合 $0.6 \leqslant \zeta \leqslant 1.7$ 则可以避免超筋和少筋破坏，当取 $\zeta = 1.2$ 时，基本可以保证受扭纵筋与箍筋同时达到屈服强度，从而避免部分超筋破坏。

7. 剪扭构件中，利用配筋的上限——截面尺寸限制条件，来防止构件受扭时发生超筋破坏；利用配筋的下限－钢筋的最小配筋率，来防止构件受扭时发生少筋破坏。

正截面受弯截面设计时，主要利用受压区高度和受拉钢筋最小配筋率来防止超筋（$x \leqslant x_b = \xi_b h_0$）和少筋破坏（$A_s \geqslant A_{s,min}$）。

斜截面受剪设计时，与剪扭构件类似，采用公式的上限——截面尺寸限制条件，防止发生斜压破坏；采用公式的下限——防止腹筋过少过稀而发生斜拉破坏。

8. 现行混凝土规范对弯剪扭构件的承载力计算采用叠加配筋法：

（1）按受弯构件计算仅在弯矩 M 作用下抗弯纵筋 A_s、A'_s；按受弯要求配置；

（2）按剪扭构件计算受剪所需的箍筋 A_{sv}/s 和受扭所需的箍筋 A_{st1}/s 和受扭纵筋 A_{stl}；

（3）叠加各纵筋和箍筋面积，并把受扭纵筋和箍筋在截面四周均匀布置。

9. 在剪扭构件中，剪力与扭矩共同存在，由于剪力的存在将使混凝土的抗扭承载力降低，而扭矩的存在也将使混凝土的抗剪承载力降低，两者的相关关系大致符合 $1/4$ 圆的规律。称之为混凝土剪扭承载力的相关性。

五、计算题

1. 解：混凝土保护层厚度 $c = 30mm$。

$W_t = 1.8 \times 10^7 mm^3$，$A_{cor} = 105\,600\,mm^2$，取 $\zeta = 1.2$

由 $T \leqslant T_u = 0.35 f_t W_t + 1.2 \sqrt{\zeta} \dfrac{f_{yv} A_{stl}}{s} A_{cor}$，得

$\dfrac{A_{stl}}{s} = 0.32\,mm^2/mm$，抗扭箍筋：$\Phi 8@120$，$\rho_{sv} = 0.28\% > \rho_{sv,min}$

抗扭纵筋：$A_{stl} = 539.1\,mm^2$，选用 $6\Phi12$，实际配筋面积 $A_{stl} = 678.6\,mm^2$。

2. 解：（1）$W_t = 6.7 \times 10^6 mm^3$，混凝土保护层厚度 $c = 25mm$。

$h_w/b = 1.875$，$\dfrac{V}{bh_0} + \dfrac{T}{0.8W_t} = 1.60\,N/mm^2 < 0.25 \beta_c f_c = 2.4\,N/mm^2$

$V > 0.35 f_t bh_0$，不可忽略剪力；$T > 0.175 f_t W_t$，不可忽略扭矩。

$\dfrac{V}{bh_0} + \dfrac{T}{W_t} = 1.42 > 0.7 f_t$，应按计算配置抗剪和抗扭钢筋。

(2) $A_{cor}=52\ 200\text{mm}^2$，取 $\zeta=1.2$

由 $T\leqslant T_u=0.35\beta_t f_t W_t+1.2\sqrt{\zeta}f_{yv}\dfrac{A_{stl}A_{cor}}{s}$，得

$\dfrac{A_{stl}}{s}=0.131\text{mm}^2/\text{mm}$，抗扭箍筋：$\Phi8@180$，$\rho_{sv}=0.28\%>\rho_{sv,min}$

底部抗弯纵筋：$A_s=1025\text{mm}^2$，选用 $3\Phi22$，实际配筋面积 $A_s=1140\text{mm}^2$；

抗扭纵筋：$A_{stl}=141\text{mm}^2$，选用 $4\Phi10$，实际配筋面积 $A_{stl}=314.2\text{mm}^2$，$\rho_{tl}=0.39\%>\rho_{tl,min}$。

3. 解：(1) $T=5.3\text{kN}\cdot\text{m}$，$W_t=4.6\times10^6\text{mm}^3$，混凝土保护层厚度 $c=30\text{mm}$。

$h_w/b=0.875$，$\dfrac{V}{bh_0}+\dfrac{T}{0.8W_t}=1.95\text{N}/\text{mm}^2<0.25\beta_c f_c$

$V>0.35f_t bh_0$，不可忽略剪力；$T>0.175f_t W_t$，不可忽略扭矩。

$\dfrac{V}{bh_0}+\dfrac{T}{W_t}=1.67>0.7f_t$，应按计算配置抗剪和抗扭钢筋。

(2) $A_{cor}=32\ 400\text{mm}^2$，取 $\zeta=1.2$

由 $T\leqslant T_u=0.35\beta_t f_t W_t+1.2\sqrt{\zeta}f_{yv}\dfrac{A_{stl}A_{cor}}{s}$，得

$$\dfrac{A_{stl}}{s}=0.307\text{mm}^2/\text{mm}$$

再由 $V\leqslant V_u=(1.5-\beta_t)0.7f_t bh_0+f_{yv}\dfrac{A_{sv}}{s}h_0$，得

$\dfrac{A_{svl}}{s}=0.116\text{mm}^2/\text{mm}$，$\dfrac{A_{stl}}{s}+\dfrac{A_{svl}}{s}=0.423\text{mm}^2/\text{mm}$

抗剪和抗扭箍筋：$\Phi8@110$，$\rho_{sv}=0.38\%>\rho_{sv,min}$

抗扭纵筋：$A_{stl}=238.7\text{mm}^2$，选用 $4\Phi10$，实际配筋面积 $A_{stl}=314.2\text{mm}^2$，$\rho_{tl}=0.55\%>\rho_{tl,min}$。

底部抗弯纵筋：$A_s=489\text{mm}^2$，选用 $3\Phi16$，实际配筋面积 $A_s=603\text{mm}^2$。

4. 解：(1) $W_t=1.3\times10^7\text{mm}^3$，混凝土保护层厚度 $c=30\text{mm}$。

$h_w/b=1.88$，$\dfrac{V}{bh_0}+\dfrac{T}{0.8W_t}=1.69\text{N}/\text{mm}^2<0.25\beta_c f_c$

$V>0.35f_t bh_0$，不可忽略剪力；$T=3.2\text{kN}\cdot\text{m}<0.175f_t W_t=3.25\text{kN}\cdot\text{m}$，可忽略扭矩。

(2) 由 $V\leqslant V_u=0.7f_t bh_0+f_{yv}\dfrac{A_{sv}}{s}h_0$，得

$\dfrac{A_{svl}}{s}=0.35\text{mm}^2/\text{mm}$，抗剪箍筋：$\Phi6@110$，$\rho_{sv}=0.21\%>\rho_{sv,min}$

底部抗弯纵筋：$A_s=823\text{mm}^2$，选用 $4\Phi18$，实际配筋面积 $A_s=1018\text{mm}^2$。

第 9 章 钢筋混凝土构件变形、裂缝及混凝土结构耐久性

内容提要 📍

1. 钢筋混凝土构件的裂缝宽度和变形验算属于正常使用极限状态的验算，应按荷载效应的标准组合并考虑荷载长期作用的影响，材料强度取用标准值。

2. 钢筋混凝土构件中裂缝的出现和开展是由于受拉混凝土的拉应力达到了其抗拉强度。裂缝宽度的形成是开裂截面之间混凝土与钢筋发生黏结滑移的结果。

3. 最大裂缝宽度的计算公式是在平均裂缝宽度计算值的基础上，考虑裂缝出现的随机性以及荷载的长期作用，乘以"扩大系数"后得到的。该系数根据试验资料的统计分析确定。

4. 钢筋混凝土受弯构件的挠度计算，可采用结构力学公式。但由于混凝土材料的弹塑性性质及构件上裂缝开展的不均匀性，截面的抗弯刚度不是常数。为简化计算，并考虑到挠度计算时没有计入构件剪切变形的影响，因此采用最小刚度原则。

5. 在荷载的长期作用下，由于受压混凝土的徐变和收缩以及受拉混凝土与钢筋之间的黏结滑移等因素的影响，截面的抗弯刚度还将进一步降低，这可通过挠度增大系数加以考虑。由此得到受弯构件的长期刚度，并取用长期刚度进行挠度验算。

6. 混凝土结构存在耐久性问题，其耐久性设计主要考虑环境类别和设计使用年限两个方面，对混凝土强度等级、水灰比、水泥用量、混凝土中氯离子含量、混凝土中碱含量和保护层厚度等做出规定。

习题 📍

一、填空题

1. 除考虑结构或构件的安全性要求进行承载能力极限状态计算外，还应考虑_____和_____要求进行正常使用极限状态的验算。

2. 混凝土构件裂缝开展宽度及变形验算属于_____极限状态的设计要求，验算时材料强度采用_____值，荷载采用_____值。

3. 在正常使用过程中，钢筋混凝土构件的截面刚度沿轴线方向是变化的，为便于进行变形验算及考虑剪切变形影响，现行混凝土规范在挠度验算时采用_____。

4. _____是提高钢筋混凝土受弯构件抗弯刚度的最有效措施。

5. 一般来说，若钢筋混凝土受弯构件的最小裂缝间距为 $l_{\min}$，则其实际裂缝间距应介于_____。

6. 钢筋混凝土构件的平均裂缝间距随混凝土保护层厚度增大而_____，随纵筋配筋率增大而_____；随纵筋的等效直径的增大而_____。

7. 平均裂缝宽度计算公式中，σ_{sk} 是指_____，其值是按荷载效应的_____组合计算的。

8. 在荷载作用下，截面受拉区混凝土出现裂缝，裂缝宽度与_____几乎成正比。

9. 最大裂缝宽度等于平均裂缝宽度乘以扩大系数，这个系数是考虑裂缝宽度的_____以及_____的影响。

二、选择题

1. 我国现行混凝土规范对受弯构件的挠度变形进行验算时，采用（　　）。
    A. 平均刚度　　　B. 实际刚度　　　C. 最小刚度　　　D. 最大刚度

2. 减少钢筋混凝土受弯构件的裂缝宽度，有效而经济的措施是（　　）。
    A. 增加钢筋面积　　　　　　　B. 增加截面尺寸
    C. 提高混凝土的强度等级　　　D. 采用细直径的钢筋或变形钢筋

3. 通常在结构设计中需要验算的由荷载产生的裂缝类型是（　　）。
    A. 弯曲裂缝　　　　　　　　　B. 剪切裂缝
    C. 扭转裂缝　　　　　　　　　D. 温度裂缝

4. 混凝土构件的平均裂缝间距与（　　）因素无关。
    A. 纵向钢筋配筋率　　　　　　B. 纵向受拉钢筋直径
    C. 混凝土强度等级　　　　　　D. 混凝土保护层厚度

5. 在计算混凝土构件裂缝宽度时，采用的是（　　）。
    A. 受拉钢筋内侧构件侧表面上混凝土的裂缝宽度
    B. 受拉钢筋重心水平处构件侧表面上混凝土的裂缝宽度
    C. 受拉钢筋外侧构件侧表面上混凝土的裂缝宽度
    D. 构件受拉区外表面上混凝土的裂缝宽度

6. 提高截面刚度的最有效措施是（　　）。
    A. 增大构件截面高度　　　　　B. 提高混凝土强度等级
    C. 改变截面形状　　　　　　　D. 增加钢筋配筋量

7. 在受弯构件挠度验算时，采用的是（　　）。
    A. 荷载效应标准组合并考虑荷载的短期作用影响
    B. 荷载效应标准组合并考虑荷载的长期作用影响
    C. 荷载效应准永久值组合并考虑荷载的长期作用影响
    D. 荷载效应准永久值组合并考虑荷载的短期作用影响

8. 关于钢筋混凝土梁抗弯刚度的说法错误的是（　　）。
    A. 在受力过程中，钢筋混凝土梁抗弯刚度的大小是变化的
    B. 钢筋混凝土梁的短期抗弯刚度是通过截面弯矩曲率关系推导的
    C. 挠度验算时，采用的是短期平均抗弯刚度
    D. 长期荷载作用下的抗弯刚度比短期刚度小

9. 关于钢筋混凝土构件裂缝宽度的说法错误的是（　　）。
    A. 实测裂缝宽度的频率分布基本为正态分布
    B. 现行混凝土规范中最大裂缝宽度的超越概率为 5%
    C. 现行混凝土规范中最大裂缝宽度计算时考虑了长期荷载的影响
    D. 现行混凝土规范中最大裂缝宽度计算时没有考虑荷载大小、环境温度变化等

10. 关于钢筋混凝土结构中裂缝的说法错误的是（　　）。
    A. 除荷载作用外，混凝土的收缩、温度变化、结构的不均匀沉降都会引起混凝土的开裂

63

  B. 由于混凝土材料的不均匀性，裂缝的出现、分布和开展具有很大的离散性，因此裂缝间距和宽度是不均匀的

  C. 混凝土裂缝间距和宽度的平均值具有一定的规律性，这是钢筋和混凝土之间黏结受力机理的反映

  D. 采用较大直径的纵筋，可以减小裂缝宽度

三、判断题

1. 从本质上讲，钢筋的伸长和混凝土回缩，导致混凝土与钢筋之间产生相对滑移，即形成了一定的裂缝宽度。   （ ）

2. 试验表明，平均裂缝间距 l_m 与混凝土保护层厚度 c 大致呈线性关系。 （ ）

3. 从对受弯构件裂缝出现的过程分析可以看出，裂缝的分布与黏结应力传递长度有很大关系。传递长度短，则裂缝分布稀；反之，则密。   （ ）

4. 截面的有效高度以及截面是否有受拉或受压翼缘，对构件刚度影响显著。 （ ）

5. 钢筋与混凝土之间的黏结力越大，其平均裂缝间距越大，从而裂缝宽度也越大。
                          （ ）

6. 由于构件的裂缝宽度和变形随时间而变化，因此进行裂缝宽度和变形验算时，除按荷载效应的基本组合，还应考虑长期作用的影响。   （ ）

7. 结构构件按正常使用极限状态设计时的目标可靠指标 $[\beta]$ 值，应比按承载能力极限状态设计时的目标可靠指标 $[\beta]$ 值小。   （ ）

8. 裂缝宽度是指构件受拉区外表面混凝土的裂缝宽度。   （ ）

9. 耐久性的概念设计主要是根据混凝土结构所处的环境类别和设计使用年限，采取不同的技术措施和构造要求，以保证结构的耐久性。   （ ）

四、问答题

1. 结构正常使用极限状态有哪些？与承载能力极限状态计算相比，正常使用极限状态的可靠度怎样？写出结构正常使用极限状态的设计表达式。

2. 对结构构件进行设计时为何对裂缝宽度进行控制？

3. 试说明建立受弯构件抗弯刚度计算公式的基本思路，与线弹性梁抗弯刚度的公式建立有何异同之处。

4. 什么是"钢筋应变不均匀系数 ψ"，其物理意义是什么？在计算 ψ 时，为什么要用 ρ_{te}，而不用 ρ？

5. 什么是结构构件变形验算的"最小刚度原则"？

6. 影响受弯构件长期挠度变形的因素有哪些？如何计算长期挠度？

7. 除荷载外，还有哪些引起裂缝的原因？防止和控制裂缝的措施有哪些？

8. 对混凝土结构为什么要考虑耐久性问题，其耐久性问题表现在哪些方面？

9. 影响混凝土结构耐久性的主要因素有哪些？可以采取哪些措施来保证结构的耐久性？

五、计算题

1. 已知一矩形截面简支梁，处于室内正常环境，截面尺寸 $b=200mm$，$h=450mm$，梁的计算跨度 $l_0=5.2m$，在梁下部受拉区配置 4Φ12 的 HRB335 级受力钢筋，混凝土强度等级为 C20，保护层厚度 $c=35mm$。承受均布荷载，其中永久荷载（包括梁自重）标准值 $g_k=5kN/m$，可变荷载标准值 $q_k=10kN/m$，可变荷载的准永久值系数 $\psi_q=0.5$，梁的允许挠度为 $l_0/250$。试验算该梁的挠度是否满足要求。

2. 其他数据与题 1 相同，截面尺寸 $h=500$mm，试验算该梁的挠度是否满足要求。

3. 已知一矩形截面简支梁，处于室内正常环境，截面尺寸 $b=200$mm，$h=550$mm，梁的计算跨度 $l_0=6$m，在梁下部受拉区配置 4Φ16 的 HRB335 级受力钢筋，混凝土强度等级为 C25，保护层厚度 $c=25$mm。承受均布荷载，其中永久荷载（包括梁自重）标准值 $g_k=14.5$kN/m，可变荷载标准值 $q_k=7.6$kN/m，可变荷载的准永久值系数 $\psi_q=0.5$，梁的允许挠度为 $l_0/250$。试验算该梁的挠度是否满足要求。

4. 若最大裂缝宽度限值 $w_{\lim}=0.2$mm，试计算题 1 中梁的最大裂缝宽度？当不满足时如何处理？

5. 已知某钢筋混凝土屋架下弦，截面尺寸 $b\times h=200$mm$\times$200mm，配有 4Φ16 的 HRB335 级受拉钢筋，轴心拉力 $N_k=180$kN，混凝土强度等级为 C25，保护层厚度 $c=25$mm，若使用环境分别为室内正常环境和室内潮湿环境，试验算裂缝宽度是否满足？

参考答案 📍

一、填空题

1. 适用性，耐久性；

2. 正常使用，标准值，标准值；

3. 最小刚度原则；

4. 增大截面高度；

5. $l_{\min}$ 和 $2l_{\min}$；

6. 增大，减小，增大；

7. 在荷载标准值作用下，裂缝截面受拉钢筋应力值，标准；

8. 钢筋应力；

9. 离散性，荷载长期作用。

二、选择题

1.C；2.D；3.A；4.C；5.B；6.A；7.B；8.C；9.D；10.D。

三、判断题

1.√；2.√；3.×；4.√；5.×；6.×；7.√；8.×；9.√。

四、问答题

1. 结构正常使用极限状态主要指在各种作用下裂缝宽度和变形不超过规定的限值。此外，还包括耐久性的设计。

不满足正常使用极限状态的危害比对承载能力极限状态的要小，因此，相应的目标可靠度指标 $[\beta]$ 可适当降低。

正常使用极限状态的设计表达式：$S\leqslant C$。

2. 混凝土构件在正常使用阶段一般是带裂缝工作的，过大的裂缝既损坏结构的外观、并给人造成不安全感，又会引起钢筋的严重锈蚀、刚度降低和变形加大。

3. 根据平均截面的平均应变 ε_{sm}、ε_{cm} 符合平截面假定，以及钢筋和混凝土的物理关系 $\varepsilon_s=\sigma_s/E_s$，$\varepsilon_c=\sigma_c/\lambda E_s$，可得在荷载效应标准组合下的截面弯曲刚度（短期刚度）B_s。再考虑裂缝的离散性以及荷载长期作用的影响，引入挠度增大系数 θ，得到受弯构件按荷载效应的标准组合并考虑荷载长期作用影响的刚度计算公式。而线弹性梁抗弯刚度的公式可以直接利用材料力学的计算公式得到。

4. 钢筋应变不均匀系数 ψ 是指裂缝间纵向钢筋应变的不均匀程度，反映了裂缝间拉区混凝土参与工作的程度。其物理意义就是反映裂缝间受力混凝土对纵向受拉钢筋应变的影响程度。

ψ 在计算时，需要考虑的参加工作的受拉混凝土主要是指钢筋周围有效约束区范围内的受拉混凝土面积，称之为有效受拉混凝土面积，ρ_{te} 即是以该部分有效受拉混凝土截面面积计算的受拉钢筋配筋率，而不能采用截面的有效面积或整个截面面积。

5. 最小刚度原则：在等截面构件中，可假定各同号弯矩区段内的刚度相等，并取用该区段内最大弯矩处的刚度。即采用各同号弯矩区段内最大弯矩 M_{max} 处的最小截面刚度 B_{min} 作为该区段的刚度 B 来计算构件的挠度。

6. 影响受弯构件长期挠度变形的因素主要有：混凝土的徐变、钢筋与混凝土间黏结滑移徐变、混凝土收缩等都会导致梁的挠度增大。

现行《混凝土结构设计规范》采用挠度增大系数 θ 来反映长期荷载对挠度增大的影响，即 $\theta = f_l / f_s$，其中 f_l 为荷载长期作用下的挠度，f_s 为荷载短期作用下的挠度。《混凝土结构设计规范》规定按下列公式计算：$\theta = 2.0 - 0.4\rho' / \rho$。若短期荷载与长期荷载的分布形式相同，则有

$$B = \frac{M_k}{M_q(\theta - 1) + M_k} B_s$$

7. 除荷载直接作用外，结构的不均匀沉降、混凝土的收缩、温度变化，以及在混凝土凝结、硬化阶段等都会产生拉应力，从而产生裂缝。另外，施工方面的因素，比如搅拌不均匀、浇注速度过快、支撑下沉、模板拆除过早等都会引起裂缝。

8. 若结构的耐久性问题不满足要求，则建筑物在未到达设计使用年限的情况下，就会出现各种各样的问题，以至必须进行维修，而维修造成的直接费用和间接费用甚至超过当时建造该工程本身的费用，而有的工程不得不拆除，还有的工程发生倒塌，因此，必须考虑工程的耐久性问题。

耐久性问题主要表现在混凝土的碳化、混凝土的开裂、钢筋的锈蚀、混凝土的冻融破坏等方面。

9. 影响混凝土结构耐久性的主要因素可分为内部因素和外部因素两个方面。内部因素主要有混凝土的强度、密实性、水泥用量、水灰比、氯离子及碱含量、外加剂用量、保护层厚度等；外部因素则主要是环境条件，包括温度、湿度、CO_2 含量、侵蚀性介质等。

五、计算题

1. 解：（1）荷载标准组合下的弯矩值：$M_k = \dfrac{1}{8}(g_k + q_k) l_0^2 = 50.7 \text{kN} \cdot \text{m}$

荷载准永久组合下的弯矩值：$M_q = \dfrac{1}{8}(g_k + \psi_q q_k) l_0^2 = 33.8 \text{kN} \cdot \text{m}$

$\rho_{te} = \dfrac{A_s}{0.5bh} = 0.01$，$\sigma_s = \sigma_{sq} = \dfrac{M_q}{0.87 h_0 A_s} = 207.1 \text{N/mm}^2$

钢筋应变不均匀系数：$\psi = 1.1 - 0.65 \dfrac{f_{tk}}{\sigma_s \rho_{te}} = 0.617$

$\alpha_E = 7.84$，$\rho = \dfrac{A_s}{bh_0} = 0.00545$

(2) 短期刚度：$B_s = \dfrac{E_s A_s h_0^2}{1.15\psi + 0.2 + 6\alpha_E \rho} = 13.36 \times 10^{12} \text{N} \cdot \text{mm}^2$

长期刚度：$B = \dfrac{M_k}{M_q(\theta - 1) + M_k} B_s = 8.016 \times 10^{12} \text{N} \cdot \text{mm}^2$

挠度：$f = \dfrac{5}{48} \times \dfrac{M_k l_0^2}{B} = 17.8\text{mm} < l_0/250 = 20.8\text{mm}$，满足要求。

2. 解：(1) $\rho_{te} = \dfrac{A_s}{0.5bh} = 0.0121$，$\sigma_s = \sigma_{sq} = \dfrac{M_q}{0.87h_0 A_s} = 138.6\text{N/mm}^2$

钢筋应变不均匀系数：$\psi = 1.1 - 0.65\dfrac{f_{tk}}{\sigma_s \rho_{te}} = 0.503$

$\rho = \dfrac{A_s}{bh_0} = 0.00648$。

(2) 短期刚度：$B_s = \dfrac{E_s A_s h_0^2}{1.15\psi + 0.2 + 6\alpha_E \rho} = 240.72 \times 10^{12} \text{N} \cdot \text{mm}^2$

长期刚度：$B = \dfrac{M_k}{M_q(\theta - 1) + M_k} B_s = 144.45 \times 10^{12} \text{N} \cdot \text{mm}^2$

挠度：$f = \dfrac{5}{48} \times \dfrac{M_k l_0^2}{B} = 0.99\text{mm} < l_0/250 = 20.8\text{mm}$，满足要求。

3. 解：(1) 荷载标准组合下的弯矩值：$M_k = \dfrac{1}{8}(g_k + q_k)l_0^2 = 99.45\text{kN} \cdot \text{m}$

荷载准永久组合下的弯矩值：$M_q = \dfrac{1}{8}(g_k + \psi_q q_k)l_0^2 = 82.35\text{kN} \cdot \text{m}$

$\rho_{te} = \dfrac{A_s}{0.5bh} = 0.0146$，$\sigma_s = \sigma_{sq} = \dfrac{M_q}{0.87h_0 A_s} = 224.25\text{N/mm}^2$

钢筋应变不均匀系数：$\psi = 1.1 - 0.65\dfrac{f_{tk}}{\sigma_s \rho_{te}} = 0.747$

$\alpha_E = 7.14$，$\rho = \dfrac{A_s}{bh_0} = 0.00766$。

(2) 短期刚度：$B_s = \dfrac{E_s A_s h_0^2}{1.15\psi + 0.2 + 6\alpha_E \rho} = 319.5 \times 10^{12} \text{N} \cdot \text{mm}^2$

长期刚度：$B = \dfrac{M_k}{M_q(\theta - 1) + M_k} B_s = 174.8 \times 10^{12} \text{N} \cdot \text{mm}^2$

挠度：$f = \dfrac{5}{48} \times \dfrac{M_k l_0^2}{B} = 2.13\text{mm} < l_0/250 = 24\text{mm}$，满足要求。

4. 解：$\alpha_{cr} = 1.9$

$w_{max} = \alpha_{cr}\psi\dfrac{\sigma_s}{E_s}\left(1.9c_s + 0.08\dfrac{d_{eq}}{\rho_{te}}\right) = 0.21\text{mm} > w_{lim} = 0.2\text{mm}$，不满足要求。

采用 5Φ12，$A_s = 565\text{mm}^2$，$w_{max} = 0.149\text{mm} < w_{lim} = 0.2\text{mm}$，满足要求。

或取混凝土保护层厚度 $c = 25\text{mm}$，$w_{max} = 0.19\text{mm} < w_{lim} = 0.2\text{mm}$，满足要求。

5. $\alpha_{cr} = 2.7$，$\rho_{te} = \dfrac{A_s}{bh} = 0.0201$，$\sigma_{sk} = \dfrac{N_k}{A_s} = 223.9\text{N/mm}^2$

$\psi = 1.1 - 0.65\dfrac{f_{tk}}{\sigma_{sk}\rho_{te}} = 0.843$

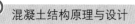

$$w_{\max}=\alpha_{cr}\psi\frac{\sigma_s}{E_s}\left(1.9c_s+0.08\frac{d_{eq}}{\rho_{te}}\right)=0.28\text{mm}$$

室内正常环境，$w_{\max}=0.28\text{mm}<w_{\lim}=0.3\text{mm}$，满足要求。

室内潮湿环境，$w_{\max}=0.28\text{mm}>w_{\lim}=0.2\text{mm}$，不满足要求。

第 10 章　预应力混凝土构件

内容提要 🔍

1. 钢筋混凝土构件由于受拉区在正常使用阶段出现裂缝，抗裂性能差，刚度小，变形大，而且不能充分利用高强钢材，因此其适用范围受到一定限制。预应力混凝土改善了构件的抗裂性能，可以做到正常使用阶段混凝土不受拉或不开裂，因而可适用于有防水、抗渗透及抗腐蚀要求的特殊环境，以及大跨、重载结构。

2. 在预应力混凝土结构中，通常是通过张拉预应力钢筋给混凝土施加预压应力。根据施工时张拉预应力钢筋与浇筑混凝土次序的不同，分为先张法和后张法。先张法是依靠预应力钢筋与混凝土之间的黏结力来传递预应力；后张法依靠锚具来传递预应力，构件的端部处于局部受压的应力状态。

3. 张拉控制应力的取值应当适当，既不能过高，也不能过低。预应力混凝土在施工过程中需使用锚具和夹具，因此对施工技术的要求更高。

4. 对预应力混凝土构件，应进行外荷载作用下两种极限状态的计算，并保证施工阶段构件的安全性。对后张法预应力混凝土构件，还应计算构件端部的局部受压承载力。

5. 预应力钢筋存在预应力损失现象。应了解产生各种预应力损失的原因，并掌握减小各项损失的方法和措施。应分阶段组合预应力的损失值，并掌握先张法和后张法各有哪几项预应力损失及其损失所属的阶段。

6. 通过对预应力混凝土构件受力全过程截面应力状态的分析，可以看出：

（1）施工阶段，先张法（或后张法）构件截面混凝土预应力的计算可以比拟为将一个预加力 N_p 作用在构件的换算截面 A_0（或净截面 A_n）上，然后按材料力学公式进行计算；

（2）正常使用阶段，由荷载效应的标准组合或准永久组合产生的截面混凝土的法向应力，也可按材料力学公式计算，且无论先张法还是后张法，均采用构件的换算截面 A_0；

（3）使用阶段，先张法和后张法构件在消压状态和即将开裂状态时的计算公式形式相同，均采用构件的换算截面 A_0。

习题 🔍

一、填空题

1. 按照施工工艺的不同，施加预应力的方法有_____、_____。

2. 预应力混凝土结构中的钢筋包括_____和_____。

3. 先张法构件是依靠_____传递预应力的，后张法构件是依靠_____传递预应力的。

4. 预应力钢筋宜采用_____、_____和热处理钢筋等高强度钢筋。

5. 对于直线型预应力钢筋，由于锚具变形和预应力钢筋内缩引起的预应力损失 σ_{l1} 的计算表达式为：_____。

6. 已知各项预应力损失：锚具损失 σ_{l1}；摩擦损失 σ_{l2}；温差损失 σ_{l3}；钢筋松弛损失 σ_{l4}；

混凝土收缩和徐变损失 σ_{l5}；螺旋式钢筋对混凝土的挤压损失 σ_{l6}。先张法混凝土预压前（第一批）损失为_____；混凝土预压后（第二批）损失为_____；预应力总损失为_____。后张法混凝土预压前（第一批）损失为_____；混凝土预压后（第二批）损失为_____；预应力总损失为_____。

7. 我国现行《混凝土结构设计规范》规定，对于先张法构件的预应力总损失至少应取_____，后张法构件的预应力总损失至少应取_____。

8. 先张法预应力混凝土轴心受拉构件，当加荷至混凝土应力为零，即混凝土处于消压状态时，预应力钢筋的应力是_____；加荷至混凝土即将出现裂缝时，预应力钢筋的应力是_____；加载至构件破坏时，预应力钢筋的应力是_____。

9. 后张法预应力混凝土轴心受拉构件，当加荷至混凝土应力为零，即混凝土处于消压状态时，预应力钢筋的应力是_____；加荷至混凝土即将出现裂缝时，预应力钢筋的应力是_____；加载至构件破坏时，预应力钢筋的应力是_____。

10. 先张法预应力混凝土轴心受拉构件的开裂轴力 N_{cr} 为_____，极限轴力为_____；后张法预应力混凝土轴心受拉构件的开裂轴力 N_{cr} 为_____，极限轴力为_____。

11. 预应力混凝土轴心受拉构件（对于严格要求不出现裂缝的构件）进行抗裂验算时，对荷载效应的标准组合下应符合_____。

12. 预应力混凝土轴心受拉构件（对于一般要求不出现裂缝的构件）进行抗裂验算时，对荷载效应的标准组合下应符合_____，在荷载效应的准永久组合下，宜符合_____。

13. 先张法轴心受拉构件完成第一批损失时，混凝土的预压应力为_____，完成第二批损失时，混凝土的预压应力为_____；后张法轴心受拉构件完成第一批损失时，混凝土的预压应力为_____，完成第二批损失时，混凝土的预压应力为_____。

二、选择题

1. 与普通钢筋混凝土相比，预应力混凝土的优点不包括（   ）。
   A. 增大了构件的刚度　　　　　　　　B. 提高了构件的抗裂能力
   C. 提高了构件的延性和变形能力　　　D. 可用于大跨度、重荷载构件

2. 全预应力混凝土在使用荷载作用下，构件截面混凝土（   ）。
   A. 允许出现拉应力　　B. 不出现拉应力　　C. 允许出现裂缝　　D. 不出现压应力

3. 预应力混凝土结构的混凝土强度等级不应低于（   ）。
   A. C25　　　　　　　B. C30　　　　　　　C. C40　　　　　　　D. C45

4. 对于预应力混凝土构件出现裂缝时的荷载与其极限荷载的说明正确的是（   ）。
   A. 开裂荷载远小于极限荷载　　　　　B. 开裂荷载与极限荷载比较接近
   C. 开裂荷载等于极限荷载　　　　　　D. 无法确定

5. 减少混凝土受弯构件的裂缝宽度，最为有效的措施是（   ）。
   A. 增加钢筋面积　　　　　　　　　　B. 增加截面尺寸
   C. 提高混凝土的强度等级　　　　　　D. 采用预应力混凝土

6. 先张法预应力混凝土构件，在混凝土预压前（第一批）的损失为（   ）。
   A. $\sigma_{l1}+\sigma_{l3}+\sigma_{l4}$　　　　　　　　　B. $\sigma_{l1}+\sigma_{l2}+\sigma_{l3}$
   C. $\sigma_{l1}+\sigma_{l2}$　　　　　　　　　　　　D. $\sigma_{l1}+\sigma_{l2}+\sigma_{l3}+\sigma_{l4}$

7. 后张法预应力混凝土构件，在混凝土预压前（第一批）的损失为（　　）。

    A. $\sigma_{l1}+\sigma_{l3}+\sigma_{l4}$ B. $\sigma_{l1}+\sigma_{l2}+\sigma_{l3}$

    C. $\sigma_{l1}+\sigma_{l2}$ D. $\sigma_{l1}+\sigma_{l2}+\sigma_{l3}+\sigma_{l4}$

8. 先张法预应力混凝土构件，在混凝土预压后（第二批）的损失为（　　）。

    A. $\sigma_{l4}+\sigma_{l5}+\sigma_{l6}$ B. $\sigma_{l3}+\sigma_{l4}+\sigma_{l5}$

    C. σ_{l5} D. $\sigma_{l4}+\sigma_{l5}$

9. 后张法预应力混凝土构件，在混凝土预压后（第二批）的损失为（　　）。

    A. $\sigma_{l4}+\sigma_{l5}+\sigma_{l6}$ B. $\sigma_{l3}+\sigma_{l4}+\sigma_{l5}$

    C. σ_{l5} D. $\sigma_{l4}+\sigma_{l5}$

10. 先张法预应力混凝土构件完成第一批损失时，下列说法错误的是（　　）。

    A. 预应力钢筋的应力 σ_{peI} 为 $\sigma_{con}-\sigma_{lI}-\alpha_E\sigma_{pcI}$

    B. 混凝土的预压应力 σ_{pcI} 为零

    C. 预应力损失 σ_{lI} 为 $\sigma_{l1}+\sigma_{l2}+\sigma_{l3}+\sigma_{l4}$

    D. 非预应力钢筋的应力 σ_s 为零

11. 后张法预应力混凝土构件完成第一批损失时，下列说法错误的是（　　）。

    A. 预应力钢筋的应力 σ_{peI} 为 $\sigma_{con}-\sigma_{lI}$

    B. 混凝土的预压应力 σ_{pcI} 为零

    C. 预应力损失 σ_{lI} 为 $\sigma_{l1}+\sigma_{l2}$

    D. 非预应力钢筋的应力 σ_s 为 $\alpha_{Es}\sigma_{pcI}$

三、判断题

1. 后张法是在浇灌混凝土并结硬后张拉预应力钢筋。　　　　　　　　　　　（　　）

2. 无黏结预应力是指预应力钢筋伸缩、滑动自由，不与周围混凝土黏结的预应力。

（　　）

3. 先张法施工时，在养护混凝土至其强度不低于设计值的 60% 时，即可切断预应力钢筋。

（　　）

4. 预应力混凝土与同条件普通混凝土相比，在承载力方面主要是提高了开裂荷载，而对于极限荷载则没有提高。　　　　　　　　　　　　　　　　　　（　　）

5. 部分预应力是在使用荷载作用下截面混凝土不允许出现拉应力。　　　（　　）

6. 混凝土加热养护时，受张拉的钢筋与承受拉力的设备之间的温差引起的预应力损失 σ_{l3}，只存在于先张法构件中。　　　　　　　　　　　　　　（　　）

7. 采用两端张拉、超张拉可以减少预应力钢筋与孔道壁之间的摩擦引起的损失。（　　）

8. 张拉控制应力 σ_{con} 有上限值，但没有下限值。　　　　　　　　（　　）

9. 为了保证预应力混凝土轴心受拉构件的可靠性，除要进行构件使用阶段的承载力计算和裂缝控制验算外，还应进行施工阶段的承载力验算，以及后张法构件端部混凝土的局压验算。

（　　）

10. 为了减少预应力损失，在预应力混凝土构件端部应尽量少用垫板。　　（　　）

11. 混凝土的收缩和徐变引起的预应力算是很大，在曲线配筋构件中，约占总损失的 30%，在直线配筋的构件中可达 60%。　　　　　　　　　　　　　（　　）

12. 预应力受弯构件的正截面承载力计算公式的适用条件与普通钢筋混凝土受弯构件是一样的。　　　　　　　　　　　　　　　　　　　　　　　　（　　）

13. 与普通混凝土受弯构件不同，预应力混凝土受弯构件的挠度由两部分组成：第一部分是外荷载产生的向下挠度；第二部分是预应力产生的向上变形（反拱）。　　　　（　）

14. 预应力混凝土构件在正常使用过程中一定不会出现裂缝。　　　　　　（　）

四、问答题

1. 简述先张法和后张法预应力混凝土的基本施工工序。

2. 为什么钢筋混凝土受弯构件不能有效利用高强钢筋和高强混凝土？

3. 为什么预应力混凝土构件必须采用高强钢筋和高强混凝土？

4. 预应力混凝土结构的主要优缺点是什么？

5. 什么是张拉控制应力？为什么要规定张拉控制应力的上限值？它与哪些因素有关？张拉控制应力是否有下限值？

6. 引起预应力损失的因素有哪些？预应力损失如何分组？

7. 什么是钢材的应力松弛？预应力松弛损失与哪些因素有关？为什么超张拉可减小松弛损失？

8. 换算截面 A_0 和净截面 A_n 的意义是什么？为什么计算施工阶段的混凝土应力时，先张法构件用 A_0、后张法构件用净截面 A_n？而计算外荷载引起的截面应力时，为什么先张法和后张法构件都用 A_0？

9. 什么是预应力钢筋的预应力传递长度？它和预应力钢筋的锚固长度有何不同？

10. 预应力混凝土结构中，非预应力钢筋对预应力损失及抗裂性是有利还是不利？原因是什么？

11. 预应力混凝土构件为何还应进行施工阶段验算，需验算哪些内容？

五、计算题

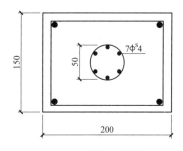

图 1-18　下弦截面配筋

1. 已知某屋架下弦预应力混凝土拉杆，长 20m，截面尺寸及配筋如图 1-18 所示。采用后张法一端张拉（超张拉）。孔道为直径 50mm 的抽芯成型，采用 OVM 锚具。预应力钢筋为 6 根 $7\phi^s4$ 的钢绞线，单根 $7\phi^s4$ 钢绞线面积为 98.7mm^2，$f_{ptk}=1570$N/mm^2，$f_{py}=1120$N/mm^2，非预应力钢筋为 $4\Phi12$ 的 HRB335 级热轧钢筋，混凝土为 C45，达到 100% 设计强度时施加预应力，张拉控制应力 $\sigma_{con}=0.75f_{ptk}$，裂缝控制等级为二级，一类使用环境。永久荷载标准值产生的轴向拉力 $N_{Gk}=310$kN，可变荷载标准值产生的轴向拉力 $N_{Qk}=120$kN，可变荷载的组合值系数 $\psi_c=0.7$，可变荷载的准永久值系数 $\psi_q=0.8$。

(1) 计算各项预应力损失；

(2) 进行屋架下弦的使用阶段承载力计算，包括消压轴力、开裂轴力和极限轴力的计算；

(3) 进行裂缝控制验算。

2. 一预应力混凝土圆孔板，跨度为 3.6m，截面尺寸如图 1-19 所示。预应力筋采用 $8\phi^H5$ 的 1570 级低松弛螺旋肋钢丝（$A_p=157$mm^2），采用先张法，在 4m 长的钢模上张拉。自然养护混凝土为 C40，达到 75% 设计强度时放张，张拉控制应力 $\sigma_{con}=0.75f_{ptk}$。试计算各项预应力损失。

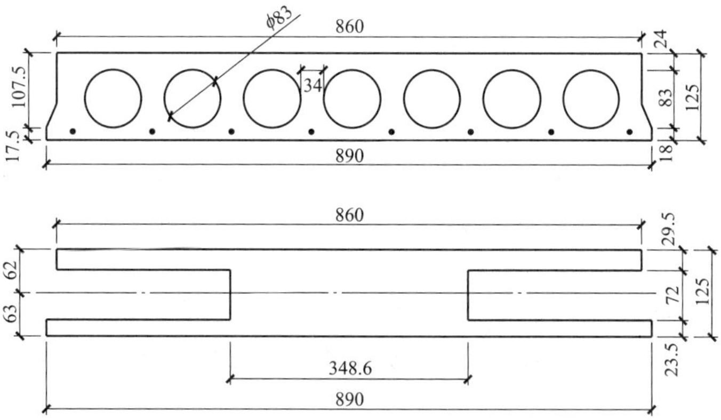

图 1-19　圆孔板截面尺寸

参考答案

一、填空题

1. 先张法，后张法；

2. 预应力钢筋，非预应力钢筋；

3. 预应力钢筋与混凝土之间的黏结力，两端的锚具锚住钢筋；

4. 钢绞线，消除应力钢丝；

5. aE_s/l；

6. $\sigma_{l1}+\sigma_{l2}+\sigma_{l3}+\sigma_{l4}$，$\sigma_{l5}$，$\sigma_{l1}+\sigma_{l2}+\sigma_{l3}+\sigma_{l4}+\sigma_{l5}$，$\sigma_{l1}+\sigma_{l2}$，$\sigma_{l4}+\sigma_{l5}+\sigma_{l6}$，$\sigma_{l1}+\sigma_{l2}+\sigma_{l4}+\sigma_{l5}+\sigma_{l6}$；

7. $100N/mm^2$，$80N/mm^2$；

8. $\sigma_{con}-\sigma_l$，$\sigma_{con}-\sigma_l+\alpha_E f_{tk}$，$f_{py}$；

9. $\sigma_{con}-\sigma_l+\alpha_E\sigma_{pcⅡ}$，$\sigma_{con}-\sigma_l+\alpha_E\sigma_{pcⅡ}+\alpha_E f_{tk}$，$f_{py}$；

10. $N_0+f_{tk}A_0$，$f_{py}A_p+f_yA_s$，$N_0+f_{tk}A_0$，$f_{py}A_p+f_yA_s$；

11. $\sigma_{ck}-\sigma_{pcⅡ}\leqslant 0$；

12. $\sigma_{ck}-\sigma_{pcⅡ}\leqslant f_{tk}$，$\sigma_{cq}-\sigma_{pcⅡ}\leqslant 0$；

13. 0，$\sigma_{pcⅡ}=\dfrac{(\sigma_{con}-\sigma_l)A_p-\sigma_{l5}A_s}{A_0}$，$\sigma_{pcⅠ}=(\sigma_{con}-\sigma_{l1})A_p/A_n$，$\sigma_{pcⅡ}=\dfrac{(\sigma_{con}-\sigma_l)A_p-\sigma_{l5}A_s}{A_n}$。

二、选择题

1. C；2. B；3. B；4. B；5. D；6. D；7. C；8. C；9. A；10. A；11. B。

三、判断题

1. √；2. √；3. ×；4. √；5. ×；6. √；7. √；8. ×；9. √；10. √；11. √；12. √；
13. √；14. ×。

四、问答题

1. 先张法预应力混凝土的基本施工工序：

（1）在台座上张拉预应力钢筋至控制应力，并用夹具临时固定；

（2）支模、浇注混凝土并养护；

（3）养护混凝土至其强度不低于设计值的 75% 时，切断预应力钢筋。

后张法预应力混凝土的基本施工工序：

(1) 浇灌混凝土，制作构件并预留孔道；

(2) 养护混凝土到规定强度值；

(3) 在孔道中穿筋，并在构件上用张拉机具张拉预应力钢筋至控制应力；

(4) 在张拉端用锚具锚住预应力钢筋，并在孔道内压力灌浆。

2. 钢筋混凝土受弯构件，当跨度较大时，按承载力确定的计算配筋可能不满足挠度和裂缝宽度的要求，此时，若采用高强钢筋，按承载力确定的计算配筋仍不满足挠度和裂缝宽度要求，需要增加钢筋面积才能满足裂缝和挠度要求，这就使得高强钢材的强度不能得到发挥。同样，采用高强混凝土也没有显著的经济效益，因为高强混凝土对提高构件的抗裂性、抗弯刚度和减小裂缝宽度的作用很小。

3. 预应力混凝土构件中，由于通过张拉预应力钢筋给混凝土施加预压应力，因此，预应力钢筋首先必须具有很高的强度，才能提高构件抗裂能力。混凝土强度越高能够承受的预压应力也高，同时采用高强钢筋和高强混凝土相配合，可以获得较经济的构件截面尺寸；另外，高强混凝土与钢筋的黏结力也高，这对依靠黏结传递预应力的先张法构件尤为重要。此外，高强混凝土的徐变小，有利于减小徐变引起的预应力损失；有利于提高局部承压能力，且早期强度发展快，加快施工速度等。

4. 预应力混凝土结构的主要优点：

(1) 提高了构件的抗裂能力；

(2) 增大了构件的刚度；

(3) 充分利用高强度材料；

(4) 扩大了构件的应用范围。

缺点是施工工序多，对施工技术要求高且需张拉设备、锚夹具及劳动力费用高等。

5. 张拉控制应力是指张拉预应力钢筋时，张拉设备的测力仪表所指示的总张拉力除以预应力钢筋截面面积得出的拉应力值，以 σ_{con} 表示。

σ_{con} 过大时可能出现的问题有：

(1) 个别钢筋可能被拉断；

(2) 施工阶段可能会引起构件开裂；

(3) 后张法构件端部混凝土产生局部受压破坏；

(4) 使开裂荷载与破坏荷载相近，可能产生脆性破坏；

(5) 增大预应力钢筋的松弛损失。

张拉控制应力主要与钢材的种类以及张拉方法有关。

为了保证构件中建立必要的有效预应力，张拉控制应力也不能过小，因此，有下限值。

6. 引起预应力损失的主要因素有：

(1) 张拉端锚具变形和钢筋内缩引起的预应力损失 σ_{l1}；

(2) 预应力钢筋与孔道壁之间的摩擦引起的预应力损失 σ_{l2}；

(3) 混凝土加热养护时，受张拉钢筋与承受拉力的设备之间温差引起的预应力损失 σ_{l3}；

(4) 预应力钢筋的应力松弛引起的预应力损失 σ_{l4}；

(5) 混凝土的收缩和徐变引起的预应力损失 σ_{l5}；

(6) 用螺旋式预应力钢筋作配筋的环形构件，由于混凝土的局部挤压引起的预应力损失 σ_{l6}。

在实际计算中，以"预压"为界，把预应力损失分成两批。对先张法，预压指放松预应力筋，开始给混凝土施加预应力的时刻；对后张法，预压指张拉预应力筋至 σ_{con} 并加以锚固的时刻。

7. 应力松弛是指钢筋受力后，在长度不变的条件下，钢筋应力随时间的增长而降低的现象。预应力松弛损失主要与钢材种类有关。

在超张拉下短时间内发生的损失在低应力下需要较长时间；而持荷 2min 可使相当一部分松弛损失发生在钢筋锚固之前，则锚固后损失减小。因此，超张拉可减小松弛损失。

8. 构件的净截面面积 A_n 的物理意义是：混凝土截面面积 A_c 与非预应力钢筋换算成的具有同样变形性能的混凝土面积之和。而构件的换算截面面积 A_0，是将预应力钢筋和非预应力钢筋都换算成具有同样变形性能的混凝土面积后与混凝土截面面积之和。

在施工阶段，计算混凝土应力时，后张法构件由于通过锚具传递预应力，预应力钢筋与混凝土之间无黏结力，而混凝土和非预应力钢筋共同承受预压应力，并协调变形，因此，计算混凝土应力时，用 A_n；而先张法构件在放张后，预应力钢筋、混凝土和非预应力钢筋共同受力，且协调变形，因此，用净截面 A_0。

而计算外荷载引起的截面应力时，不管是先张法构件还是后张法构件，承受拉力的除了混凝土、非预应力钢筋还有预应力钢筋，因此先张法和后张法构件都用 A_0。

9. 预应力传递长度是指从预应力钢筋应力为零的端部到应力为有效预应力 σ_{pe} 的这一段长度，传递长度内黏结应力的合力应等于预应力钢筋的有效预拉力 $A_p\sigma_{pe}$。

而锚固长度是指构件在外荷载作用下达到承载能力极限状态时，预应力钢筋的应力达到抗拉强度设计值 f_{py}，为了使预应力钢筋不致被拔出，预应力钢筋应力从端部的零到 f_{py} 的这一段长度。

10. 预应力混凝土结构中，非预应力钢筋对预应力损失及抗裂性是有利的。非预应力钢筋的存在可以减小混凝土的收缩和徐变，即可以减小预应力的损失。同时非预应力钢筋的存在，可以避免施工阶段张拉应力过大导致受压区混凝土被拉裂。

11. 为了保证预应力混凝土构件在施工阶段（主要是制作时）的安全性，应限制施加预应力过程中的混凝土法向压应力值，以免混凝土被压坏。此外，在后张法构件的端部，由于预应力通过锚具下的垫板传给混凝土，而锚具下垫板作用在混凝土上的面积小于构件端部的截面面积，因此，构件端部为局部受压且压力较大，需进行施工阶段的局压验算。

五、计算题

1. 解：（1）各项预应力损失。

$\alpha_E = 5.97$，$\alpha_{Ep} = 5.82$，$A_n = 30\ 284\text{mm}^2$，$\sigma_{con} = 1178\text{N/mm}^2$

$\sigma_{l1} = 48.75\text{N/mm}^2$，$\sigma_{l2} = 35.34\text{N/mm}^2$，$\sigma_{l\text{I}} = \sigma_{l1} + \sigma_{l2} = 84.09\text{N/mm}^2$

$\sigma_{l4} = 106.02\text{N/mm}^2$，$\sigma_{l5} = 122.4\text{N/mm}^2$，$\sigma_{l\text{II}} = \sigma_{l4} + \sigma_{l5} = 228.42\text{N/mm}^2$

$\sigma_l = \sigma_{l\text{I}} + \sigma_{l\text{II}} = 312.51\text{N/mm}^2$

（2）使用阶段承载力计算。

$\sigma_{pc\text{II}} = 19.75\text{N/mm}^2$

消压轴力：$N_0 = (\sigma_{con} - \sigma_l + \alpha_E\sigma_{pc\text{II}})A_p - \sigma_{l5}A_s = 605\text{kN}$

开裂轴力：$N_{cr} = (\sigma_{pc\text{II}} + f_{tk})A_0 = 763.7\text{kN}$

极限轴力：$N_u = f_{py}A_p + f_yA_s = 794.5\text{kN}$

（3）进行裂缝控制验算。

标准组合下：$\sigma_{ck} - \sigma_{pc} = 14.2 - 19.75 = -5.55 \text{ N/mm}^2 < f_{tk} = 2.51 \text{N/mm}^2$

准永久组合下：$\sigma_{cq} - \sigma_{pc} = 13.4 - 19.75 = -6.35 \text{N/mm}^2 < f_{tk} = 2.51 \text{N/mm}^2$

满足要求。

2. 解：（1）将圆孔板截面按截面面积、形心位置和惯性矩相等的条件换算为工字形截面。即将圆孔换算成 $b_k \times h_k$ 的矩形孔。

$$7 \times \frac{\pi}{4} \times 83^2 = b_k h_k, \ 7 \times \frac{\pi}{64} \times 83^4 = \frac{1}{12} b_k h_k^3$$

解得 $b_k = 526.9 \text{mm}$，$h_k = 72 \text{mm}$，故换算的工形截面 $b_f' = 860 \text{mm}$，$h_f' = (24 + 83/2) - 72/2 = 29.5 \text{mm}$，$b_f = 890 \text{mm}$，$h_f = (18 + 83/2) - 72/2 = 23.5 \text{mm}$，$b = \frac{b_f + b_f'}{2} - b_k = 348.6 \text{mm}$。

$\alpha_E = 6.31$，$(\alpha_E - 1)A_p = 833.7 \text{mm}^2$

换算截面面积 $A_0 = 860 \times 29.5 + 348.6 \times 72 + 890 \times 23.5 + 833.7 = 72\,218 (\text{mm}^2)$

换算截面形心至截面下边缘距离 y_0：

$S_0 = 860 \times 29.5 \times 110.2 + 348.6 \times 72 \times 59.5 + 890 \times 23.5 \times 11.75 + 833.7 \times 17.5 = 4550 \times 10^3 (\text{mm})^3$

$$y_0 = \frac{S_0}{A_0} = 63 \text{mm}$$

预应力筋偏心距 $e_{p0} = 63 - 17.5 = 45.5 (\text{mm})$

换算截面惯性矩 $I_0 = 1272 \times 10^5 \text{mm}^4$

（2）$\sigma_{con} = 1177.5 \text{N/mm}^2$

$\sigma_{l1} = 51.3 \text{N/mm}^2$，$\sigma_{l2} = 0$，$\sigma_{l3} = 0$，$\sigma_{l4} = 41.22 \text{N/mm}^2$，$\sigma_{l\text{I}} = \sigma_{l1} + \sigma_{l3} + \sigma_{l4} = 92.5 \text{N/mm}^2$

$\sigma_{l5} = 80 \text{N/mm}^2$，$\sigma_{l\text{II}} = \sigma_{l5} = 80 \text{N/mm}^2$

$\sigma_l = \sigma_{l\text{I}} + \sigma_{l\text{II}} = 172.5 \text{N/mm}^2$

第11章　楼盖结构设计

内容提要 📍

1. 楼盖、楼梯等实际上是梁板结构，其设计的主要步骤是：结构选型和结构布置；结构计算（包括确定计算简图、荷载计算、内力分析、内力组合及截面配筋计算等）；结构构造设计及绘施工图。其中结构选型和结构布置属结构方案设计，其合理与否对整个结构的可靠性和经济性有重大影响，应根据使用要求、结构受力特点等慎重考虑。

2. 确定结构计算简图（包括计算模型和荷载图式）是进行结构分析的关键，应抓住主要因素，忽略次要因素，反映结构受力和变形的基本特点，用一个简化图形代替实际结构。

3. 在荷载作用下，如果板是双向弯曲双向受力，则称为双向板；否则为单向板。设计中可按板的四边支承情况和板的两个方向的跨度比值来区分单、双向板。

4. 在整体式单向板肋梁楼盖中，主梁一般按弹性理论计算内力；板和次梁可按考虑塑性内力重分布方法计算内力。按塑性理论计算结构内力时，一般要求结构满足三个条件：①平衡条件，即内力和外力保持平衡；②塑性条件，$\theta_p \leqslant [\theta_p]$，即外荷载作用下结构控制截面的塑性转角应小于该截面塑性极限转角；③适用性条件，即考虑塑性内力重分布后，结构应满足正常使用阶段的变形和裂缝宽度限值。

5. 为了满足塑性条件 $\theta_p \leqslant [\theta_p]$，要求塑性铰的转动幅度不宜过大，要限制塑性铰截面的弯矩调整幅度 $\beta \leqslant 25\%$；要求塑性铰有足够的转动能力，主要是要求塑性铰截面的相对受压区高度应满足 $0.1 \leqslant \xi \leqslant 0.35$，另外还要求采用 HPB300、HRB335、HRB400 级等热轧钢筋和较低强度等级的混凝土（宜在 C20~C45 范围内）。

6. 双向板可按弹性理论和塑性理论进行计算。按塑性理论计算时，可用机动法、极限平衡法和板带法；其中前两种方法属上限解法，后一种则属下限解法。用上限解法求解极限荷载时，一般先假定塑性铰线分布（布置的塑性铰线应能使板形成机动体系），然后由功能方程（机动法）或平衡方程（极限平衡法）求出极限荷载。

7. 无梁楼盖亦称为板柱结构，简化分析时一般将其视为支承在柱上的交叉板带体系。柱上板带相当于以柱为支点的连续梁或与柱形成连续框架；跨中板带则可视为支承在另一方向柱上板带的连续梁。

8. 无黏结预应力楼盖的作用效应由外荷载效应和预应力筋对楼盖的作用效应两部分组成。预应力筋对楼盖的作用可用一组等效荷载代替，于是预应力楼盖可视为同时受外荷载和等效荷载作用的非预应力楼盖，从而可用一般结构力学方法计算其作用效应，这就是等效荷载法。

9. 梁式楼梯的斜梁和板式楼梯的梯段板均是斜向结构，其内力可按跨度为水平投影长度的水平结构进行计算，由此计算所得弯矩为其实际弯矩，但剪力应乘以 $\cos\alpha$。折板悬挑式楼梯和螺旋式楼梯应按空间结构进行分析。

习题

一、填空题

1. 双向板上荷载向两个方向传递，长边支承梁承受的荷载为_____分布；短边支承梁承受的荷载为_____分布。

2. 按弹性理论对单向板肋梁楼盖进行计算时，板的折算恒载 $g' = $ _____，折算活载 $p' = $ _____。

3. 对结构的极限承载能力进行分析时，需要满足三个条件，即_____、_____和_____。当三个条件都能够满足时，结构分析得到的解就是结构的真实极限荷载。

4. 对结构的极限承载能力进行分析时，满足_____和_____的解称为上限解，上限解求得的荷载值大于真实解；满足_____和_____的解称为下限解，下限解求得的荷载值小于真实解。

5. 在计算钢筋混凝土单向板肋梁楼盖中次梁在其支座处的配筋时，次梁的控制截面位置应取在支座_____处，这是因为_____。

6. 钢筋混凝土超静定结构内力重分布有两个过程，第一过程是由于_____引起的，第二过程是由于_____引起的。

7. 按弹性理论计算连续梁、板的内力时，计算跨度一般取_____之间的距离。按塑性理论计算时，计算跨度一般取_____。

二、选择题

1. (　　) 按单向板进行设计。
   A. 600mm×3300mm 的预制空心楼板
   B. 长短边之比小于 2 的四边固定板
   C. 长短边之比等于 1.5，两短边嵌固，两长边简支
   D. 长短边相等的四边简支板

2. 对于两跨连续梁，(　　)。
   A. 活荷载两跨满布时，各跨跨中正弯矩最大
   B. 活荷载两跨满布时，各跨跨中负弯矩最大
   C. 活荷载单跨布置时，中间支座处负弯矩最大
   D. 活荷载单跨布置时，另一跨跨中负弯矩最大

3. 多跨连续梁（板）按弹性理论计算，为求得某跨跨中最大负弯矩，活荷载应布置在 (　　)。
   A. 该跨，然后隔跨布置 　　　　B. 该跨及相邻跨
   C. 所有跨 　　　　　　　　　　D. 该跨左右相邻各跨，然后隔跨布置

4. 超静定结构考虑塑性内力重分布计算时，必须满足 (　　)。
   A. 变形连续条件 　　　　　　　B. 静力平衡条件
   C. 采用热处理钢筋的限制 　　　D. 受拉区混凝土的应力小于等于混凝土轴心抗拉强度

5. 条件相同的四边支承双向板，采用上限解法求得的极限荷载一般要比采用下限解法求

得的极限荷载（   ）。

    A. 大   B. 小   C. 相等   D. 无法比较

6. 在确定梁的纵筋弯起点时，要求抵抗弯矩图不得切入设计弯矩图以内，即应包在设计弯矩图的外面，这是为了保证梁的（   ）。

    A. 正截面受弯承载力   B. 斜截面受剪承载力

    C. 受拉钢筋的锚固   D. 箍筋的强度被充分利用

7. 在结构的极限承载能力分析中，正确的叙述是（   ）。

    A. 若同时满足极限条件、变形连续条件和平衡条件的解答才是结构的真实极限荷载

    B. 若仅满足极限条件和平衡条件的解答则是结构极限荷载的下限解

    C. 若仅满足变形连续条件和平衡条件的解答则是结构极限荷载的上限解

    D. 若仅满足极限条件和机动条件的解答则是结构极限荷载的上限解

8. 按弯矩调幅法进行连续梁、板截面的极限承载能力分析时，应遵循下述规定（   ）。

    A. 受力钢筋宜采用Ⅰ、Ⅱ级或Ⅲ级热轧钢筋

    B. 截面的弯矩调幅系数 β 宜超过 0.25

    C. 弯矩调整后的截面受压区相对计算高度 ξ 一般应超过 0.35，但不应超过 ξ_b

    D. 按弯矩调幅法计算的连续梁、板，可适当放宽裂缝宽度的要求

三、判断题

1. 连续梁在各种不利荷载布置情况下，任一截面的内力均不会超过该截面处内力包络图上的数值。   （   ）

2. 求多跨连续双向板某区格的跨中最大正弯矩时，板上活荷载应按满布考虑。 （   ）

3. 求多跨连续双向板某区格的板支座最大负弯矩时，板上活荷载应按棋盘式布置。

          （   ）

4. 按塑性理论计算连续梁、板内力时，需满足采用热处理钢筋的限制。   （   ）

5. 对于四周与梁整浇的多区格双向板楼盖，按弹性理论或塑性理论计算方法得到的所有区格板的弯矩值均可予以减少。   （   ）

6. 钢筋混凝土四边简支双向板，在荷载作用下不能产生塑性内力重分布。   （   ）

7. 在四边简支的单向板中，分布钢筋的作用主要为：浇捣混凝土时固定受力钢筋位置；抵抗由于温度变化或混凝土收缩引起的应力；承受板上局部荷载产生的应力；承受沿短边方向的弯矩，分布钢筋一般位于受力钢筋的下方。   （   ）

8. 按塑性理论计算双向板时，上限解只满足平衡条件、屈服条件，计算结果偏大；下限解只满足机动条件、屈服条件，计算结果偏小。   （   ）

9. 单向板只布置单向钢筋，双向板需布置双向钢筋。   （   ）

四、问答题

1. 简述现浇肋梁楼盖的组成及荷载传递途径。

2. 按弹性理论计算时，说明单向板肋梁楼盖中板、次梁以及主梁的计算简图。

3. 什么是单向板？什么是双向板？两种板是如何区分的？它们的受力特点有何不同？

4. 什么是钢筋混凝土超静定结构的塑性内力重分布？

5. 单向板肋梁楼盖中，板内应配置有哪几种钢筋？

6. 现浇单向板肋梁楼盖按塑性理论计算内力时，板、次梁的计算跨度是如何确定的？

7. 什么是弯矩调幅法？设计中为什么要控制弯矩调幅值？

8. 使用弯矩调幅法时，应注意哪些问题？

9. 使用弯矩调幅法时，为什么要限制 ξ？

10. 设计计算连续梁时为什么要考虑活荷载的最不利布置？确定截面内力最不利活荷载布置的原则是什么？

11. 什么是连续梁的内力包络图？如何绘制连续梁的内力包络图？

12. 按塑性理论方法计算结构内力的适用条件是什么？

13. 什么是钢筋混凝土受弯构件塑性铰？影响塑性铰转动能力的因素有哪些？

14. 塑性铰有哪些特点？

15. 简述用机动法计算钢筋混凝土四边固定矩形双向板极限荷载的要点及步骤。

16. 按弹性理论计算肋梁楼盖中板与次梁的内力时，为什么要采用折算荷载？如何折算？

17. 简述钢筋混凝土连续双向板按弹性方法计算跨中最大正弯矩时活荷载的布置方式及计算步骤。

18. 何谓塑性铰线？塑性铰线的分布与哪些因素有关？

19. 双向板肋梁楼盖中梁上的荷载如何确定？

五、计算题

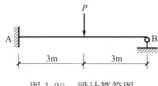

图 1-20　梁计算简图

1. 图 1-20 所示为一端固定另一端铰支梁，跨中作用一集中荷载 P（略去梁的自重），设梁跨中及支座截面的极限弯矩均为 $M_u = 120 \text{kN} \cdot \text{m}$。试计算：

（1）支座出现塑性铰时，梁所承受的极限荷载 p_1 值；

（2）梁破坏时的极限荷载 p_u 值；

（3）与承受相同荷载 p_u 的弹性分析相比，支座弯矩调幅系数是多少？

2. 某多层工业建筑楼盖平面如图 1-21 所示，采用钢筋混凝土现浇单向板肋梁楼盖，楼面活荷载标准值 6.0kN/m^2，楼面面层自重 0.65kN/m^2，楼板底面石灰砂浆抹灰 15mm。要求设计此楼盖。

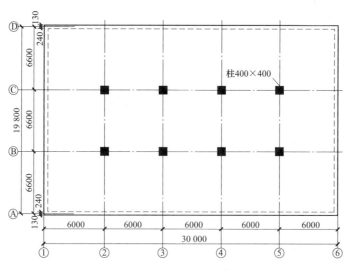

图 1-21　楼盖平面布置图（单位：mm）

3. 四边固定双向板如图 1-22 所示，承受均布荷载。跨中截面和支座截面单位长度能够承受的弯矩设计值分别为 $m_x = 3.46\text{kN} \cdot \text{m/m}$，$m'_x = m''_x = 7.42\text{kN} \cdot \text{m/m}$，$m_y = 5.15\text{kN} \cdot \text{m/m}$，$m'_y = m''_y = 11.34\text{kN} \cdot \text{m/m}$。试求该四边固定双向板能够承受的均布荷载设计值。

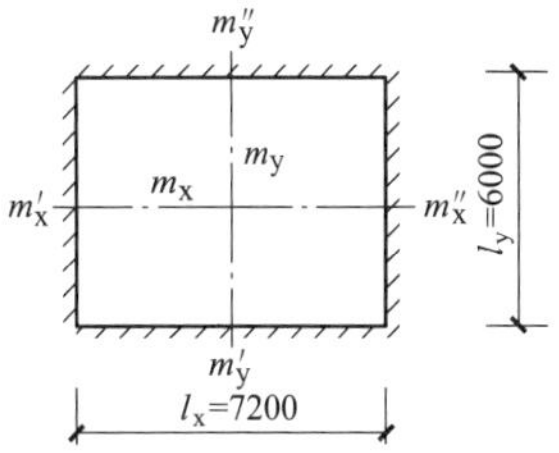

提示：有关公式为

$$M_x + M_y + \frac{1}{2}(M'_x + M''_x + M'_y + M''_y) = \frac{1}{24}pl_y^2(3l_x - l_y)$$

图 1-22　四边固定双向板

参考答案 🔖

一、填空题

1. 梯形，三角形；

2. $g + \frac{1}{2}p$，$\frac{1}{2}p$；

3. 极限条件，机动条件，平衡条件；

4. 机动条件，平衡条件，极限条件，平衡条件；

5. 边缘，支座边缘处次梁内力较大而截面高度较小；

6. 裂缝的形成与开展，塑性铰的形成与转动；

7. 支座中心线，净跨。

二、选择题

1. A；2. D；3. D；4. B；5. A；6. A；7. B；8. A。

三、判断题

1. √；2. ×；3. ×；4. ×；5. ×；6. ×；7. ×；8. ×；9. ×。

四、问答题

1. 现浇肋梁楼盖由板、次梁和主梁组成，荷载的传递途径为荷载作用在板上，由板传递到次梁，由次梁传递到主梁，由主梁传递到柱或墙，再由柱或墙传递到基础，最后由基础传递到地基。

2. 在计算中，取 1m 宽板作为计算单元，故板截面宽度 $b = 1000\text{mm}$，为支承在次梁或砖墙上的多跨板，为简化计算，将次梁或砖墙作为板的不动铰支座。因此，多跨板可视为多跨连续梁（板宽度 $b = 1000\text{mm}$）。

按弹性理论分析时，连续板的跨度取相邻两支座中心间的距离。对于边跨，当边支座为砖墙时，取距砖墙边缘一定距离处。因此，板的计算跨度 l 为

中间跨 $l = l_c$

边跨（边支座为砖墙）$l = l_n + \frac{h}{2} + \frac{b}{2} \leqslant l_n + \frac{a}{2} + \frac{b}{2}$

其中，l_c 为板支座（次梁）轴线间的距离；l_n 为板边跨的净跨；h 为板厚；b 为次梁截面宽度；a 为板支承在砖墙上的长度，通常为 120mm。

对于等跨连续板（梁），当实际跨数超过 5 跨时可按 5 跨计算；不足 5 跨时，按实际跨数计算。

次梁也按连续梁分析内力，支承在主梁及砖墙上，主梁或砖墙作为次梁的不动铰支座。

作用在次梁上的荷载为次梁自重，次梁左右两侧各半跨板的自重及板上的活荷载，荷载形式为均布荷载。

次梁的计算跨度：

中间跨 $l = l_c$

边跨（边支座为砖墙）$l = l_n + \dfrac{a}{2} + \dfrac{b}{2} \leqslant 1.025 l_n + \dfrac{b}{2}$

其中，l_c 为支座轴线间的距离，次梁的支座为主梁；l_n 为次梁边跨的净跨；b 为主梁截面宽度；a 为次梁在砖墙上的支承长度，通常为 240mm。

主梁的计算简图根据梁与柱的线刚度比确定，一般结构中柱的线刚度较小，对主梁的转动约束不大，可将柱作为主梁的不动铰支座，这时主梁仍可按支承在柱或砖墙上的连续梁分析。当结构中柱的线刚度较大，即节点两侧梁的线刚度之和与节点上下柱的线刚度之和的比值小于 3 时，应考虑柱对主梁转动的约束，此时应按框架进行内力分析。

主梁上作用的荷载为主梁的自重和次梁传来的荷载，次梁传来的荷载为集中荷载，主梁自重为均布荷载，而前一种荷载影响较大，后一种荷载影响较小，因此，可近似地将主梁自重作为集中荷载考虑，其作用点位置及个数与次梁传来集中荷载的相同。

主梁的计算跨度：

中间跨 $l = l_c$

边跨（边支座为砖墙）$l = l_n + \dfrac{a}{2} + \dfrac{b}{2} \leqslant 1.025 l_n + \dfrac{b}{2}$

其中，l_c 为支座轴线间的距离，主梁的支座为柱；l_n 为主梁边跨的净跨；b 为柱截面宽度；a 为主梁在砖墙上的支承长度，通常为 370mm。

3. 单向受力，单向弯曲（及剪切）的板为单向板；双向受力，双向弯曲（及剪切）的板为双向板。单向板的受力钢筋单向布置，双向板的受力钢筋双向布置。

两对边支承的板为单向板。对于四边支承的板，当长边与短边长度之比小于或等于 2.0 时，按双向板考虑；当长边与短边长度之比大于 2.0 但小于 3.0 时，宜按双向板考虑，也可按单向板计算，但按沿短边方向受力的单向板计算时，应沿长边方向布置足够数量的构造钢筋；当长边与短边长度之比大于或等于 3.0 时，可按沿短边方向受力的单向板考虑。

4. 在混凝土超静定结构中，当某截面出现塑性铰后，引起结构内力的重新分布，使结构中内力的分布规律与一般力学计算方法得到的内力（弹性理论得到的内力）不同。这种由于塑性铰的形成与开展而造成的超静定结构中的内力重新分布称为钢筋混凝土超静定结构的塑性内力重分布。

5. 单向板肋梁楼盖中，板内应配置有板内受力钢筋和构造钢筋。

板内受力钢筋种类一般采用 HPB300，板中受力钢筋的间距，当板厚≤150mm 时，不宜大于 200mm，当板厚＞150mm 时，不宜大于 $1.5h$，且不宜大于 250mm。连续板中配筋形式采用分离式配筋或弯起式配筋。

构造钢筋包括：分布钢筋、沿墙处板的上部构造钢筋、主梁处板的上部构造钢筋和板内抗冲切钢筋。

6. 按塑性理论计算连续板、连续梁内力时，计算跨度按表 1-2 取用。

表 1-2　　　　　　　　　　　　　　　　　　　计算跨度表

支承情况	计算跨度	
	梁	板
两端与梁（柱）整体连接	净跨长 l_n	净跨长 l_n
两端支承在砖墙上	$1.05l_n \leqslant l_n + a$	$l_n + h \leqslant l_n + a$
一端与梁（柱）整体连接，另一端支承在砖墙上	$1.025l_n \leqslant l_n + a/2$	$l_n + h/2 \leqslant l_n + a/2$

注　表中 h 为板的厚度；a 为梁或板在砖墙上的支承长度。

7. 弯矩调幅法就是在弹性理论计算的弯矩包络图基础上，考虑塑性内力重分布，将构件控制截面的弯矩值加以调整。具体计算步骤是：

（1）按弹性理论方法分析内力；

（2）以弯矩包络图为基础，考虑结构的塑性内力重分布，按适当比例对弯矩值进行调幅；

（3）将弯矩调整值加于相应的塑性铰截面，用一般力学方法分析对结构其他截面内力的影响；

（4）绘制考虑塑性内力重分布的弯矩包络图；

（5）综合分析，选取连续梁中各控制截面的内力值；

（6）根据各控制截面的内力值进行配筋计算。

截面弯矩的调整幅度为：

$$\beta = 1 - M_a / M_e$$

式中，β 为弯矩调幅系数；M_a 为调整后的弯矩设计值；M_e 为按弹性方法计算所得的弯矩设计值。

若支座负弯矩调幅过大，则塑性铰形成前只能承受较小的荷载，而在塑性铰形成后还要承受较大的荷载，这就会使塑性铰出现较早，塑性铰产生很大转动，即使在正常使用荷载下也可能产生很大的挠度及裂缝，甚至超过《混凝土结构设计规范》（GB 50010—2010）的允许值，因此应控制弯矩调幅值。

8. 使用弯矩调幅法进行设计计算时，应遵循下列原则：

（1）受力钢筋宜采用延性较好的钢筋，混凝土强度等级宜在 C20～C45 范围内选用；

（2）弯矩调整后截面相对受压区高度 $\xi = x / h_0$ 不应超过 0.35，也不宜小于 0.10；

（3）截面的弯矩调幅系数 β 一般不宜超过 0.25；

（4）调整后的结构内力必须满足静力平衡条件；

（5）在内力重分布过程中还应防止其他的局部脆性破坏，如斜截面抗剪破坏及由于钢筋锚固不足而发生的黏结劈裂破坏，应适当增加箍筋，支座负弯矩钢筋在跨中截断时应有足够的延伸长度；

（6）必须满足正常使用阶段构件变形及裂缝宽度的要求。

9. 因为 ξ 为相对受压区高度，ξ 值的大小直接影响塑性铰的转动能力。$\xi > \xi_b$ 时为超筋梁，受压区混凝土先破坏，不会形成塑性铰。$\xi < \xi_b$ 时为适筋梁，可以形成塑性铰。ξ 值越小，塑性铰的转动能力越大，因此要限制 ξ，一般要求 $\xi \leqslant 0.35$。

10. 活荷载的位置是可以改变的，活荷载对内力的影响也随着荷载的位置而发生改变。因此，在设计连续梁时为了确定某一截面的最不利内力，不仅应考虑作用在结构上的恒载，还应考虑活荷载的布置位置对计算截面内力的影响，即如何通过对活荷载的作用位置进行布置，找到计算截面的最不利内力。因此，须对活荷载进行不利布置。

求某跨跨中最大正弯矩时，应在该跨布置活荷载，然后向其左右，每隔一跨布置活荷载。

求某跨跨中最大负弯矩（即最小弯矩）时，该跨不应布置活荷载，而在左右相邻各跨布置活荷载，然后再隔跨布置。

求某支座最大负弯矩时，应在该支座左、右两跨布置活荷载，然后再隔跨布置。

求某支座左、右截面最大剪力时，其活载布置与求该支座最大负弯矩时的布置相同。

在确定端支座最大剪力时，应在端跨布置活荷载，然后每隔一跨布置活荷载。

11. 将几种不利荷载组合下的内力图绘制在同一个图上，形成内力叠合图，其外包线形成的图形称为内力包络图。也就是梁各截面可能出现的最不利内力。无论活荷载如何布置，梁上各截面的内力都不会超过内力包络图上的内力值。由此种内力确定的梁的配筋是安全的。

12. 对于直接承受动力荷载的结构、轻质混凝土结构及其他特种混凝土结构、受侵蚀性气体或液体作用严重的结构及预应力混凝土结构和二次受力的叠合结构不宜采用塑性理论方法计算结构内力。

13. 钢筋混凝土受弯构件塑性铰：由于受拉钢筋屈服，发生塑性变形，从而产生一定的塑性转角。

影响塑性铰转动能力的因素有：

(1) 钢筋的种类，采用软钢作为受拉钢筋时，塑性铰的转动能力较大；

(2) 混凝土的极限压应变，而混凝土的极限压应变除与混凝土强度等级有关外，箍筋用量多或受压纵筋较多时，都能增加混凝土的极限压应变；

(3) 在以上条件确定的情况下，受拉纵筋配筋率对塑性铰的转动能力有决定性的作用。

14. 与理想的铰不同，塑性铰不是集中在一个截面，而是具有一定的长度，称为塑铰区长度，只是为了简化认为塑性铰是一个截面；理想铰不能传递弯矩，塑性铰能承受弯矩，为简化考虑，认为塑性铰所承受的弯矩为定值，为截面的屈服弯矩，即考虑为理想弹塑性；理想铰可以自由转动，塑性铰为单向铰，只能使截面沿弯矩方向发生转动，反方向不能转动，塑性铰的转动能力有限，其转动能力与钢筋种类、受拉纵筋配筋率及混凝土极限压应变等因素有关。

15. 首先根据板的支承情况假定破坏机构，根据外功与内功相等建立功能方程，从多种可能的破坏机构中找出最危险的塑性铰线分布，求出所能承受的荷载最小值。

16. 在确定板、次梁的计算简图时，分别将次梁和主梁视为板和次梁的铰支座，在这种假定下，板和次梁在支座处可以自由转动，而忽略了次梁和主梁对节点转动的约束作用，这将使计算出的内力和变形与实际情况不符。为此，采用折算荷载的方法来考虑。采用增大恒载并相应减小活载数值的方法，以此来考虑由于支座约束的存在对连续梁内力的影响，此时的计算荷载称为折算荷载，折算荷载值为：

板 $\qquad g' = g + \dfrac{1}{2}p$

$\qquad\qquad p' = \dfrac{1}{2}p$

次梁 $\qquad g' = g + \dfrac{1}{4}p$

$\qquad\qquad p' = \dfrac{3}{4}p$

17. 为计算某区格板的跨中最大正弯矩，在本区格以及在其左右前后每隔一个区格布置活荷载，形成棋盘式的活荷载布置。有活荷载的区格内荷载为 $g+q$，无活荷载的区格内荷载仅为 g。

将棋盘式荷载分解为两种情况的组合：一种情况为各区格均作用相同的荷载 $g+q/2$；另一种情况在各相邻区格分别作用反向荷载 $q/2$。两种荷载作用下板的内力相加，即为连续双向板的最后跨中最大正弯矩。查表计算时，第一种荷载情况下的中间区格板，按四边固定板查表；边区格和角区格，其内部支承视为固定，外边支承情况根据具体情况确定，按相应支承情况查表；第二种荷载情况下的中间区格板，四周支承近似视为简支，按四边简支板查表；边区格和角区格，其内部支承视为简支，外边支承情况根据具体情况确定。

18. 将板上连续出现的塑性铰连在一起而形成的连线称为塑性铰线，也称为屈服线。正弯矩引起正塑性铰线，负弯矩引起负塑性铰线。塑性铰线的基本性能与塑性铰相同。板内塑性铰线的分布与板的平面形状、边界条件、荷载形式以及板内配筋等因素有关。

19. 双向板上的荷载向两个方向传递到板区格四周的支承梁。梁上的荷载可采用近似方法计算：从板区格的四角作 $45°$ 分角线，将每一个区格分成四个板块，将作用在每板块上的荷载传递给支承该板块的梁上。因此，传递到长边梁上的荷载呈梯形分布，传递到短边梁上的荷载呈三角形分布。除此以外，梁还承受梁本身的自重。

五、计算题

1. 解：支座出现塑性铰时，有

$$\frac{3}{16}P_1 l = M_u$$

$$P_1 = \frac{16 M_u}{3l} = \frac{16 \times 120}{3 \times 16} = 106.7 \text{kN}$$

故支座出现塑性铰时的荷载 $P_1 = 106.7 \text{kN}$

梁破坏时跨中出现塑性铰，于是得

$$\frac{1}{4}P_u l = \frac{1}{2}M_u + M_u \quad \text{所以} \quad P_u = 120 \text{kN}$$

弹性分析时，支座截面的弯矩为

$$M_e = \frac{3}{16}P_u l = \frac{3}{16} \times 120 \times 6 = 135 \text{kN} \cdot \text{m}$$

则弯矩调幅系数为

$$\beta = \frac{M_e - M_u}{M_e} = \frac{135 - 120}{135} = 11\%$$

2. 解：楼盖结构平面布置图如图 1-23 所示。材料选用：混凝土强度等级 C20（$f_c = 9.6 \text{N/mm}^2$），梁中纵向受力钢筋 HRB400 级（$f_y = 360 \text{N/mm}^2$），其他钢筋选用 HPB300 级（$f_y = 270 \text{N/mm}^2$）。

由于 $l_2/l_1 = 6000/2200 = 2.7 \begin{matrix} >2.0 \\ <3.0 \end{matrix}$，可按沿短边方向受力的单向板计算，沿长边方向布置的构造钢筋适当加强。

（1）板的设计。

板厚应大于 $l/40 = 2200/40 = 55(\text{mm}) < 80\text{mm}$，取板厚为 80mm。取 1m 宽板带为计算单元，按考虑塑性内力重分布方法计算。板的几何尺寸及支承情况见图 1-24 （a）。

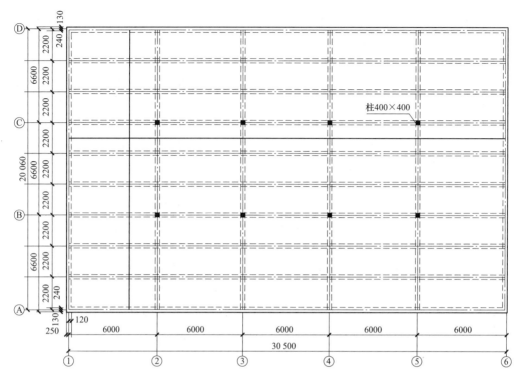

图 1-23　楼盖结构平面布置图（单位：mm）

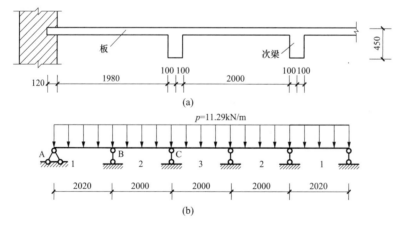

图 1-24　板的支承情况及计算简图（单位：mm）

（a）板的几何尺寸及支承情况简图；（b）计算简图

1）荷载计算。

楼面面层　　0.65kN/m²

板自重　　　25×0.08＝2.0kN/m²

板底抹灰　　17×0.015＝0.26kN/m²

恒载　　　　2.91kN/m²

活载　　　　6.0kN/m²

第一部分　练习题

总荷载设计值：

由可变荷载效应控制的组合为

$p = (1.2 \times 2.91 + 1.3 \times 6.0) \times 1.0 = 11.29 (kN/m^2)$

由永久荷载效应控制的组合为

$p = (1.35 \times 2.91 + 1.3 \times 0.7 \times 6.0) \times 1.0 = 9.39 (kN/m^2)$

故取总荷载设计值：$p = 11.29 kN/m^2$

2）计算简图。

按考虑塑性内力重分布方法计算。

次梁截面高度 $h = \left(\dfrac{1}{18} \sim \dfrac{1}{12}\right) l = \left(\dfrac{1}{18} \sim \dfrac{1}{12}\right) \times 6000 = 333 \sim 500 (mm)$

取 $h = 450mm$

$b = \left(\dfrac{1}{3} \sim \dfrac{1}{2}\right) l = \left(\dfrac{1}{3} \sim \dfrac{1}{2}\right) \times 450 = 150 \sim 250 (mm)$

取 $b = 200mm$

计算跨度为

中间跨　$l_0 = l_n = 2200 - 200 = 2000 (mm)$

边跨　$l_0 = l_n + \dfrac{h}{2} = (2200 - 100 - 120) + 80/2 = 2020 (mm) < l_n + \dfrac{a}{2}$

$= (2200 - 100 - 120) + 120 \times 1/2 = 2040 (mm)$

故边跨取 $l_0 = 2020mm$

$\dfrac{2020 - 2000}{2000} \times 100\% = 1\% < 10\%$ 可按等跨连续板计算。

计算简图如图 1-24（b）所示。

3）弯矩计算。

$M_1 = \dfrac{1}{11} p l_0^2 = \dfrac{1}{11} \times 11.29 \times 2.020^2 = 4.19 kN \cdot m$

$M_2 = M_3 = \dfrac{1}{16} p l_0^2 = \dfrac{1}{16} \times 11.29 \times 2.000^2 = 2.82 kN \cdot m$

$M_A = 0$

$M_B = -\dfrac{1}{11} p l_0^2 = -\dfrac{1}{11} \times 11.29 \times 2.020^2 = -4.19 kN \cdot m$

$M_C = -\dfrac{1}{14} p l_0^2 = -\dfrac{1}{14} \times 11.29 \times 2.000^2 = -3.23 kN \cdot m$

4）配筋计算。

板截面有效高度 $h_0 = 80 - 25 = 55 (mm)$。中间板带的内区格四周与梁整体连接，考虑板的拱作用的影响，M_2、M_3 和 M_C 降低 20%。计算过程见表 1-3。板的平面配筋图见图 1-25。

表 1-3　　　　　　　　　　　　　　　计算过程

截面	1	B	2, 3	C
$M(kN \cdot m)$	4.19	−4.19	2.82 (2.26)	−3.23 (2.58)
$\alpha_s = \dfrac{M}{\alpha_1 f_c b h_0^2}$	0.144	0.144	0.097 (0.078)	0.111 (0.089)

截面	1	B	2，3	C
$\xi=1-\sqrt{1-2\alpha_s}$	0.156	0.156	0.102 （0.081）	0.118 （0.093）
$A_s=\alpha_1 f_c b h_0 \xi / f_y$	392	392	256 （203）	296 （234）
实际配筋（mm^2）	$\phi8@125$ （$A_s=402$）	$\phi8@125$ （$A_s=402$）	$\phi8@125$ （$A_s=402$）	$\phi8@125$ （$A_s=402$）

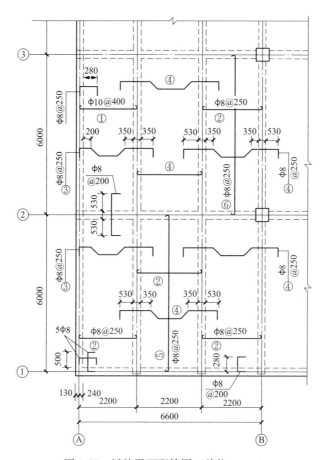

图 1-25 板的平面配筋图（单位：mm）

（2）次梁的设计。

主梁截面高度 $h=\left(\dfrac{1}{14}\sim\dfrac{1}{8}\right)l=\left(\dfrac{1}{14}\sim\dfrac{1}{8}\right)\times6600=550\sim825(mm)$

取 $h=650mm$，则

$b=\left(\dfrac{1}{3}\sim\dfrac{1}{2}\right)h=\left(\dfrac{1}{3}\sim\dfrac{1}{2}\right)\times650=217\sim325(mm)$

取 $b=300mm$。

次梁的几何尺寸及支承情况见图 1-26。

1）荷载计算。

板传来荷载	$2.91 \times 2.20 = 6.39(kN/m)$
次梁自重	$25 \times 0.2 \times (0.45 - 0.08) = 1.85(kN/m)$
次梁粉刷	$17 \times 0.015 \times (0.45 - 0.08) \times 2 = 0.19(kN/m)$
恒载	$8.43(kN/m)$
活载	$6.0 \times 2.2 = 13.20(kN/m)$

总荷载设计值：

由可变荷载效应控制的组合　$p = (1.2 \times 8.43 + 1.3 \times 13.20) \times 1.0 = 27.28(kN/m)$

由永久荷载效应控制的组合　$p = (1.35 \times 8.43 + 1.3 \times 0.7 \times 13.20) \times 1.0 = 23.39(kN/m)$

故取总荷载设计值　$p = 27.28kN/m$

2）计算简图。按考虑塑性内力重分布方法计算。

计算跨度为

中间跨　$l_0 = l_c = 6000 - 300 = 5700(mm)$

边跨　$l_0 = 1.025 l_n = 1.025 \times (6000 - 150 - 120) = 5873(mm)$

　　　　$> l_n + a/2 = (6000 - 150 - 120) + 240 \times 1/2 = 5850(mm)$

故边跨取 $l_0 = 5850mm$。

$\frac{5850 - 5700}{5700} \times 100\% = 2.6\% < 10\%$，可按等跨连续梁计算。

次梁计算简图如图 1-26 所示。

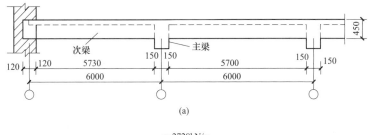

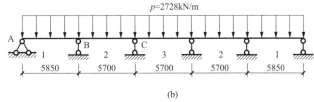

图 1-26　次梁的支承情况及计算简图（单位：mm）

（a）次梁几何尺寸及支承情况简图；（b）计算简图

3）内力计算。

弯矩计算：

$$M_1 = \frac{1}{11} p l_0^2 = \frac{1}{11} \times 27.28 \times 5.580^2 = 84.87 kN \cdot m$$

$$M_2 = M_3 = \frac{1}{16} p l_0^2 = \frac{1}{16} \times 27.28 \times 5.700^2 = 55.40 kN \cdot m$$

$$M_A = 0$$

$$M_B = -\frac{1}{11}pl_0^2 = -\frac{1}{11} \times 27.28 \times 5.580^2 = -84.87 \text{kN} \cdot \text{m}$$

$$M_C = -\frac{1}{14}pl_0^2 = -\frac{1}{14} \times 27.28 \times 5.700^2 = -63.31 \text{kN} \cdot \text{m}$$

剪力计算：

$$V_{Ain} = 0.45pl_n = 0.45 \times 27.28 \times 5.730 = 70.34 \text{kN}$$

$$V_{Bex} = 0.60pl_n = 0.60 \times 27.28 \times 5.730 = 93.78 \text{kN}$$

$$V_{Bin} = V_{Cex} = V_{Cin} = 0.55pl_n = 0.55 \times 27.28 \times 5.700 = 85.52 \text{kN}$$

4）配筋计算。

次梁支座处按矩形截面进行正截面受弯承载力计算。

次梁跨中按 T 形截面进行计算。翼缘宽度：

$$b_f' = \frac{1}{3}l_0 = \frac{1}{3} \times 5700 = 1900 \text{(mm)}$$

$$b_f' = b + s_0 = 200 + 2000 = 2200 \text{(mm)}$$

取 $b_f' = 1900 \text{mm}$，翼缘厚度 $h_f = 80 \text{mm}$

跨中及支座截面均按一排钢筋考虑，故取 $h_0 = 450 - 40 = 410 \text{(mm)}$。

$\alpha_1 f_c b_f' h_f'(h_0 - h_f'/2) = 1.0 \times 9.6 \times 1900 \times 80 \times (410 - 80/2) = 539.9 \text{(kN)}$ 大于跨中弯矩设计值 M_1，M_2，M_3，因此各跨跨中截面均为第一类 T 形截面。

次梁正截面受弯承载力计算见表 1-4。

表 1-4   次梁正截面受弯承载力计算表

截面	1	B	2, 3	C
$M(\text{kN} \cdot \text{m})$	84.87	−84.87	55.40	−63.31
b 或 b_f'	1900	200	1900	200
$\alpha_s = \dfrac{M}{\alpha_1 f_c b h_0^2}$	0.027	0.257	0.018	0.191
$\xi = 1 - \sqrt{1 - 2\alpha_s}$	0.027	0.303	0.018	0.214
$A_s = \alpha_1 f_c b h_0 \xi / f_y$	568	670	378	474
实际配筋（mm²）	3Φ16 ($A_s = 603$)	2Φ18+1Φ16 ($A_s = 710$)	3Φ16 ($A_s = 603$)	3Φ16 ($A_s = 603$)

次梁斜截面受剪承载力计算见表 1-5。考虑塑性内力重分布时，箍筋数量应增大 20%，且配箍率 $\rho_{sv} \geqslant 0.24 f_t / f_{yv} = 0.10\%$。

表 1-5   次梁斜截面受剪承载力计算表

截面	A_{in}	B_{ex}	B_{in}, C_{ex}, C_{in}
$V(\text{kN})$	70.34	93.78	85.52
$0.25\beta_c f_c b h_0 (\text{kN})$	199.2 > V	199.2 > V	199.2 > V
$0.7 f_t b h_0 (\text{kN})$	63.9 < V	63.9 < V	63.9 < V
$\dfrac{A_{sv}}{S} = 1.2\left(\dfrac{V - 0.7 f_t b h_0}{f_{yv} h_0}\right)$	0.068	0.319	0.231

续表

截面	A_{in}	B_{ex}	B_{in}，C_{ex}，C_{in}
实配箍筋 $\dfrac{A_{sv}}{s}$	双肢 $\phi8@190$ （0.530）	双肢 $\phi8@190$ （0.530）	双肢 $\phi8@190$ （0.530）
配箍率 $\rho_{sv}=\dfrac{A_{sv}}{bs}$	0.27%＞0.10%	0.27%＞0.10%	0.27%＞0.10%

次梁的 $q/g＝13.28/8.43＝1.57＜3$，且跨度相差小于 20%，可按构造要求确定纵向受力钢筋的弯起与截断。次梁配筋图见图 1-27。

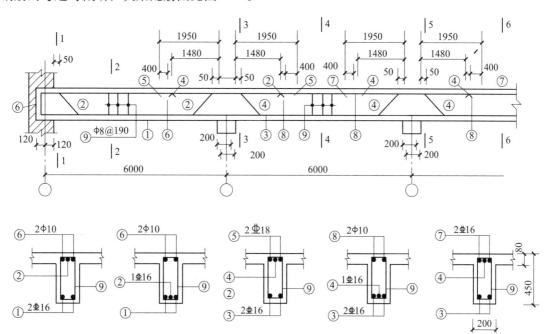

图 1-27 次梁配筋图

（3）主梁的设计：

主梁的内力按弹性理论分析方法计算。设柱截面尺寸为 400mm×400mm，主梁几何尺寸和支承情况见图 1-28。

1）荷载计算。

为简化计算，主梁自重按集中荷载考虑。

次梁传来荷载	$8.43×6.0＝50.58$（kN）
主梁自重	$25×0.3×(0.65-0.08)×2.2＝9.41$（kN）
主梁粉刷	$17×0.015×(0.65-0.08)×2.2×2＝0.64$（kN）
恒载	60.63kN
活载	$13.20×60＝79.20$（kN）

总荷载设计值

由可变荷载效应控制的组合

$G＝1.2×60.63＝72.76$（kN）

$Q=1.3\times79.20=102.96(\text{kN})$

由永久荷载效应控制的组合：

$G=1.35\times60.63=81.85(\text{kN})$

$Q=1.3\times0.7\times79.20=72.07(\text{kN})$

2）计算简图。

计算跨度

中间跨　　　　$l_0=l_c=6600\text{mm}$

边跨　　　　$l_0=l_n+\dfrac{a}{2}+\dfrac{b}{2}=(6600-240-400/2)+370/2+400/2=6545(\text{mm})$

$l_0=1.025l_n+\dfrac{b}{2}=1.025\times(6600-240-400/2)+400/2=6514(\text{mm})$

故边跨取　　　　$l_0=6514\text{mm}$

平均跨度　　　　$l=(6600+6514)/2=6557(\text{mm})$

边跨与中间跨的计算跨度相差

$\dfrac{6600-6514}{6600}\times100\%=1.3\%<10\%$，可按等跨连续梁计算。

主梁计算简图如图 1-28 所示。

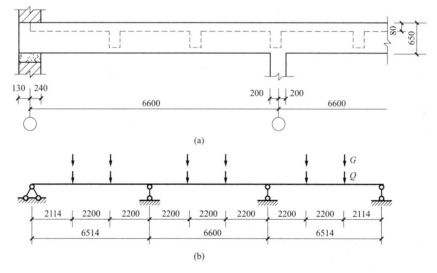

图 1-28　主梁计算简图（单位：mm）

（a）主梁几何尺寸和支承情况简图；（b）主梁计算简图

3）内力计算。

弯矩计算　　　　$M=k_1Gl+k_2Ql$

剪力计算　　　　$V=k_3G+k_4Q$

①由可变荷载效应控制的组合内力计算：

边跨　　　　$Gl=72.76\times6.514=473.96(\text{kN}\cdot\text{m})$

$Ql=102.96\times6.514=670.68(\text{kN}\cdot\text{m})$

中间跨　　　　$Gl=72.76\times6.600=480.22(\text{kN}\cdot\text{m})$

$Ql=102.96\times6.600=679.54(\text{kN}\cdot\text{m})$

B 支座　　　　$Gl = 72.76 \times 6.557 = 477.09 (\text{kN} \cdot \text{m})$

　　　　　　　$Ql = 102.96 \times 6.557 = 675.11 (\text{kN} \cdot \text{m})$

主梁弯矩计算（可变荷载效应控制组合）见表 1-6，剪力计算（可变荷载效应控制组合）见表 1-7。

表 1-6　　　　　　　　　　　　　　　　　　　主梁弯矩计算表

项次	荷载简图	k/M_1	k/M_B	k/M_2	k/M_C
1		$\dfrac{0.244}{115.65}$	$\dfrac{-0.267}{-127.38}$	$\dfrac{0.067}{32.17}$	$\dfrac{-0.267}{-127.38}$
2		$\dfrac{0.289}{193.82}$	$\dfrac{-0.133}{-89.79}$	$\dfrac{-0.133}{-90.38}$	$\dfrac{-0.133}{-89.79}$
3		$\dfrac{-0.044}{-29.51}$	$\dfrac{-0.133}{-89.79}$	$\dfrac{0.200}{135.91}$	$\dfrac{-0.133}{-89.79}$
4		$\dfrac{0.229}{153.58}$	$\dfrac{-0.311}{-209.96}$	$\dfrac{0.170}{115.52}$	$\dfrac{-0.089}{-60.08}$
5		$\dfrac{-0.030}{-20.12}$	$\dfrac{-0.089}{-60.08}$	$\dfrac{0.170}{115.52}$	$\dfrac{-0.311}{-209.96}$
①+②	M_{1max}，M_{2min}，M_{3max}	309.47	-217.17	-58.21	-217.17
①+③	M_{1min}，M_{2max}，M_{3min}	86.14	-217.17	168.08	-217.17
①+④	M_{Bmax}	269.23	-337.34	147.69	-187.46
①+⑤	M_{Cmax}	95.53	-187.46	147.69	-337.34

表 1-7　　　　　　　　　　　　　　　　　　　剪力计算表

项次	荷载简图	k/V_A	$k/V_{B左}$	$k/V_{B右}$
1		$\dfrac{0.733}{53.33}$	$\dfrac{-1.267}{-92.19}$	$\dfrac{1.000}{72.76}$
2		$\dfrac{0.866}{89.16}$	$\dfrac{-1.134}{-116.76}$	$\dfrac{0}{0}$
4		$\dfrac{0.689}{70.94}$	$\dfrac{-1.311}{-134.98}$	$\dfrac{1.222}{125.82}$
5		$\dfrac{-0.089}{-9.16}$	$\dfrac{-0.089}{-9.16}$	$\dfrac{0.778}{80.10}$
①+②	V_{Amax}，V_{Dmax}	142.49	-208.95	72.76
①+④	V_{Bmax}	124.27	-227.17	198.58
①+⑤	V_{Dmax}	44.17	-101.35	152.86

内力包络图：将各控制截面的组合弯矩和组合剪力绘于同一坐标轴上，即得到内力叠合图，其外包线即为内力包络图。图 1-29 分别为主梁的弯矩包络图和剪力包络图。

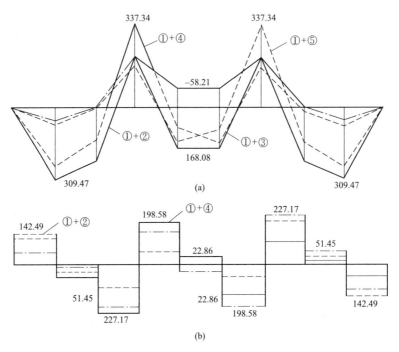

图 1-29　主梁弯矩包络图和剪力包络图（可变荷载效应控制的组合）

（a）弯矩包络图（单位：kN·m）；（b）剪力包络图（单位：kN）

②由永久荷载效应控制的组合内力计算：

边跨　　　$Gl = 81.85 \times 6.514 = 533.17 (\text{kN} \cdot \text{m})$

　　　　　$Ql = 72.07 \times 6.514 = 469.46 (\text{kN} \cdot \text{m})$

中间跨　　$Gl = 81.85 \times 6.600 = 540.21 (\text{kN} \cdot \text{m})$

　　　　　$Ql = 72.07 \times 6.600 = 475.66 (\text{kN} \cdot \text{m})$

B 支座　　$Gl = 81.85 \times 6.557 = 536.69 (\text{kN} \cdot \text{m})$

　　　　　$Ql = 72.07 \times 6.557 = 472.56 (\text{kN} \cdot \text{m})$

主梁弯矩计算见表 1-8，剪力计算见表 1-9。

表 1-8　　　　　　　　　　　　　　主梁弯矩计算表

项次	荷载简图	k/M_1	k/M_B	k/M_2	k/M_C
1	G G　G G　G G	$\dfrac{0.244}{130.09}$	$\dfrac{-0.267}{-143.30}$	$\dfrac{0.067}{36.19}$	$\dfrac{-0.267}{-143.30}$
2	Q Q　Q Q	$\dfrac{0.289}{135.67}$	$\dfrac{-0.133}{-62.85}$	$\dfrac{-0.133}{-63.26}$	$\dfrac{-0.133}{-62.85}$
3	Q Q	$\dfrac{-0.044}{-20.66}$	$\dfrac{-0.133}{-62.85}$	$\dfrac{0.200}{95.18}$	$\dfrac{-0.138}{-62.85}$
4	Q Q　Q Q	$\dfrac{0.229}{107.51}$	$\dfrac{-0.311}{-146.97}$	$\dfrac{0.170}{80.86}$	$\dfrac{-0.089}{-42.06}$

项次	荷载简图	k/M_1	k/M_B	k/M_2	k/M_C
5		$\dfrac{-0.030}{-14.08}$	$\dfrac{-0.089}{-42.06}$	$\dfrac{0.170}{80.86}$	$\dfrac{-0.311}{-146.97}$
①+②	M_{1max}，M_{2min}，M_{3max}	256.76	−206.15	−27.07	−206.15
①+③	M_{1min}，M_{2max}，M_{3min}	150.75	−206.15	131.32	−206.15
①+④	M_{Bmax}	237.60	−290.27	117.05	−185.36
①+⑤	M_{Cmax}	144.17	−185.36	117.05	290.27

表 1-9　　　　　　　　　　　主梁剪力计算表

项次	荷载简图	k/V_A	$k/V_{B左}$	$k/V_{B右}$
1		$\dfrac{0.733}{60.00}$	$\dfrac{-1.267}{-103.70}$	$\dfrac{1.000}{81.85}$
2		$\dfrac{0.866}{62.41}$	$\dfrac{-1.134}{-81.73}$	$\dfrac{0}{0}$
4		$\dfrac{0.689}{49.66}$	$\dfrac{-1.311}{-94.48}$	$\dfrac{1.222}{88.07}$
5		$\dfrac{-0.089}{-6.41}$	$\dfrac{-0.089}{-6.41}$	$\dfrac{0.778}{56.07}$
①+②	V_{Amax}，V_{Dmax}	122.41	−185.43	81.85
①+④	V_{Bmax}	109.66	−198.18	169.92
①+⑤	V_{Dmax}	53.59	−110.11	137.92

　　内力包络图：将各控制截面的组合弯矩和组合剪力绘于同一坐标轴上，即得到内力叠加图，其外包线即为内力包络图。图 1-30 分别为主梁的弯矩包络图和剪力包络图。

　　4）配筋计算。

控制截面内力：

弯矩：

边跨跨中　　　　　$M_{max}=309.47kN \cdot m$

支座 B　　　　　　$M_{max}=-337.34kN \cdot m$

中跨跨中　　　　　$+M_{max}=168.08kN \cdot m$

　　　　　　　　　　$-M_{max}=-58.21kN \cdot m$

剪力：

A 支座　　　　　　$V_{max}=142.49kN$

B 支座（左）　　　$V_{max}=227.17kN$

B 支座（右）　　　$V_{max}=198.58kN$

主梁跨中在正弯矩作用下按 T 形截面进行计算。边跨及中跨的翼缘宽度均按下列两者中的较小者选用：

$$b'_f = \frac{1}{3}l = \frac{1}{3} \times 6514 = 2171 (mm)$$

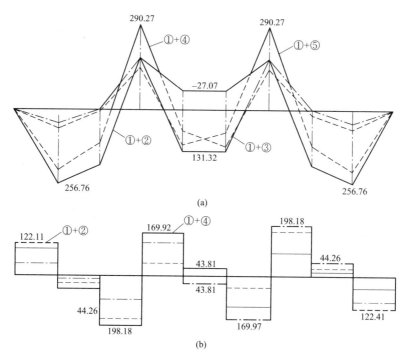

图 1-30 主梁弯矩包络图和剪力包络图（永久荷载效应控制）

(a) 弯矩包络图（单位：kN·m）；(b) 剪力包络图（单位：kN）

$$b'_f = b + s_0 = 300 + 5700 = 6000 (\text{mm})$$

取 $b'_f = 2171 (\text{mm})$

翼缘厚度 $h'_f = 80 (\text{mm})$

取 $h_0 = 650 - 40 = 610 (\text{mm})$

$$\alpha_1 f_c b'_f (h_0 - h'_f/2) = 1.0 \times 9.6 \times 2171 \times 80 \times (610 - 80/2) = 950.38 (\text{kN})$$

大于跨中弯矩设计值 M_1，M_2，因此各跨跨中截面均为第一类 T 形截面。

主梁支座截面及跨中负弯矩作用下的跨中截面按矩形截面进行正截面受弯承载力计算。

取 $h_0 = 650 - 80 = 570 (\text{mm})$

支座边弯矩 $M_B = 337.34 - (72.76 + 102.96) \times 0.4/2 = 302.20 (\text{kN·m})$

主梁正截面受弯承载力计算见表 1-10。

表 1-10   主梁正截面受弯承载力计算表

截面	边跨跨中	B 支座	中跨跨中	
$M(\text{kN·m})$	309.47	−302.20	168.08	−58.21
b 或 b'_f	2171	300	2171	300
$\alpha_s = \dfrac{M}{\alpha_1 f_c b h_0^2}$	0.040	0.323	0.022	0.062
$\xi = 1 - \sqrt{1 - 2\alpha_s}$	0.041	0.405	0.022	0.064
$A_s = \alpha_1 f_c b h_0 \xi / f_y$	1448	1847	777	292
实际配筋 （mm²）	2Φ22（直） 2Φ22（弯） (A_s=1520)	3Φ20（直） 2Φ22+1Φ20（弯） (A_s=2015)	2Φ20（直） 1Φ20（弯） (A_s=943)	2Φ20 (A_s=628)

主梁斜截面受剪承载力计算见表 1-11。

表 1-11　　　　　　　　　　　主梁斜截面受剪承载力计算表

截面	A 支座	B 支座（左）	B 支座（右）
V(kN)	142.49	227.17	198.58
$0.25\beta_c f_c bh_0$(kN)	439.20>V	410.4>V	410.4>V
$0.7f_t bh_0$(kN)	140.91<V	131.67<V	131.57<V
箍筋选用	双肢 ϕ8@200	双肢 ϕ8@200	双肢 ϕ8@200
$V_{cs}=0.7f_t bh_0+f_{yv}h_0\dfrac{nA_{sv1}}{s}$	223.75	209.08	209.08
$A_{sb}=\dfrac{V-V_{cs}}{0.8f_{yv}\sin\alpha_s}$	—	69.05	—
实配钢筋	—	鸭筋 2Φ18 (A_s=509) 双排 1Φ22 (A_s=308)	鸭筋 2Φ18 (A_s=509) 单排 1Φ20 (A_s=314)

由次梁传递给主梁的全部集中荷载设计值为

$F=1.2\times50.58+1.3\times79.20=163.66$(kN)

主梁内支撑次梁处附加横向钢筋面积为

$$A_{sv}=\frac{F}{2f_y\sin\alpha_s}=\frac{163.66}{2\times360\times\sin45°}=321.5(\text{mm})$$

选用 2Φ12 作为吊筋（$A_{sv}=339\text{mm}^2$）。

5）主梁纵筋的弯起及截断。按相同比例将弯矩包络图和抵抗弯矩图绘制在同一坐标图上。绘制抵抗弯矩图时，弯起钢筋的位置为：弯起点距抗弯承载力充分利用点的距离不小于 $h_0/2$，弯起钢筋之间的距离不超过箍筋的最大间距 S_{max}。同时，在 B 支座处设置抗剪鸭筋，其上弯点距支座边缘的距离为 50mm，从边跨跨中分两次弯起两根钢筋，以承受剪力并满足构造要求。

确定钢筋的截断，首先根据每根钢筋的抗弯承载力与弯矩包络图的交点，确定钢筋的充分利用点和理论截断点；钢筋的实际截断点距钢筋的理论截断点的距离应不小于 h_0，且不小于 20d，且应满足延伸长度（钢筋的实际截断点至充分利用点的距离）的要求，当 $V>0.7f_t bh_0$ 时，$l_d=1.2l_a+h_0$。以 7 钢筋为例。

$$l_d=1.2l_a+h_0=1.2\times\alpha\frac{f_y}{f_t}d+h_0=1.2\times0.14\times\frac{360}{1.1}\times20+570=1670(\text{mm})$$

主梁配筋图见图 1-31。

3. 解：

$M_x=m_x l_y=3.46\times6=20.76$(kN·m)

$M'_x=M''_x=m'_x l_y=7.42\times6=44.52$(kN·m)

$M_y=m_y l_x=5.15\times7.2=37.08$(kN·m)

$M'_y=M''_y=m'_y l_x=m''_y l_x=11.34\times7.2=81.65$(kN·m)

$20.76+37.08+\dfrac{1}{2}\times(44.52\times2+81.65\times2)=\dfrac{1}{24}\times p\times6^2(3\times7.2-6)$

$p=7.86\text{kN/m}^2$

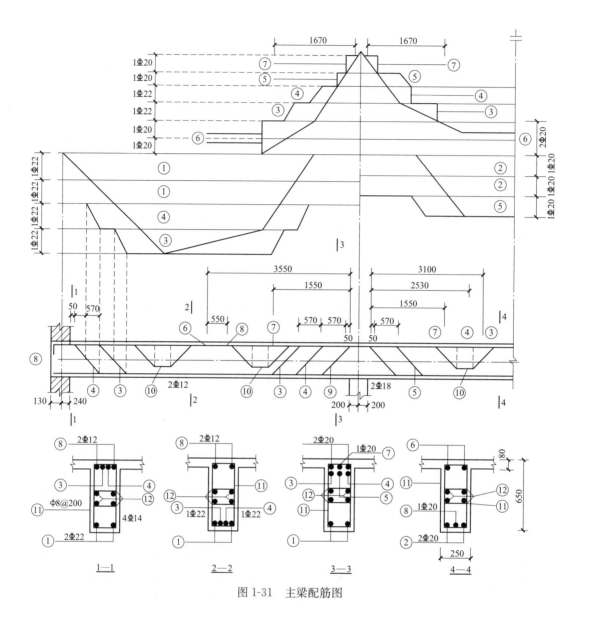

图 1-31　主梁配筋图

第 12 章　单层厂房结构

内容提要 📍

1. 排架结构是单层厂房中应用最广泛的一种结构型式。它主要由屋面板、屋架、支撑、吊车梁、柱和基础等组成，是一个空间受力体系。结构分析时一般近似地将其简化为横向平面排架和纵向平面排架。横向平面排架主要由横梁（屋架或屋面梁）和横向柱列（包括基础）组成，承受全部竖向荷载和横向水平荷载；纵向平面排架由连系梁、吊车梁、纵向柱列（包括基础）和柱间支撑等组成，不仅承受厂房的纵向水平荷载，而且保证厂房结构的纵向刚度和稳定性。

2. 单层厂房结构布置包括确定柱网尺寸、厂房高度、设置变形缝、布置支撑系统和围护结构等。对装配式钢筋混凝土排架结构，支撑系统（包括屋盖支撑和柱间支撑）虽非主要受力构件，但却是联系主要受力构件以保证厂房整体刚度和稳定性的重要组成部分，并能有效地传递水平荷载。

3. 根据国家标准图集进行厂房构件的选型。对屋面板、檩条、屋面梁或屋架、天窗架、托架、吊车梁、连系梁和基础梁等构件，均有标准图可供设计时选用。柱的形式（单肢柱和双肢柱）取决于厂房高度、吊车起重量及承载力和刚度要求等条件。柱下独立基础是单层厂房结构中较为常用的一种基础形式。

4. 排架分析包括纵、横向平面排架结构分析。通过横向平面排架结构分析进行排架柱和基础设计，其主要内容包括确定排架计算简图、计算作用在排架上的各种荷载、排架内力分析和柱控制截面最不利内力组合等。通过纵向平面排架结构分析进行柱间支撑设计，非抗震设计时一般根据工程经验确定，不必进行计算。

5. 横向平面排架结构一般采用力法进行结构内力分析。对于等高排架，亦可采用剪力分配法计算内力，该法将作用于排架顶的水平集中力按各柱的抗剪刚度进行分配。对承受任意荷载的等高排架，先在排架柱顶部附加不动铰支座并求出相应的支座反力，然后用剪力分配法进行计算。

6. 单层厂房是空间结构，当沿厂房纵向各榀抗侧力结构（排架或山墙）的刚度或承受的外荷载不同时，厂房就存在整体空间作用。厂房空间作用的大小主要取决于屋盖刚度、山墙刚度、山墙间距、荷载类型等。一般来说，无檩屋盖比有檩屋盖、局部荷载比均布荷载、有山墙比无山墙，厂房的空间作用要大。吊车荷载作用下可考虑厂房整体空间工作。

7. 作用于排架上的各单项荷载同时出现的可能性较大，但各单项荷载都同时达到最大值的可能性却较小。通常将各单项荷载作用下排架的内力分别计算出来，再按一定的组合原则确定柱控制截面的最不利内力，即内力组合。内力组合是结构设计中一项技术性和实践性很强的基本内容，应通过课程设计熟练掌握。

8. 对于预制钢筋混凝土排架柱，除按偏心受压构件计算以保证使用阶段的承载力要求和裂缝宽度限值外，还要按受弯构件进行验算以保证施工阶段（吊装、运输）的承载力要求和裂缝宽度限值。抗风柱主要承受风荷载，可按变截面受弯构件进行设计。

9. 柱牛腿分为长牛腿和短牛腿。长牛腿为悬臂受弯构件，按悬臂梁设计；短牛腿为一变截面悬臂深梁，其截面高度一般以不出现斜裂缝作为控制条件来确定，其纵向受力钢筋一般由计算确定，水平箍筋和弯起钢筋按构造要求设置。

10. 柱下独立基础也称为扩展基础，根据受力可分为轴心受压基础和偏心受压基础，根据基础的形状可分为阶形基础和锥形基础。独立基础的底面尺寸可按地基承载力要求确定，基础高度由构造要求和抗冲切承载力要求确定，底板配筋按固定在柱边的倒置悬臂板计算。

11. 钢筋混凝土屋架属于超静平面桁架，其内力可采用简化分析方法计算，按具有不动铰支座的连续梁计算上弦杆内力，按铰接桁架计算各杆件的轴力，同时应考虑屋架次内力的影响。屋架除应进行使用阶段的承载力计算及变形和裂缝宽度验算外，尚需进行施工阶段（扶直和吊装）验算。

12. 吊车梁是一种受力复杂的简支梁，吊车荷载使其受弯、受剪和受扭。对吊车梁除应进行弯、剪、扭承载力计算外，还需进行疲劳强度验算和斜截面抗裂验算等。

13. 装配式钢筋混凝土排架结构通过预埋件将各构件连接起来。预埋件由锚筋和锚板两部分组成。锚板一般按构造要求确定；锚筋一般对称布置，可根据不同预埋件的受力特点通过计算确定。

习题

一、填空题

1. 单层厂房的屋盖结构分为有檩体系和无檩体系两种。有檩体系屋盖由＿＿＿＿＿＿、＿＿＿＿、＿＿＿＿及屋盖支撑组成。无檩体系屋盖由＿＿＿＿＿、＿＿＿＿＿及屋盖支撑组成。其中，＿＿＿＿＿＿体系是单层厂房中最常用的一种屋盖形式，适用于具有较大吨位吊车或有较大振动的大、中型或重型工业厂房。

2. 当厂房长度或宽度很大时，应设＿＿＿＿＿缝；厂房的相邻部位地基土差别较大时，应设＿＿＿＿＿缝；厂房体型复杂或有贴建的房屋和构筑物时，宜设＿＿＿＿＿缝。

3. 为了减小结构的温度应力，可设置伸缩缝将厂房分成几个温度区段。温度区段的长度取决于＿＿＿＿＿、＿＿＿＿＿和结构所处的环境。

4. 对有吊车的厂房，上柱柱间支撑一般设置在＿＿＿＿＿与屋盖横向水平支撑相对应的柱间，以及＿＿＿＿＿；下柱柱间支撑一般设置在＿＿＿＿＿。

5. 当柱间要通行、放置设备或柱距较大而不宜采用柱间交叉支撑时，可采用＿＿＿＿＿支撑。

6. 基础梁用来承托＿＿＿＿＿的重量，并将其传至柱基础顶面。基础梁顶面低于室内地面应不小于＿＿＿＿＿。

7. 天窗架承受＿＿＿＿＿荷载和＿＿＿＿＿荷载，并将它们传递给屋架。

8. 单层厂房柱的形式有＿＿＿＿＿和＿＿＿＿＿两大类，柱形式的选取由＿＿＿＿＿控制。

9. ＿＿＿＿＿是单层厂房常用的一种基础形式。

10. 计算排架考虑多台吊车竖向荷载时，对一层吊车单跨厂房的每个排架，参与组合的吊车台数不宜多于＿＿＿＿＿台；对一层吊车的多跨厂房的每个排架，不宜多于＿＿＿＿＿台。

11. 考虑多台吊车水平荷载时，对单跨或多跨厂房的每个排架，参与组合的吊车台数不应多于＿＿＿＿＿台。

12. 等高排架常采用＿＿＿＿＿法进行内力分析，不等高排架常采用＿＿＿＿＿法进行内力分析。

13. 由于吊车是移动的，作用在柱上的吊车荷载需利用_____原理进行计算。

14. 单层厂房吊车横向水平荷载在柱上的作用位置为_____。

15. 单层厂房预制柱，在施工吊装阶段，柱的受力情况与_____完全不同，且混凝土的强度等级一般尚达不到_____，故设计时还应进行厂房柱吊装时的_____和_____验算。

16. 单层厂房预制柱吊装时柱的强度等级按要求应不小于设计强度等级的_____％，吊装方式有_____和_____两种。

17. 单层工业厂房柱牛腿的破坏形态主要有弯压破坏、_____和_____。

18. 牛腿的剪跨比 $a/h_0 \geqslant$_____时，宜设置弯起钢筋，根数不宜少于_____根，直径不宜小于_____mm。

19. 构件内力分析时，所选的控制截面是指_____的截面。

20. 双肢柱由肢杆、_____和_____组成。

21. 抗风柱外边缘与厂房横向封闭轴线重合，离屋架中心线_____mm，抗风柱的柱顶标高应低于屋架上弦中心线_____mm，不使上弦杆受扭；抗风柱变阶处的标高应低于屋架下弦边缘_____mm，防止屋架产生挠度时与抗风柱相碰。

22. 山墙重量由基础梁承受时，抗风柱可按_____构件进行设计；当山墙重量由连系梁承受时，抗风柱应按_____构件进行设计。

23. 柱下独立基础的底面尺寸应按_____计算确定。

24. 计算钢筋混凝土柱下独立基础的底板配筋时，基础的计算简图为_____。

25. 吊车梁除进行一般的承载能力极限状态及正常使用极限状态的计算外，还需进行_____验算。

26. 预制构件的吊环应采用_____级钢筋制作。当在一个构件上设有 4 个吊环时，设计时应仅取_____个吊环进行计算。

二、选择题

1. 下列关于变形缝的描述，（   ）是正确的。

A. 伸缩缝可以兼作沉降缝

B. 伸缩缝应将结构从屋顶至基础完全分开，使缝两边的结构可以自由伸缩，互不影响

C. 凡应设变形缝的厂房，三缝宜合一，并应按沉降缝的要求加以处理

D. 防震缝应沿厂房全高设置，基础可不设缝

2. 下列关于屋架下弦纵向水平支撑的描述，（   ）是错误的。

A. 保证托架上弦的侧向稳定性

B. 必须在厂房的温度区段内全长布置

C. 可将横向集中水平荷载沿纵向分散到其他区域

D. 可加强厂房的空间工作

3. 屋盖垂直支撑的作用为（   ）。

A. 保证屋架在吊装阶段的强度　　　　B. 传递竖向荷载

C. 防止屋架下弦的侧向颤动　　　　　D. 保证屋架的空间刚度

4. 下列说法错误的有（   ）。

A. 当圈梁被门窗洞口切断时，应在洞口上部设置一道过梁

B. 当厂房墙体高度较大，或设置有高侧悬墙时，需在墙下布置圈梁

C. 圈梁为现浇钢筋混凝土构件，埋置在墙体内，通过构造钢筋与柱子拉结

D. 在进行围护结构布置时，可以用一种梁兼作圈梁、连系梁、过梁，以简化构造，节约材料

5. 单层厂房预制柱进行吊装验算时，由于起吊时惯性力的影响，需考虑动力系数，一般取（　　）。

    A. 1.1　　　　　　B. 1.2　　　　　　C. 1.3　　　　　　D. 1.5

6. 计算风荷载时，基本风压应（　　）。

    A. 采用 50 年一遇的风压，但不得小于 $0.3kN/m^2$

    B. 采用 100 年一遇的风压，但不得小于 $0.3kN/m^2$

    C. 采用 50 年一遇的风压，但不得小于 $0.25kN/m^2$

    D. 采用 100 年一遇的风压，但不得小于 $0.25kN/m^2$

7. 等高排架在荷载的作用下，各柱的（　　）均相同。

    A. 柱高　　　　B. 内力　　　　　　C. 柱顶位移　　　　D. 剪力

8. 等高铰接排架中有 A、B、C 三根柱，其中 B 柱柱间承受水平集中荷载作用，则（　　）。

    A. 增大 A 柱截面，将减小 C 柱的柱顶剪力

    B. 增大 A 柱截面，将减小 A 柱的柱顶剪力

    C. 增大 B 柱截面，对 B 柱的柱顶剪力没有影响

    D. 增大 B 柱截面，将增大 A、C 柱的柱顶剪力

9. 关于单层厂房排架柱的内力组合，错误的有（　　）。

    A. 每次内力组合时，都必须考虑恒荷载产生的内力

    B. 在吊车竖向荷载中，同一柱上有同台吊车的 D_{max} 或 D_{min} 作用，组合时只能取二者之一

    C. 风荷载有左吹风和右吹风，组合时只能二者取一

    D. 在同一跨内组合有 T_{max} 时，不一定要有 D_{max} 或 D_{min}

10. 在横向荷载作用下，厂房空间作用的影响因素不应包括（　　）。

    A. 山墙的设置　　　　　　　　　　B. 柱间支撑的设置

    C. 屋盖类型　　　　　　　　　　　D. 柱间距

11. 柱下钢筋混凝土独立基础的高度（　　）。

    A. 根据抗冲切承载力计算确定

    B. 根据地基承载力计算确定

    C. 根据基础尺寸的构造要求再通过抗冲切验算确定

    D. 根据基础尺寸的构造要求再通过地基承载力验算确定

12. 当计算吊车梁及其连接的强度时，吊车竖向荷载应乘以动力系数。对工作级别 $A_1 \sim A_5$ 的软钩吊车，动力系数可取（　　）。

    A. 1.5　　　　　　B. 1.1　　　　　　C. 1.05　　　　　　D. 1.2

三、判断题

1. 厂房的定位轴线均通过柱截面的几何中心。（　　）

2. 当厂房为多跨等高时，中柱的上柱中心线一般与纵向定位轴线相重合。（　　）

3. 当厂房相邻两跨不等高时，该处纵向定位轴线一般与该处上柱边缘对高跨的一侧重合。（　　）

4. 防震缝的宽度取决于抗震设防烈度和防震缝两侧中较高一侧建筑物的高度。（　　）

5. 屋架上弦横向水平支撑的作用之一，是承受山墙传来的风荷载，并将其传至厂房的纵向柱列。（　　）

6. 柱间支撑的作用之一，是提高厂房的横向刚度和稳定性，并且将横向地震作用传至基础。（　　）

7. 钢筋混凝土单层厂房柱截面尺寸，除应满足承载力要求外，还必须保证厂房具有足够的刚度。（　　）

8. 单层厂房排架计算简图中，柱的计算轴线为柱的几何中心线。当为变截面柱时，柱的计算轴线按上柱的几何中心线确定。（　　）

9. 厂房屋面积灰荷载应与雪荷载或不上人屋面的均布活荷载两者中的较大值同时考虑。（　　）

10. 厂房排架设计时，在荷载准永久组合中应考虑吊车荷载。（　　）

11. 单层厂房柱中牛腿的水平纵向受力钢筋可以兼作弯起钢筋。（　　）

12. 牛腿的剪跨比 $a/h_0>1$ 时，为长牛腿，按悬臂梁进行设计。（　　）

13. 台阶形基础底板配筋只需按柱与基础交接处的正截面受弯承载力计算确定。（　　）

14. 对于柱下锥形独立基础，当基础底面落在从柱边所作 45°线范围内时，表明基础底面满足要求。（　　）

15. 受力预埋件的锚筋应位于构件的外层主筋内侧。（　　）

16. 受力预埋件的锚筋可以采用冷加工钢筋。（　　）

四、问答题

1. 装配式钢筋混凝土排架结构单层厂房由哪几部分组成？各自的作用是什么？

2. 单层厂房结构中，有哪些竖向荷载？说明这些竖向荷载的传递路线。

3. 单层厂房屋架下弦横向水平支撑的作用是什么？在温度区段内如何设置？

4. 柱间支撑为什么要设在温度区段的中央或邻近中央的柱间？

5. 确定单层工业厂房排架计算简图时采用哪些基本假定？在什么情况下这些假定不能适用？

6. 何谓厂房的整体空间工作？以单层单跨厂房为例，试述在吊车荷载作用下，考虑空间工作时排架内力的计算步骤。

7. 排架柱内力组合时，应进行哪些项目的内力组合？当某控制截面上组合出多组内力时，根据什么原则选出最不利内力？

8. 说明屋架扶直和吊装时的受力特点。

9. 单层厂房抗风柱柱顶与屋架上弦的连接构造有何特点？抗风柱所承受的风荷载以怎样的路径传到地基？

10. 柱下独立基础设计包括哪些内容？

11. 简述吊车荷载的特点。

五、计算题

1. 某单层单跨工业厂房，跨度为18m，柱距6m。厂房内设有三台10t吊车，吊车工作制级别为 A_5，有关参数见表1-12。试计算作用在排架柱上的吊车竖向荷载标准值和横向水平荷载标准值。

表 1-12   **有关参数**

吊车跨度 L_k(m)	吊车最大宽度 B(m)	大车轮距 K(m)	轨道中心至端部距离 B_1(mm)	大车重量 G(t)	小车重量 g(t)	最大轮压 P_{max}(kN)	最小轮压 P_{min}(kN)
16.5	5.55	4.40	230	14.2	3.8	115	25

2. 某双跨等高厂房如图 1-32 所示。跨度均为 24m，柱距为 6m，屋顶标高为 16.0m，檐口标高为 14.6m，柱顶标高为 12.3m，用于排架结构上的风荷载标准值。厂房无天窗。该厂房位于西安市郊区。试计算作用于排架结构上的风荷载标准值。

3. 一单跨排架结构如图 1-33 所示，两柱截面尺寸相同，上柱 $I_u=21.3\times10^8\text{mm}^4$，下柱 $I_l=195.38\times10^8\text{mm}^4$。由吊车竖向荷载在牛腿顶面处产生的弯矩分别为 $M_1=462.25\text{kN}\cdot\text{m}$，$M_2=110.75\text{kN}\cdot\text{m}$，求排架柱的剪力并绘制弯矩图。

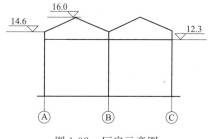
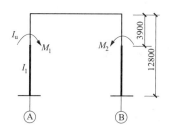

图 1-32 厂房示意图   图 1-33 排架计算简图

4. 一单层双跨工业厂房的排架计算简图如图 1-34 所示。作用在排架柱上的吊车横向水平荷载设计值为 $T_{max}=20\text{kN}$。试计算该排架结构的内力，并绘出排架柱弯矩图。

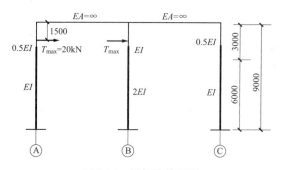

图 1-34 排架计算简图

5. 某单层厂房的钢筋混凝土预制柱，吊装时采用翻身吊，吊点设在牛腿下部，如图 1-35 所示。起吊时，混凝土达到设计强度等级（C40）的 100%。上柱为矩形截面，截面尺寸为 $b\times h=400\text{mm}\times400\text{mm}$，配筋 $A_s=A_s'=763\text{mm}^2$（3Φ18）；下柱为 I 形截面，$b_f=b_f'=400\text{mm}$，$h=900\text{mm}$，$b=100\text{mm}$，$h_f=h_f'=150\text{mm}$，配筋 $A_s=A_s'=1018\text{mm}^2$（4Φ18）。牛腿截面宽度 $b=400\text{mm}$，截面高度 $h=800\text{mm}$，下柱边缘到牛腿外边缘的水平长度为 200mm。$a_s=a_s'=40\text{mm}$，安全等级为二级。要求进行吊装验算。

6. 根据吊车梁支承位置、截面尺寸及构造要求，初步拟定牛腿尺寸如图 1-36 所示。牛腿截面宽度 $b=400\text{mm}$，$a_s=40\text{mm}$。作用于牛腿顶部按荷载标准组合计算的竖向力值为 $F_{vk}=510\text{kN}$，水平力 $F_{hk}=0$；竖向力设计值和水平力设计值分别为 $F_v=714\text{kN}$，$F_h=0$。

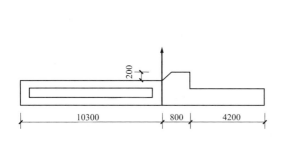

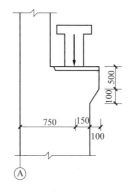

图 1-35　预制柱吊装简图（单位：mm）　　图 1-36　牛腿尺寸简图（单位：mm）

混凝土强度等级为 C30，牛腿水平纵筋采用 HRB400 级钢筋。要求验算牛腿截面尺寸，并进行承载力计算。

参考答案

一、填空题

1. 小型屋面板，檩条，屋架，大型屋面板，屋架，无檩；

2. 伸缩，沉降，防震；

3. 结构类型，施工方法；

4. 温度区段两端，温度区段中央或邻近中央的柱间，温度区段中央并与上柱柱间支撑相应的位置；

5. 门架式；

6. 围护墙体，50mm；

7. 屋面板传来的竖向荷载，作用在天窗上的风荷载；

8. 单肢柱，双肢柱，截面高度 h；

9. 柱下单独基础；

10. 2，4；

11. 2；

12. 剪力分配法，力法；

13. 吊车梁支座反力影响线；

14. 吊车梁顶面标高处；

15. 使用阶段，设计强度等级，承载力，裂缝宽度；

16. 75，平吊，翻身吊；

17. 斜压破坏，剪切破坏；

18. 0.3，2，12；

19. 对配筋起控制作用；

20. 腹杆，肩梁；

21. 600，50，200；

22. 变截面受弯，偏心受压；

23. 地基承载力；

24. 固定在柱边的倒置悬臂板;

25. 疲劳强度;

26. HPB300,3。

二、选择题

1. D; 2. B; 3. D; 4. B; 5. D; 6. A; 7. C; 8. A; 9. D; 10. B; 11. C; 12. C。

三、判断题

1. ×:不一定通过柱截面的几何中心;

2. √;

3. ×:与上柱边缘面对低跨的一侧重合;

4. ×:抗震设防烈度和防震缝两侧中较低一侧建筑物的高度;

5. √;

6. ×:是提高厂房的纵向刚度和稳定性,并且将纵向地震作用传至基础;

7. √;

8. ×:上段表示上柱几何中心线,下段表示下柱几何中心线;

9. √;

10. ×:不考虑吊车荷载;

11. ×:不得兼作弯起钢筋;

12. √;

13. ×:柱与基础交接处以及基础变阶处;

14. ×:基础不会沿柱边发生冲切破坏;

15. √;

16. ×:严禁采用。

四、问答题

1. (1) 屋盖结构,主要承受屋面上的竖向荷载,并与厂房柱组成排架结构。

(2) 排架柱,是厂房的主要承重构件。承受屋架、吊车梁及外墙等构件传来的竖向荷载、吊车荷载、风荷载及地震作用等,并将它们传至基础。

(3) 吊车梁,主要承受吊车传来的竖向荷载及横向或纵向水平荷载,并将它们及其自重传至基础。

(4) 支撑,其主要作用是加强厂房的空间刚度和整体性,同时传递山墙风荷载、吊车水平荷载和地震作用等。

(5) 基础,承受柱和基础梁传来的荷载,并将它们传至地基。

(6) 围护结构,主要承受墙体和构件自重及墙面上的风荷载,并将它们传递至柱和基础。

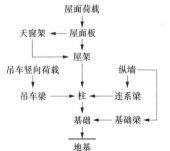

图 1-37 竖向荷载传递路线

2. (1) 厂房结构中竖向荷载包括:

恒载——各种构件、围护结构及固定设备自重;

活载——屋面活载、雪荷载、积灰荷载、吊车荷载等。

(2) 竖向荷载传递路线,如图 1-37 所示。

3. 屋架下弦横向水平支撑的作用是将山墙风荷载及纵向水平荷载传至纵向柱列,同时防止屋架下弦的侧向振动。

下弦横向水平支撑应在温度区段两端的第一或第二柱间内设置,并且宜与上弦横向水平支撑设置在同一柱间,以形成空间桁架体系。

4. 这种布置方法，在纵向水平荷载下传力路线较短；且当温度变化时，厂房两端的伸缩变形较小［图 1-38（a）］，同时厂房纵向构件的伸缩受柱间支撑的约束较小，因而所引起结构的温度应力也较小。

如梁柱间支撑布置在温度区段的一端［图 1-38（b）］，则传力路线较长，同时厂房的伸缩变形也增大一倍。如梁柱间支撑布置在温度区段的两端［图 1-38（c）］，当温度变化时，由于厂房纵向伸缩受柱间支撑的约束较大，结构不易发生伸缩变形。以上两种布置方法都还会在结构中引起较大的温度应力。

综上所述，柱间支撑应设在温度区段的中央或邻近中央的柱间。

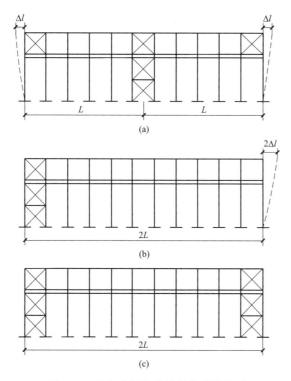

图 1-38 柱间支撑与伸缩缝变形的关系

5. 确定单层工业厂房排架计算简图时通常采用以下三个计算假定：

（1）柱下端与基础顶面刚接；

（2）柱上端与排架横梁（屋面梁或屋架）为铰接；

（3）横梁为不产生轴向变形的刚性连杆。

以上的假定是有条件的。当地基土质较差、变形较大或有大面积堆载等时，则应考虑基础转动和位移对排架内力的影响。当采用下弦刚度较小的钢筋混凝土组合式屋架或带拉杆的两铰、三铰拱屋架时，应考虑横梁轴向变形对排架内力的影响。

6. 当结构布置或荷载分布不均匀时，厂房中每榀排架或山墙的受力及变形都不是单独的，而是整体相互制约。这种排架与排架、排架与山墙之间的相互制约作用，称为单层厂房结构的整体空间工作。

当考虑厂房整体空间作用时，按下述例题说明计算排架内力的步骤：

（1）先假定排架柱顶无侧移，求出在吊车水平荷载作用下的柱顶反力 R［图 1-39（a）］。

（2）将柱顶反力 R 乘以空间作用分配系数，并将它反方向施加于该榀排架的柱顶，按剪

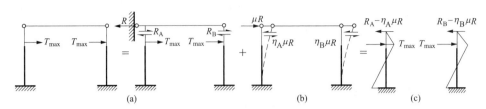

图 1-39　考虑空间作用时排架内力分析

力分配法求出各柱顶剪力 $\eta_A \mu R$，$\eta_B \mu R$ ［图 1-39（b）］。

（3）将上述两项计算求得的柱顶剪力叠加，即为考虑空间作用的柱顶剪力；根据柱顶剪力及柱上承受的实际荷载，按静定悬臂柱可求出各柱的内力 ［图 1-39（c）］。

7.（1）排架柱通常进行以下四种不利内力组合：

$+M_{max}$ 及相应的 N，V；$-M_{max}$ 及相应的 N，V；

N_{max} 及相应的 M，V；N_{min} 及相应的 M，V。

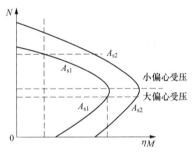

图 1-40　偏压截面弯矩、
轴力与配筋关系图

（2）柱中通常采用对称配筋，为了确定控制截面上的最不利内力组合，需分析对称配筋偏心受压构件截面的弯矩、轴力和钢筋面积的关系，如图 1-40 所示。

1）根据大小偏压判别条件，将多组内力划分为大偏心受压组和小偏心受压组。

对于矩形截面　　$N_b = \alpha_1 f_c b \xi_b h_0$

对于 I 形截面　　$N_b = \alpha_1 f_c [b \xi_b h_0 + (b'_f - b) h'_f]$

当 $N \leqslant N_b$ 时，属于大偏心受压情况；当 $N > N_b$ 时，属于小偏心受压情况。

2）对大偏心受压组，按照"轴力相差不多时，弯矩越大越不利；弯矩相差不多时，轴力越小越不利"的原则，选出最不利内力。

3）对小偏心受压组，按照"轴力相差不多时，弯矩越大越不利；弯矩相差不多时，轴力越大越不利"的原则，选出最不利内力。

8. 屋架一般为平卧制作，施工时先扶直后吊装。

扶直是将屋架绕下弦转起，使下弦各节点不离地面，上弦以起吊点为支点，如图 1-41（a）所示。此时上弦杆在屋架平面外受力最不利，故扶直验算实际是验算上弦杆在屋架平面外的受弯承载力。扶直验算时，可近似地将上弦视为一个多跨连续梁，承受上弦和一半腹杆重力荷载的作用，且取动力系数为 1.5。

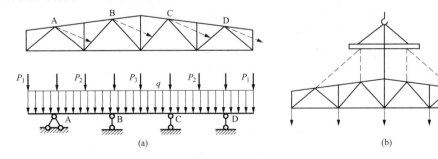

图 1-41　屋架扶直和吊装计算简图

屋架吊装时，其吊点设在上弦节点处，如图 1-41（b）所示。一般假定屋架重力荷载（取动力系数为 1.5）作用于下弦节点。在节点荷载及吊绳反力作用下，按铰接桁架计算杆件轴力。

9. 抗风柱柱顶与屋架上弦一般采用水平方向有较大刚度、竖直方向可以移动的弹簧板连接。这样在水平方向，抗风柱与屋架有可靠的连接，可以有效地传递风荷载；在竖直方向，抗风柱和屋架之间有相对位移，以防止抗风柱和屋架沉降不均匀时，对屋架产生不利影响。

抗风柱所承受的风荷载，一部分经抗风柱下端直接传至基础；另一部分经抗风柱上端传至屋盖结构，再传至纵向柱列，最后传至基础。

10. 柱下独立基础设计主要包括以下三方面：

（1）基础底面尺寸的确定。基础的底面尺寸根据地基承载力计算确定。

轴心受压时需满足 $\qquad P_{\mathrm{k}} = \dfrac{N_{\mathrm{K}} + G_{\mathrm{k}}}{A} \leqslant f_{\mathrm{a}}$

偏心受压时需满足 $\qquad \dfrac{p_{\mathrm{k, \, max}} + p_{\mathrm{k, \, min}}}{2} \leqslant f_{\mathrm{a}}$

$P_{\mathrm{k, \, max}} \leqslant 1.2 f_{\mathrm{a}}$

（2）基础高度的确定。基础高度根据柱与基础交接处或阶形基础变阶处的混凝土抗冲切承载力计算确定，同时还须满足构造要求。

（3）基础底板配筋计算。将基础底面划分成相互没有联系的四个区块，每个区块都视为固定于柱周边的倒置的变截面悬臂板，底板配筋按柱与基础交接处以及基础变阶处的正截面受弯承载力计算确定。

11.（1）吊车荷载是两组移动的集中荷载，一组是移动的轮压，另一组是移动的吊车横向水平制动力，故需用影响线原理求出对排架柱的作用。

（2）吊车荷载具有冲击和振动作用，因此必须考虑吊车荷载的动力影响。

（3）吊车荷载是重复荷载。若厂房的使用期限为 50 年，则重级工作制吊车荷载的重复次数可达 $4 \times 10^6 \sim 6 \times 10^6$ 次，中级工作制吊车一般亦可达 2×10^6 次，因此需对吊车梁进行疲劳强度验算。

（4）吊车荷载对吊车梁产生扭矩，即吊车横向水平制动力和竖向轮压使吊车梁产生扭矩，因此须进行吊车梁的抗扭承载力验算。

五、计算题

1. 解：对于本厂房，计算吊车竖向荷载和横向水平荷载时最多考虑两台吊车。图 1-42 是两台 10t 吊车荷载作用下支座反力影响线。

（1）作用于排架柱上的吊车竖向荷载标准值。

$D_{\max} = P_{\max} \sum y_i = 115 \times (1 + 0.808 + 0.267 + 0.075) = 247.25(\mathrm{kN})$

$D_{\min} = P_{\min} \sum y_i = 25 \times (1 + 0.808 + 0.267 + 0.075) = 53.75(\mathrm{kN})$

（2）作用于排架柱上的吊车横向水平荷载标准值。

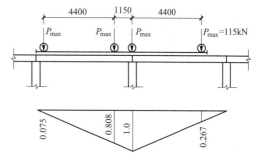

图 1-42　吊车荷载作用下支座反力影响线

当 $Q \leqslant 10t$ 时，取横向水平制动力系数 $\alpha = 0.12$；则作用于每一个轮子上的吊车横向水平制动力为

$$T = \frac{1}{4}\alpha(Q+g) = \frac{1}{4} \times 0.12 \times (10+3.8) = 0.414t = 4.14(\text{kN})$$

同时作用于吊车两端每个排架柱上的吊车横向水平荷载标准值为

$$T_{max} = T\sum y_i = 4.14 \times (1+0.808+0.267+0.075) = 8.9(\text{kN})$$

α	μ_s
$\leqslant 15°$	-0.6
$30°$	0
$\geqslant 60°$	$+0.8$

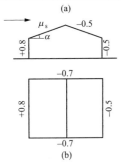

图 1-43 风荷载体型系数及排架计算简图

2. 解：西安市重现期为 50 年的基本风压 $w_0 = 0.35\text{kN/m}^2$；按 B 类地面粗糙度，由荷载规范查得风压高度变化系数 μ_z 为

柱顶（标高 12.3m）　　$\mu_z = 1.06$
檐口（标高 14.6m）　　$\mu_z = 1.13$
屋顶（标高 16.0m）　　$\mu_z = 1.16$

风荷载体型系数 μ_s 如图 1-43（a）所示；对于单层厂房，高度 $H < 30\text{m}$ 时，取风振系数 $\beta_z = 1$。

则作用于排架计算简图［图 1-43（b）］上的风荷载标准值为

$$q_{1k} = \mu_z\mu_{s1}\beta_z w_0 B = 1.06 \times 0.8 \times 1 \times 0.35 \times 6 = 1.78(\text{kN/m})$$
$$q_{2k} = \mu_z\mu_{s2}\beta_z w_0 B = 1.06 \times (-0.5) \times 1 \times 0.35 \times 6 = -0.89(\text{kN/m})$$
$$\begin{aligned}F_{wk} &= [(\mu_{s1}+\mu_{s2})\mu_z h_1 + (\mu_{s3}+\mu_{s4})\mu_z h_2] = \beta_z w_0 B \\ &= [(0.8+0.5) \times 1.13 \times 2.3 + (-0.6+0.5) \times 1.16 \times 1.4] \times 1 \times 0.35 \times 6 \\ &= 6.21(\text{kN})\end{aligned}$$

3. 解：$n = \dfrac{I_u}{I_l} = \dfrac{21.3 \times 10^8}{195.38 \times 10^8} = 0.109$，$\lambda = \dfrac{H_u}{H} = \dfrac{3900}{12\,800} = 0.305$

$$C_{3A} = C_{3B} = \frac{3}{2}\frac{1-\lambda^2}{1+\lambda^3\left(\frac{1}{n}-1\right)} = 1.104$$

则 $R_A = -\dfrac{M_1}{H}C_3 = -\dfrac{462.25}{12.8} \times 1.104 = -39.87(\text{kN})$

$$R_B = \frac{M_2}{H}C_3 = \frac{110.75}{12.8} \times 1.104 = 9.55(\text{kN})$$

$$R = R_A + R_B = -39.87 + 9.55 = -30.32(\text{kN})$$

各柱的剪力分配系数 $\eta_A = \eta_B = 0.5$

排架柱顶剪力为

$$V_A = R_A - \eta_A R = -39.87 + 0.5 \times 30.32 = -24.71(\text{kN})$$

$$V_B = R_B - \eta_B R = 9.55 + 0.5 \times 30.32 = 24.71(\text{kN})$$

排架柱的弯矩图如图 1-44 所示。

4. 解：该厂房为两跨等高排架，可用剪力分配法进行内力分析。

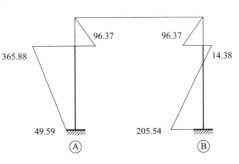

图 1-44 排架弯矩图

（1）计算各柱的剪力分配系数 η_i。

$$n=\frac{I_u}{I_l}=0.5, \quad \lambda=\frac{H_u}{H}=\frac{3000}{9000}=\frac{1}{3}$$

$$C_0=\frac{3}{1+\lambda^3\left(\dfrac{1}{n}-1\right)}=2.893$$

$$\delta_A=\delta_C=\frac{H^3}{C_0EI_1}=\frac{H^3}{2.893\times EI},$$

$$\delta_B=\frac{H^3}{C_0EI_1}=\frac{H^3}{2.893\times 2EI}$$

$$\eta_A=\eta_C=\frac{1/\delta_A}{\sum 1/\delta_i}=1/4, \quad \eta_B=\frac{1/\delta_B}{\sum 1/\delta_i}=1/2$$

（2）计算各柱顶反力 R_i 及柱顶不动铰支座总反力 R。

$$a=\frac{1500}{3000}=0.5$$

$$C_{5A}=C_{5B}=\frac{2-3a\lambda+\lambda^3\left[\dfrac{(2+a)(1-a)^2}{n}-(2-3a)\right]}{2\left[1+\lambda^3\left(\dfrac{1}{n}-1\right)\right]}=0.737$$

$$R_A=R_B=-T_{max}C_5=-20\times 0.737=-14.74(\text{kN})$$

则 $R=R_A+R_B=-14.74-14.74=-29.48(\text{kN})$

（3）计算排架结构内力。

各柱顶剪力为

$$V_A=R_A-\eta_A R=-14.74+\frac{1}{4}\times 29.48=-7.37(\text{kN})$$

$$V_B=R_B-\eta_B R=-14.74+\frac{1}{2}\times 29.48=0(\text{kN})$$

$$V_C=-\eta_C R=\frac{1}{4}\times 29.48=7.37(\text{kN})$$

排架各柱的弯矩如图 1-45 所示。

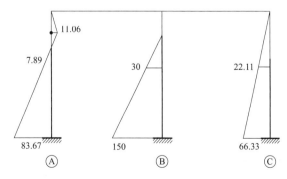

图 1-45　排架内力图（单位：kN·m）

5. 解：吊装验算时的计算简图如图 1-46 所示。

（1）荷载计算。柱吊装阶段的荷载为柱自身重力荷载，且应考虑动力系数 $\mu=1.5$，即

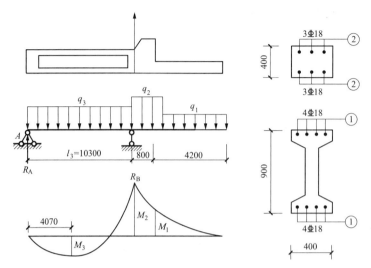

图 1-46 柱吊装计算简图 (单位：mm)

上柱：$q_1 = \mu\gamma_G q_{1k} = 1.5 \times 1.35 \times 25 \times 0.4 \times 0.4 = 8.10(\text{kN/m})$

牛腿：$q_2 = \mu\gamma_G q_{1k} = 1.5 \times 1.35 \times 25 \times 0.4 \times (0.9+0.2) = 22.82(\text{kN/m})$

下柱：$q_3 = \mu\gamma_G q_{1k} = 1.5 \times 1.35 \times 25 \times 0.187\,5 = 9.49(\text{kN/m})$

（2）内力计算。

在上述荷载作用下，柱各控制截面的弯矩为

$$M_1 = \frac{1}{2}q_1 H_u^2 = \frac{1}{2} \times 8.10 \times 4.2^2 = 71.44(\text{kN} \cdot \text{m})$$

$$M_2 = \frac{1}{2} \times 8.10 \times (4.2+0.8)^2 + \frac{1}{2} \times (22.82-8.10) \times 0.8^2 = 105.79(\text{kN} \cdot \text{m})$$

由 $\sum M_B = R_A l_3 + M_2 - \frac{1}{2}q_3 l_3^2 = 0$，得

$$R_A = \frac{1}{2}q_3 l_3 - \frac{M_2}{l_3} = \frac{1}{2} \times 9.49 \times 10.30 - \frac{105.79}{10.30} = 38.60(\text{kN})$$

$$M_3 = R_A x - \frac{1}{2}q_3 x^2$$

令 $\dfrac{\mathrm{d}M_3}{\mathrm{d}x} = R_A - q_3 x = 0$，得

$$x = R_A/q_3 = 38.60/9.49 = 4.07(\text{m})$$

则下柱段最大弯矩 M_3 为

$$M_3 = 38.6 \times 4.07 - \frac{1}{2} \times 9.49 \times 4.07^2 = 78.50(\text{kN} \cdot \text{m})$$

（3）承载力和裂缝宽度验算。

上柱配筋为 $A_s = A_s' = 763\text{mm}^2$（3$\Phi$18），其受弯承载力验算如下

$$M_u = f_y A_s (h_0 - a_s') = 360 \times 763 \times (360-40) = 87.90 \times 10^6(\text{N} \cdot \text{mm})$$

裂缝宽度验算如下

$$M_k = 71.44/1.35 = 52.92(\text{N} \cdot \text{mm})$$

$$\sigma_{sq} = \frac{M_k}{0.87 h_0 A_s} = \frac{52.92 \times 10^6}{0.87 \times 360 \times 763} = 221.45 (\text{N/mm}^2)$$

$$\rho_{te} = \frac{A_s}{0.5bh} = \frac{763}{0.5 \times 400 \times 400} = 0.0095 < 0.01, \text{取} \rho_{te} = 0.01$$

$$\varphi = 1.1 - 0.65 \frac{f_{tk}}{\rho_{te}\sigma_{sq}} = 1.1 - 0.65 \times \frac{2.39}{0.01 \times 221.45} = 0.40$$

$$\omega_{max} = \alpha_{cr}\varphi \frac{\sigma_{sq}}{E_s}\left(1.9c_s + 0.08\frac{d_{eq}}{\rho_{te}}\right)$$

$$= 2.1 \times 0.4 \times \frac{221.45}{2 \times 10^5} \times \left(1.9 \times 30 + 0.08 \times \frac{18}{0.01}\right)$$

$$= 0.187\text{mm} < \omega_{lim} = 0.2\text{mm}$$

满足要求。

下柱配筋 $A_s = A_s' = 1018\text{mm}^2$（4$\Phi$18），其受弯承载力验算如下

$$M_u = f_y A_s(h_0 - a_s') = 360 \times 1018 \times (860 - 40) = 300.51 \times 10^6 (\text{N} \cdot \text{mm})$$

$$= 300.51(\text{kN} \cdot \text{m}) > M_2 = 105.79\text{kN} \cdot \text{m}$$

满足要求。

裂缝宽度验算如下

$$M_k = 105.79/1.35 = 78.36(\text{kN} \cdot \text{m})$$

$$\sigma_{sq} = \frac{M_k}{0.87 h_0 A_s} = \frac{78.36 \times 10^6}{0.87 \times 860 \times 1018} = 102.88(\text{N/mm}^2)$$

$$\rho_{te} = \frac{A_s}{0.5bh + (b_f - b)h_f} = \frac{1018}{0.5 \times 100 \times 900 + (400 - 100) \times 150} = 0.0113$$

$$\varphi = 1.1 - 0.65 \frac{f_{tk}}{\rho_{te}\sigma_{sq}} = 1.1 - 0.65 \times \frac{2.39}{0.01 \times 102.88} = -0.24 < 0.2$$

取 $\varphi = 0.2$

$$\omega_{max} = \alpha_{cr}\varphi \frac{\sigma_{sq}}{E_s}(1.9c_s + 0.08\frac{d_{eq}}{\rho_{te}})$$

$$= 2.1 \times 0.2 \times \frac{102.45}{2 \times 10^5} \times \left(1.9 \times 30 + 0.08 \times \frac{18}{0.0113}\right)$$

$$= 0.040(\text{mm}) < \omega_{lim} = 0.2\text{mm}$$

满足要求。

6. 解：（1）牛腿截面高度验算。

对支承吊车梁的牛腿，裂缝控制系数 $\beta = 0.65$，$f_{tk} = 2.01\text{N/mm}^2$

$a = -150 + 20 = -130(\text{mm}) < 0$，取 $a = 0$，则

$$\beta\left(1 - 0.5\frac{F_{hk}}{F_{vk}}\right)\frac{f_{tk}bh_0}{0.5 + \frac{a}{h_0}} = 0.65 \times \frac{2.01 \times 400 \times 560}{0.5} = 585\,312(\text{N}) = 585.31(\text{kN}) > F_{vk}$$

故牛腿截面高度满足要求。

（2）牛腿局部受压承载力验算。

取吊车梁垫板尺寸为 $500\text{mm} \times 400\text{mm}$，则

$$\frac{F_{vk}}{A} = \frac{510 \times 10^3}{500 \times 400} = 2.55(\text{N/mm}^2) < 0.75f_c = 0.75 \times 14.3 = 10.73(\text{N/mm}^2)$$

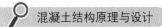

故牛腿截面尺寸满足局部受压承载力要求。

（3）牛腿配筋计算。

$a < 0.3h_0$，取 $a = 0.3h_0 = 0.3 \times 560 = 168(\text{mm})$

$$A_s \geqslant \frac{F_v a}{0.85 f_y h_0} + 1.2 \frac{F_h}{f_y} = \frac{714 \times 10^3 \times 168}{0.85 \times 360 \times 560} = 700(\text{mm}^2)$$

选 4Φ16(804mm^2)。

$0.006 \times 400 \times 560 = 1344(\text{mm}^2) \geqslant A_s \geqslant \rho_{\min} b h_0 = 0.002 \times 400 \times 560 = 448(\text{mm}^2)$

故配筋率满足要求。水平箍筋选用Φ8@100。

第13章 框 架 结 构

内容提要 📍

1. 框架结构是多、高层建筑的一种主要结构形式。结构设计时，需首先进行结构布置和拟定梁、柱截面尺寸，确定结构计算简图，然后进行荷载计算、结构分析、内力组合和截面设计，并绘制结构施工图。

2. 设计框架结构房屋的梁、柱和基础时，应将楼面活荷载乘以折减系数，以考虑活荷载满布在各层楼面上的可能性程度。计算作用在框架结构房屋上的风荷载时，对主要承重结构和围护结构应分别计算。对高度大于30m且高宽比大于1.5的框架结构房屋，采用风振系数考虑脉动风压对主要承重结构的不利影响；而计算围护结构的风荷载时，采用阵风系数近似考虑脉动风瞬间的增大因素；另外，两种情况下的风载体型系数取值也不完全相同。

3. 竖向荷载作用下框架结构的内力可用分层法、弯矩二次分配法和系数法等近似方法计算。分层法在分层计算时，将上、下柱远端的弹性支承改为固定端，同时将除底层外的其他各层柱的线刚度乘以系数0.9，相应地柱的弯矩传递系数由1/2改为1/3，底层柱和各层梁的线刚度不变且其弯矩传递系数仍为1/2。弯矩二次分配法是先对各节点的不平衡弯矩同时进行分配（其间不传递），然后对各杆件的远端进行传递并再分配一次。系数法是一种更简单的方法，只需给出荷载、框架梁的计算跨度和支承条件，就可计算出框架梁、柱各控制截面内力。

分层法和弯矩二次分配法的计算精度较高，可用于工程设计；而系数法的计算精度较低，可用于初步设计阶段。

4. 水平荷载作用下框架结构内力可用 D 值法、反弯点法和门架法等近似方法计算。其中 D 值法的计算精度较高，当梁、柱线刚度比大于3时，反弯点法也有较好的计算精度，此二法可用于工程设计；而门架法的计算精度较差，可用于初步设计阶段。

5. D 值是框架结构层间柱产生单位相对侧移所需施加的水平剪力，可用于框架结构的侧移计算和各柱间的剪力分配。D 值是在考虑框架梁为有限刚度、梁柱节点有转动的前提下得到的，故比较接近实际情况。

影响柱反弯点高度的主要因素是柱上、下端的约束条件。柱两端的约束刚度不同，相应的柱端转角也不相等，反弯点向转角较大的一端移动，即向约束刚度较小的一端移动。D 值法中柱的反弯点位置就是根据这种规律确定的。

6. 在水平荷载作用下，框架结构各层产生层间剪力和倾覆力矩。层间剪力使梁、柱产生弯曲变形，引起的框架结构侧移曲线具有整体剪切型变形特点；倾覆力矩使框架柱（尤其是边柱）产生轴向拉、压变形，引起的框架结构侧移曲线具有整体弯曲型变形特点。当框架结构房屋较高或其高宽比较大时，宜考虑柱轴向变形对框架结构侧移的影响。

7. 适用于框架结构房屋的基础类型有柱下独立基础、条形基础、十字交叉条形基础、筏形基础等。设计时，应综合考虑上部结构的层数、荷载大小和分布、使用要求、地基土的物理力学性质、地下水位以及施工条件等因素，选择合理的基础形式。

8. 用简化方法计算柱下条形基础的内力时，假定基底反力为线性分布，按倒梁法计算基础梁内力。其适用条件为：地基比较均匀；上部结构刚度较大，荷载分布较均匀。

习题

一、填空题

1. 框架结构的承重方案有_____、_____、_____。

2. 框架结构伸缩缝与沉降缝的宽度一般不小于_____。

3. 框架结构在计算纵向框架和横向框架的内力时，分别按_____进行计算。

4. 框架结构在计算梁的惯性矩时，通常假定截面惯性矩 I 沿构件轴线不变，对装配式楼盖，取 $I=I_0$，I_0 为矩形截面梁的截面惯性矩；对装配整体式楼盖，中框架 $I=$_____，边框架 $I=$_____；对现浇楼盖，中框架 $I=$_____，边框架 $I=$_____。

5. 框架柱的反弯点位置取决于该柱上下端_____的比值。

6. 框架柱的反弯点高度一般与_____、_____、_____、_____等因素有关。

7. 规范规定，框架梁的弹性层间位移角的限值是_____。

8. 框架梁端负弯矩的调幅系数，对于现浇框架可取_____，装配整体式框架，一般取_____。

9. 用分层法计算框架结构在竖向荷载下的内力时，除底层柱外，其余层柱线刚度乘以_____，相应传递系数为_____。

10. 框架柱的抗侧移刚度与_____、_____、_____等因素有关。

二、选择题

1. 现浇框架结构梁柱节点区的混凝土强度等级应该（　　）。

   A. 低于梁的混凝土强度等级　　　　B. 高于梁的混凝土强度等级

   C. 不低于柱的混凝土强度等级　　　D. 与梁柱混凝土强度等级无关

2. 水平荷载作用下每根框架柱所分配到的剪力与（　　）直接有关。

   A. 矩形梁截面惯性矩　　　　　　　B. 柱的抗侧移刚度

   C. 梁柱线刚度比　　　　　　　　　D. 柱的转动刚度

3. 公式 $\alpha_c = \dfrac{0.5K}{1+2K}$ 中，K 的物理意义是（　　）。

   A. 矩形梁截面惯性矩　　　　　　　B. 柱的抗侧移刚度

   C. 梁柱线刚度比　　　　　　　　　D. T 形梁截面惯性矩

4. 采用反弯点法计算内力时，假定反弯点的位置（　　）。

   A. 底层柱在距基础顶面 2/3 处，其余各层在柱中点

   B. 底层柱在距基础顶面 1/3 处，其余各层在柱中点

   C. 底层柱在距基础顶面 1/4 处，其余各层在柱中点

   D. 底层柱在距基础顶面 1/5 处，其余各层在柱中点

5. 关于框架结构的变形，以下结论正确的是（　　　）。

　　A. 框架结构的整体变形主要呈现为弯曲型

　　B. 框架结构的总体弯曲变形主要是由柱的轴向变形引起的

　　C. 框架结构的层间变形一般为下小上大

　　D. 框架结构的层间位移与柱的线刚度有关，与梁的线刚度无关

6. 关于框架柱的反弯点，以下结论正确的是（　　　）。

　　A. 上层梁的线刚度增加会导致本层柱反弯点下移

　　B. 下层层高增大会导致本层柱反弯点上移

　　C. 柱的反弯点位置与柱的楼层位置有关，与结构总层数无关

　　D. 柱的反弯点位置与荷载分布形式无关

7. 对装配整体式楼盖，中框架梁的惯性矩 $I = 1.5I_0$，式中 I_0 是指（　　　）。

　　A. 梁截面矩形部分的惯性矩　　　　　　B. T 形梁截面惯性矩

　　C. 矩形梁截面抗弯刚度　　　　　　　　D. T 形梁截面抗弯刚度

8. 按 D 值法对框架进行近似计算时，各柱反弯点高度的变化规律是（　　　）。

　　A. 其他参数不变时，随上层框架梁刚度减小而降低

　　B. 其他参数不变时，随上层框架梁刚度减小而升高

　　C. 其他参数不变时，随上层层高增大而降低

　　D. 其他参数不变时，随下层层高增大而升高

9. 按 D 值法对框架进行近似计算时，各柱侧向刚度的变化规律是（　　　）。

　　A. 当柱的线刚度不变时，随框架梁线刚度增加而减少

　　B. 当框架梁、柱的线刚度不变时，随层高增加而增加

　　C. 当柱的线刚度不变时，随框架梁线刚度增加而增加

　　D. 与框架梁的线刚度无关

10. 一般来说，当框架的层数不多或高宽比不大时，框架结构的侧移曲线以（　　　）为主。

　　A. 弯曲型　　　　　B. 剪切型　　　　　C. 弯剪型　　　　　D. 弯扭型

三、判断题

1. 与剪力墙结构相比，框架结构有较强的抵抗侧移的能力。　　　　　　　　　（　　　）

2. 框架结构中，尽量不设或少设变形缝，原因是这样可使构造简化、方便施工。（　　　）

3. 所有框架结构在竖向荷载作用下都是无侧移框架。　　　　　　　　　　　　（　　　）

4. 分层法计算所得的节点弯矩之和经常不为零，原因是分层计算单元与实际结构不符带来的误差，此时可对节点不平衡力矩再作一次分配，予以修正。　　　　　　　　（　　　）

5. 分层法将与本层梁相连的柱的远端均近似作为固定端而不转动。　　　　　（　　　）

6. 当柱的上下端转角不同时，反弯点偏向转角小的一侧。　　　　　　　　　（　　　）

7. 框架结构的层间位移上大下小，其位移曲线是弯曲型。　　　　　　　　　（　　　）

8. 框架柱的反弯点高度随上层框架梁刚度减小而降低。　　　　　　　　　　（　　　）

9. 我国规范规定，框架结构弯矩调幅只对竖向荷载作用下的内力进行，水平荷载作用下

的弯矩不调幅，因此，调幅应在内力组合之前进行。 （　　）

10. 反弯点法适用于各层结构比较均匀（各层高度变化不大，梁的线刚度变化不大），节点梁柱线刚度比 $\sum i_b / \sum i_c \geqslant 3$ 的各层框架。 （　　）

11. D 值法中 $D = \alpha 12 i_c / h^2$，α 为反映梁柱线刚度比值对柱侧移刚度的影响系数。 （　　）

四、问答题

1. 框架结构体系的特点是什么？

2. 框架结构根据施工方法分哪几类？各有何特点？

3. 框架结构的柱网布置有什么基本要求？

4. 框架承重布置方案有哪几种？各有何特点？

5. 框架结构的计算简图如何确定？其跨度与层高如何取？

6. 框架梁的抗弯刚度如何计算？

7. 框架结构的竖向及水平可变荷载如何考虑？竖向及水平可变荷载有哪些？

8. 简述竖向荷载作用下框架内力分析的分层法及其基本假定。

9. 简述框架内力分析时分层法的计算步骤及要点。

10. 简述水平荷载作用下框架内力分析的反弯点法及其基本假定。

11. 简述采用 D 值法进行框架内力分析的原因及 D 值的物理意义。

12. 框架内力分析采用 D 值法后柱的反弯点高度如何计算？

13. 框架结构在水平荷载下的变形包括哪几方面？

14. 框架结构计算中梁、柱控制截面如何取？

15. 对于可变荷载效应控制时，框架结构荷载效应组合的表达式是什么？

16. 框架梁、柱最不利内力组合是怎样确定？

17. 确定框架竖向可变荷载的最不利位置有哪几种方法？

18. 在竖向荷载作用下框架梁端弯矩如何调幅？

19. 框架柱的计算高度如何取？

五、计算题

1. 某两层框架荷载及各杆件尺寸如图 1-47 所示，括杆号内的数字代表杆件的相对线刚度值。试用分层法计算各杆件的弯矩并绘制弯矩图。

2. 用反弯点法作如图 1-48 所示框架的弯矩图，圆圈内数字为相对线刚度。

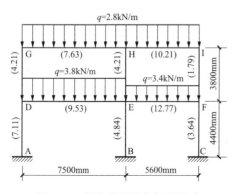

图 1-47　框架荷载及各杆件尺寸

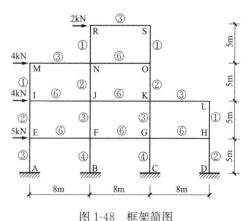

图 1-48　框架简图

3. 用 D 值法作框架的弯矩图。如图 1-49 所示，已知该框架梁、柱为现浇，楼板为预制，柱截面尺寸 400mm×400mm，顶层梁截面尺寸为 240mm×600mm，楼层梁截面尺寸为 240mm×650mm，走道梁均为 240mm×400mm，混凝土强度等级为 C20。

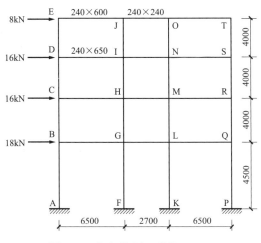

图 1-49　框架简图（单位：mm）

参考答案

一、填空题

1. 纵向承重，横向承重，纵横向承重；

2. 50mm；

3. 平面框架；

4. $1.5I_0$，$1.2I_0$，$2I_0$，$1.5I_0$；

5. 转角；

6. 结构总层数，该柱所在层次，梁柱线刚度比，侧向荷载分布形式；

7. 1/550；

8. $0.8\sim0.9$，$0.7\sim0.8$；

9. 0.9，1/3；

10. 柱的线刚度，层高，梁的线刚度。

二、选择题

1. C；2. B；3. C；4. A；5. B；6. A；7. A；8. B；9. C；10. B。

三、判断题

1. ×；2. √；3. ×；4. √；5. √；6. ×；7. ×；8. ×；9. √；10. √；11. √。

四、问答题

1. 框架结构体系的特点是建筑平面布置灵活，能根据不同需求获得较大空间，也可做成小开间房屋；其建筑立面容易处理、结构自重较轻、计算理论比较成熟、在一定高度范围内造价较低。框架结构是高次超静定结构，既承受竖向荷载，又承受侧向作用力，如风荷载或水平地震作用。框架结构侧移刚度小，水平荷载作用下侧移较大。因此，采用框架结构时应注意控制建筑物的高度。现浇钢筋混凝土框架房屋的高度可以控制在 60m 以下。当设防烈度为 7 度、8 度、9 度时，其高度可分别为 55m、45m 和 25m 以下。

2. 框架结构根据施工方法的不同可分为整体式、装配式和装配整体式三种。

整体式框架又称全现浇框架，它由现场支模浇筑而成，整体性好，抗震能力强。泵送混凝土和组合式钢模板的应用，改变了现场搅拌、费工费时的缺点，使整体式框架得到了广泛的应用。

装配式框架的梁、柱等构件均为预制，施工时把预制的构件吊装就位，并通过节点进行连接。这种框架的优点是施工机械化程度高，施工速度快，但整体性较差，抗震性能亦弱，工程应用较少。

装配整体式框架兼有整体式和装配式框架的优点，预制构件在现场吊装就位后，通过在预制梁上浇筑叠合层等措施，使框架连成整体。

3. 在平面内，柱轴线在纵横向形成的网格称为柱网。柱网布置是否合理程度决定框架结构的经济性及合理性。柱网布置时一般考虑以下方面内容：满足生产工艺和使用功能的要求；满足建筑平面布置的要求；使构件受力合理，同时方便施工。在满足以上各要求的情况下，力求简单明了，降低造价。

4.（1）横向框架承重方案。横向框架承重方案是在横向设置主梁，在纵向设置连系梁，板支承在横向框架上，楼面竖向荷载传给横向框架主梁。由于横向框架跨数较少，主梁沿横向布置有利于增加房屋横向抗侧移刚度，纵向连系梁截面尺寸较小，这样有利于建筑物的通风和采光。缺点是由于主梁截面尺寸较大，其净空较小。

（2）纵向框架承重方案。纵向框架承重方案是在纵向上布置框架主梁，在横向布置连系梁。楼面的竖向荷载主要沿纵向传递。横向连系梁尺寸较小，房屋净空较大，房间布置灵活。缺点是房屋的横向刚度较小，同时进深尺寸受到长度的限制。

（3）纵横向框架承重方案。框架在纵横向均布置主梁。楼板的竖向荷载沿两个方向传递。由于这种方案是沿两个方向传力的，因此两个方向受力均匀，整体性好。

5.（1）计算单元。在框架体系房屋中，各榀承重框架之间是以连系梁和楼板连系起来的。为了计算方便，把空间框架体系分解成纵向和横向两种平面框架，设计时通常选一榀或几榀有代表性的框架进行内力分析，以减少计算和设计工作量。

（2）节点的简化。在现浇框架结构体系中，由于梁和柱的纵向受力钢筋都穿过节点或留有足够的锚固长度，且现浇混凝土整体性和刚度较好，所以，一般将其简化为刚接节点。框架柱与基础一般采用整体现浇混凝土连接，也简化为刚节点。

（3）跨度与层高。在结构计算简图中，杆件用轴线表示，框架梁的跨度即柱轴线的距离，框架柱的高度取相应的建筑层高，底层层高取基础顶面至第一层楼板底面的距离。

6. 在计算框架梁截面惯性矩 I 时应考虑到楼板的影响。

（1）对装配式楼盖，取 $I=I_0$，I_0 为矩形截面梁的截面惯性矩。

（2）对装配整体式楼盖，中框架 $I=1.5I_0$，边框架 $I=1.2I_0$。

（3）对现浇楼盖，中框架 $I=2.0I_0$，边框架 $I=1.5I_0$。

7. 作用在框架结构上的可变荷载主要有竖向的活荷载，水平的风荷载以及地震作用等。

（1）楼面活荷载。楼面的活荷载要根据房屋的建筑功能，由建筑结构荷载规范中标准值确定。但不同楼层活荷载同时满载布置出现的可能性较小，因此在结构设计时要考虑楼面活荷载的折减。对于住宅、办公楼等建筑的墙、柱、基础则根据计算截面以上楼层的多少取不同的折减系数，见表 1-13。

表 1-13			折减系数			
墙、柱、基础计算截面以上层数	1	2~3	4~5	6~8	9~20	>20
计算截面以上各楼层活荷载总和的折减系数	1.0（0.9）	0.85	0.70	0.65	0.60	0.55

注 当楼面梁的从属面积超过 $25mm^2$ 时，用括号内的系数。

（2）风荷载。多层框架结构的风荷载是主要荷载之一，一般将风荷载简化成集中力，作用在框架节点上。

（3）地震作用。对于多层框架结构，一般考虑纵向、横向两种水平地震作用。当房屋的高度不超过 40m，且质量和刚度沿高度分布比较均匀时，可采用底部剪力法进行计算水平地震作用，具体计算详见《建筑抗震设计规范》。

8. 在竖向荷载作用下，侧移对多层多跨框架的内力的影响较小，可以近似按无侧移框架进行分析；另外，如果在框架的某一层施加竖向荷载，在整体框架中只有与该层梁相连的上、下层柱内力较大，而对其他各层梁柱的内力影响均较小，尤其是当梁的线刚度大于柱的线刚度时，这一特点更加明显。因此，可假定作用在某层框架梁上的竖向荷载只对本楼层的梁和相连的框架柱产生弯矩和剪力，认为对其他楼层的梁柱没有影响。

基于以上分析，分层法作如下假定：①在竖向荷载作用下，多层多跨框架的侧移忽略不计；②各层梁上的荷载对本层梁及上下相邻的柱有影响，而对其他各层梁、柱的影响忽略不计。

根据这两个假定，可将框架的某层梁及其上柱下柱作为独立的计算单元分层进行计算。分层计算所得的梁内弯矩即为梁在该荷载作用下的最后弯矩；而每一柱的柱端弯矩则取上下两层计算所得弯矩之和。在分层法的计算中，假定各层上下柱的远端为固定端，而实际上除底层外，其余各层柱端都是弹性嵌固，介于铰支和固定约束之间。为了减少计算误差，除底层柱外，其他层各柱的线刚度均乘以折减系数 0.9，并取相应的传递系数 1/3（底层柱线刚度不折减，另外传递系数仍为 1/2）。由于分层法计算的近似性，框架节点处的最终弯矩不平衡，但通常不会很大。如需进一步修正，可对节点的不平衡弯矩再进行一次分配。

9. 用分层法计算竖向荷载下框架内力的步骤是：

（1）将多层框架分成若干无侧移的敞口框架，每层敞口框架包括本层梁及与其相连的上下柱，梁上的荷载不变。

（2）计算梁、柱的线刚度，除底层柱外，其他各层柱的线刚度应乘以系数 0.9。

（3）计算各节点处的弯矩分配系数，利用无侧移框架的弯矩分配法，分层计算各个计算单元（每层横梁及相应的上下柱组成一个计算单元）的杆端弯矩。计算可从不平衡弯矩较大的节点开始，一般每个节点分配 1~2 次即可。

（4）叠加有关杆端弯矩，得出最后弯矩图（如节点弯矩不平衡值较大，可在节点重新分配一次，但不进行传递）。

（5）按静力平衡条件求出梁端剪力及跨中弯矩；逐层叠加柱上的竖向荷载（节点集中力、柱的自重）和梁端剪力，求出柱的轴力。

10. 框架结构上的水平荷载有风荷载或地震作用。一般可以简化成作用于框架上的水平节点力。因此，各杆件的弯矩图都是直线，且一般都有一个反弯点。如果能够求出各柱的剪力及反弯点位置后，进行内力计算，则框架的内力图就可很容易绘出。反弯点法在分析计算时拟定柱的反弯点位置，它适用于各层结构比较均匀（各层高度变化不大，梁的线刚度变化不大），节点梁柱线刚度比$\sum i_b > \sum i_c \geqslant 3$的框架。

其基本假定是：

（1）在求各柱的剪力时，假定各柱上下端都不发生角位移，即认为梁与柱的线刚度之比为无限大。

（2）在确定各柱反弯点位置时，认为除底层外的其余各层柱，受力后上下两端的转角相等，即除底层柱外，各层框架柱的反弯点位于层高的中点；底层柱的反弯点位于距支座2/3层高处。

（3）梁端弯矩可根据节点平衡条件，并按节点左右梁的线刚度比例进行分配而求得。

11. 反弯点法首先假定梁柱之间的线刚度比为无限大，其次又假定柱的反弯点高度为一定值，使框架结构在侧向荷载作用下计算大大简化；但也同时带来一定误差，首先当梁柱线刚度接近时，特别在高层框架和抗震设计时，梁的线刚度可能小于柱的线刚度，框架节点对柱的约束应为弹性约束，柱的侧移刚度不仅与柱的线刚度和层高有关，而且与梁的线刚度等有关。另外，反弯点位置也与梁柱线刚度比、上下层横梁线刚度比、上下层层高等有关。因此，对反弯点法进行改进，称为改进反弯点法或D值法。D是指考虑上述因素后，修正后的柱抗侧移刚度。

$$D = \alpha \frac{12i_c}{h^2}$$

式中　α——反映梁柱线刚度比值对柱侧移刚度的影响系数，当框架梁线刚度为无限大时，$\alpha = 1$。

12. 采用D值法，柱的反弯点位置与反弯点法有所不同。当横梁线刚度与柱线刚度之比不很大时，柱的两端转角相差较大，尤其是最上层和最下几层更是如此，因此其反弯点不一定在柱的中点，它取决于柱上下两端转角：当上端转角不大于下端转角时，反弯点偏于柱上端；反之，则偏于柱下端。

各层反弯点高度计算公式为

$$y = (y_0 + y_1 + y_2 + y_3)h$$

（1）标准反弯点高度比y_0。标准反弯点高度比y_0主要考虑柱线刚度比及楼层位置的影响，它可根据梁柱相对线刚度比k、框架总层数m、该柱所在层数n、荷载作用形式等查表获得。y_0称为标准反弯点高度，它表示各层梁线刚度相同、各层柱线刚度及层高都相同的规则框架的反弯点位置。

（2）上下横梁线刚度不同时的修正值y_1。当某层柱上下横梁线刚度不同时，反弯点位置将相对于标准反弯点发生移动。其修正值为$y_1 h$。y_1可根据上下层横梁线刚度比α_c及k由表查出。对底层柱，当无基础梁时，可不考虑这项修正。

（3）上下层高变化修正值y_2和y_3。当柱所在楼层的上下层高有变化时，反弯点也将偏移标准反弯点位置。若上层较高，反弯点将从标准反弯点上移$y_2 h$；若下层较高，反弯点则向下移动$y_3 h$（此时取为y_3负值）。y_2和y_3可由表查得。

对顶层柱不考虑y_2的修正项，对底层柱不考虑y_3的修正项。

求得各柱的反弯点位置y及按柱的抗侧移刚度D将楼层剪力分配至各柱后，框架在水平荷载作用下的内力计算与反弯点法完全相同。

13. 框架结构在水平荷载作用下的变形由两部分组成：整体弯曲变形和整体剪切变形。整体弯曲变形是由柱弯曲变形所产生的框架变形量；整体剪切变形是由于梁、柱弯曲变形和截面剪切变形引起的。由于框架结构越靠近底层，柱所受剪力越大，所以越靠近底层，层间侧移越大，其侧移曲线与悬臂梁的剪切变形曲线相一致，故称其侧移曲线为剪切型。一般计算中，只考虑梁柱的弯曲变形，而未考虑由于梁柱轴向变形和截面剪切变形引起的结构侧移，上述计算结果可以满足工程设计的精度要求。

14. 对于框架梁，在水平和竖向力的共同作用下，剪力沿梁轴线是线性变化的（在竖向均布荷载作用下），弯矩则成抛物线形式变化，一般取两梁端和跨间最大弯矩处为控制截面。而对于框架柱，弯矩、轴力和剪力沿柱高是线性变化的，因此取各层柱上、下两端截面为控制截面。框架结构的计算简图是以梁、柱的轴线为基准的，所以框架的内力也相应地计算到轴线的位置，但由于梁、柱本身有一定的尺寸，因此梁端的控制截面取在柱的边缘处，而柱端控制截面取在梁的轴线处。

15. 根据规范规定，由可变荷载控制时，框架计算的荷载效应组合可采用简化方法处理，即对所有可变荷载乘以一个确定的组合系数 φ，其表达式为

$$S = \gamma_0 (\gamma_G S_{GK} + \varphi \sum_{i=1}^{n} \gamma_{Qi} S_{Qik})$$

式中　φ——简化公式中的可变荷载的组合系数，一般情况取 0.9，当有一个可变荷载时，取 1.0。

16. 最不利内力组合就是指对截面配筋起控制作用的内力组合，对于同一个控制截面可能有好几组最不利内力组合。对于框架梁，梁端和跨间最不利弯矩处为主要控制截面。梁端的最大正弯矩组合 $+M_{max}$，用于确定梁端正弯矩钢筋的数量，最大负弯矩组合 $-M_{max}$。（绝对值最大）用于确定该截面负弯矩钢筋的数量，最大剪力组合 V_{max} 用于梁端截面受剪承载力的计算。对于跨间最大弯矩处截面的内力组合也是如此。框架柱通常为对称配筋，对于框架柱的最不利内力组合可参照单层工业厂房排架柱的内力组合方式，这样对于框架结构梁、柱某个控制截面的内力组合有：

梁端截面：$+M_{max}$，$-M_{max}$，V_{max}；

梁跨中截面：$+M_{max}$，$-M_{max}$；

柱端截面：$|M|_{max}$ 及相应的 N，V；

N_{max} 及相应的 M，V；

N_{min} 及相应的 M，V。

17. 作用在框架上的可变荷载要考虑其最不利的位置，框架结构某控制截面最不利内力的取得，通常采用以下几种布置可变荷载的方法。

（1）分层分跨计算组合法。该方法是将楼面可变荷载逐跨逐层单独地分别作用在各跨上，然后计算在这一跨荷载作用下框架的内力。因此对于一个多层多跨框架，共有（跨数×层数）种不同的可变荷载布置方式。再根据要求进行内力组合，从而得到控制截面的内力。这种方法的思路比较清晰，但计算量较大，多用于计算机进行框架的内力组合。

（2）最不利荷载位置法。为求某一截面的不利内力，可以利用位移影响线的方法，直接确定产生此最不利内力的可变荷载的布置方式。为求梁跨中最大弯矩，凡使该截面产生正向位移的跨间均布置可变荷载。即在该跨布置可变荷载以外，其他各跨的可变荷载应相间布置成棋盘形状。显然该跨间达到最大弯矩时，也正好使其他布置可变荷载的跨间截面弯矩达到最大值。因此，只要进行两次棋盘式布置，就可求得整个框架中所有梁的跨间最大正弯矩。梁端最大负弯矩和柱端弯矩，也可以利用影响线的方法布置竖向可变荷载，从而求出内力。

（3）满布荷载法。用以上两种方法求各计算截面的最不利内力，计算工作量较大。而满布荷载法把可变竖向荷载同时作用在框架的所有梁上，即不考虑可变荷载的不利分布，计算工作量大大地简化了。用此须对梁的跨中弯矩乘以 1.1～1.3 的调整系数予以提高。当可变竖向荷载产生的内力远小于永久荷载及水平荷载产生的内力时，此法计算精度较好。经验表明，对楼面活荷载标准值不超过 4.0kN/m² 的一般工业与民用多层框架结构，此法的计算精度可以满足工程需要。

18. 梁端弯矩调幅就是把竖向荷载作用下的梁端弯矩按一定的比例下调的过程。梁端弯矩的调幅原因有以下方面：

（1）强柱弱梁是框架结构的基本设计要求，在梁端首先出现塑性铰是允许的。

（2）为了施工方便，也往往希望节点处梁的负弯矩钢筋放得少些。

（3）对于装配整体式框架，可以通过对梁端负弯矩进行调幅的方法，人为地减小梁端负弯矩，减小节点附近梁顶面的配筋量。

设某框架梁 AB 在竖向荷载作用下，梁端的最大负弯矩分别为 M_A，M_B，梁跨中最大正弯矩为 M_C，则调幅以后梁端弯矩 M'_A，M'_B 可取：

$$M'_A = \beta M_A$$
$$M'_B = \beta M_B$$

式中　β——弯矩调幅系数。对于现浇框架，可取 $\beta = 0.8 \sim 0.9$；对于装配整体式框架，可取 $\beta = 0.7 \sim 0.8$。

梁端弯矩调幅后，梁跨中的正弯矩会有所增加，增加后的弯矩可以由该梁的静力平衡条件算出，即调幅后梁端弯矩 M'_A，M'_B 的平均值与跨中最大正弯矩 M'_C 之和应不小于按简支梁计算的跨中弯矩 M_0。

$$\left| \frac{(M'_A + M'_B)}{2} \right| + M'_C \geqslant M_0$$

梁端弯矩的调幅只对竖向荷载作用下的内力进行，即水平力作用下产生的弯矩不参加调幅。因此，弯矩的调幅应在内力组合之前进行。为了使跨中正钢筋的数量不至于过少，通常在梁截面设计时采用跨中设计弯矩值不应小于按简支梁计算的跨中弯矩值的一半。

19.《混凝土结构设计规范》规定，对于梁与柱为刚接的钢筋混凝土框架柱，其计算高度按下列规定取用：

（1）一般多层房屋的钢筋混凝土框架柱。

现浇楼盖底层柱　　　$L_0 = 1.0H$

其他层柱　　　　　　$L_0 = 1.25H$

（这里 H 为柱所在层的框架结构层高）

装配式楼盖底层柱　　$L_0 = 1.25H$

其余各层柱　　　　　$L_0 = 1.5H$

（2）可按无侧移考虑的钢筋混凝土框架结构，如果是非轻质隔墙的多层房屋，当为三跨及三跨以上或为两跨且房屋的总宽度不小于房屋总高度的三分之一时，其各层框架柱的计算长度

现浇楼盖　　　　　　$L_0 = 0.7H$

装配式楼盖　　　　　$L_0 = 1.0H$

（3）不设楼板或楼板上开口较大的多层钢筋混凝土框架柱以及无抗侧向力刚性墙体的单

跨钢筋混凝土框架柱的计算长度，应根据可靠设计经验或按计算确定。

五、计算题

1. 解：首先将原框架分为两个敞口框架，如图 1-50 所示，用弯矩分配法计算这两个敞口框架的杆端弯矩，计算过程见图 1-51、图 1-52，在计算弯矩分配系数时，DG，EH 和 FI 柱的线刚度已乘系数 0.9，这三根柱的传递系数均取 $1/3$，其他杆件的传递系数均为 $1/2$。

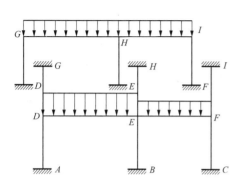

图 1-50　两个敞口框架

图 1-51　计算过程（一）

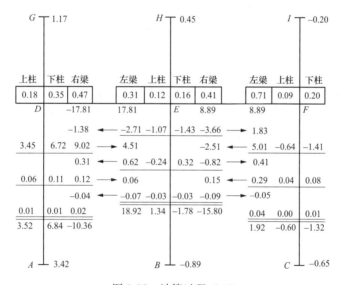

图 1-52　计算过程（二）

根据图 1-51、图 1-52 的分配结果，可计算杆端弯矩。例如对节点 G 而言，由图 1-51 得梁端弯矩为 $-4.82(\mathrm{kN \cdot m})$，柱端弯矩为 $4.82(\mathrm{kN \cdot m})$；而由图 1-52 得柱端弯矩为 $1.17(\mathrm{kN \cdot m})$；则最后得梁、柱端弯矩分别为 $-4.82(\mathrm{kN \cdot m})$ 和 $4.82+1.17=5.99(\mathrm{kN \cdot m})$。显然节点有不平衡弯矩 $1.17(\mathrm{kN \cdot m})$。对此不平衡弯矩再作分配，则梁端弯矩为 $-4.82+(-1.17)\times 0.67=-5.60(\mathrm{kN \cdot m})$，柱端弯矩为 $5.99+(-1.17)\times 0.33=5.60(\mathrm{kN \cdot m})$。对于其他节点如此计算，可得杆端弯矩如图 1-53 所示。另外，为了对分层计算的误差大小有所了解，图 1-53 还给出了考虑框架侧移时的杆端弯矩（括号内的数值可视为精确值）。经过比较，发现用分层法计算的梁端弯矩误差较小，柱端弯矩误差较大。

2. 解：

设底层柱的反弯点在离底 2/3 柱高度处，其他各层柱的反弯点在柱高中点。在反弯点处将柱切开，隔离体见图 1-54。为了绘图方便，本图将各层分别切开求剪力并合成了一个图。

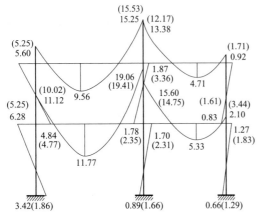

图 1-53　杆端弯矩（单位：kN·m）

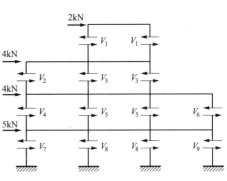

图 1-54　隔离体

柱的剪力用下式

$$V = \frac{d_i}{\sum d_i} \sum P$$

式中　$\sum P$——某反弯点以上所有水平外力作用之和。

顶层柱剪力为

$$V_1 = \frac{1}{1+1} \times 2 = 1 (kN)$$

第 2 层柱剪力为

$$V_2 = \frac{1}{1+2+2} \times (2+4) = 1.2 (kN)$$

第 3 层柱剪力为

$$V_2 = \frac{1}{1+2+2} \times (2+4) = 1.2 (kN)$$

$$V_3 = \frac{2}{1+2+2} \times (2+4) = 2.4 (kN)$$

第 2 层柱剪力为

$$V_4 = \frac{2}{2+3+3+1} \times (2+4+4) = 2.22 (kN)$$

$$V_5 = \frac{3}{2+3+3+1} \times 10 = 3.33 (kN)$$

$$V_6 = \frac{1}{2+3+3+1} \times 10 = 1.11 (kN)$$

底层柱剪力为

$$V_7 = \frac{3}{3+4+4+2} \times (2+4+4+5) = 3.46 (kN)$$

$$V_8 = \frac{4}{3+4+4+2} \times 15 = 4.61 (kN)$$

$$V_9 = \frac{2}{3+4+4+2} \times 15 = 2.31 (kN)$$

图 1-55 是刚架的 M 图。以节点 K 为例，说明柱端和梁端弯矩的计算图 1-56。

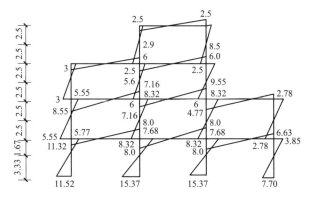

图 1-55　刚架的 M 图（单位：kN·m）　　图 1-56　柱端和梁端弯矩的计算图

柱：$M_{KO} = V_3 \times 2.5 = 2.4 \times 2.5 = 6(\text{kN·m})$

　　$M_{KG} = V_5 \times 2.5 = 3.3 \times 2.5 = 8.32(\text{kN·m})$

节点不平衡弯矩：$M_{KO} + M_{KG} = -6.0 - 8.32 = -14.32(\text{kN·m})$

梁：$M_{KJ} = \dfrac{6}{6+3} \times 14.32 = 9.55(\text{kN·m})$

　　$M_{KL} = \dfrac{3}{6+3} \times 14.32 = 4.77(\text{kN·m})$

3. 解：（1）梁柱线刚度计算。

梁柱线刚度计算见表 1-14。

表 1-14　　　　　　　　　　　梁柱线刚度计算

项目	截面惯性矩 $I(\text{mm}^4)$	线刚度 $i = \dfrac{EI}{l}(\text{N·mm})$	相对线刚度 i
顶层梁	$\dfrac{240 \times 600^3}{12} = 4.32 \times 10^9$	$\dfrac{4.32 \times 10^9}{6500} E = 6.65 \times 10^5 E$	0.787
1~3 层梁	$\dfrac{240 \times 650^3}{12} = 5.49 \times 10^9$	$\dfrac{5.49 \times 10^9}{6500} E = 8.45 \times 10^5 E$	1.000
走道梁	$\dfrac{240 \times 400^3}{12} = 1.28 \times 10^9$	$\dfrac{1.28 \times 10^9}{2700} E = 4.74 \times 10^5 E$	0.561
2~4 层柱	$\dfrac{400 \times 400^3}{12} = 2.13 \times 10^9$	$\dfrac{2.13 \times 10^9}{4000} E = 5.33 \times 10^5 E$	0.631
底层柱	$\dfrac{400 \times 400^3}{12} = 2.13 \times 10^9$	$\dfrac{2.13 \times 10^9}{4500} E = 4.74 \times 10^5 E$	0.561

（2）求各柱的剪力值。各柱剪力值见表 1-15。

表 1-15　　　　　　　　　　　各柱剪力值计算

	柱 DE	柱 IJ	柱 NO	柱 ST	抗侧刚度
第四层	$\overline{K} = \dfrac{1+0.787}{2 \times 0.631} = 1.416$ $D = \dfrac{1.416}{2+1.416} \times 0.631 \times \left(\dfrac{12}{4^2}\right)$ $= 0.262\left(\dfrac{12}{4^2}\right)(\text{kN/m})$ $V = 8 \times \dfrac{0.262}{1.2} = 1.75(\text{kN})$	$\overline{K} = \dfrac{2 \times 0.561 + 1 + 0.787}{2 \times 0.631}$ $= 2.305$ $D = \dfrac{2.305}{2+2.305} \times 0.631 \times \left(\dfrac{12}{4^2}\right)$ $= 0.338\left(\dfrac{12}{4^2}\right)(\text{kN/m})$ $V = 8 \times \dfrac{0.338}{1.2} = 2.25(\text{kN})$	同柱 IJ $V = 2.25\text{kN}$	同柱 DE $V = 1.75\text{kN}$	$\sum D = 1.200 \times$ $\left(\dfrac{12}{4^2}\right)(\text{kN/m})$

	柱 CD	柱 HI	柱 MN	柱 RS	抗侧刚度
第三层	$\overline{K}=\dfrac{1+1}{2\times0.631}=1.585$ $D=\dfrac{1.585}{2+1.585}\times0.631\times\left(\dfrac{12}{4^2}\right)$ $=0.279\left(\dfrac{12}{4^2}\right)(\text{kN/m})$ $V=(8+16)\times\dfrac{0.279}{1.2}=5.33(\text{kN})$	$\overline{K}=\dfrac{2\times(1+0.561)}{2\times0.631}=2.474$ $D=\dfrac{2.474}{2+2.474}\times0.631\times\left(\dfrac{12}{4^2}\right)$ $=0.349\left(\dfrac{12}{4^2}\right)(\text{kN/m})$ $V=(8+16)\times\dfrac{0.349}{1.256}$ $=6.67(\text{kN})$	同柱 HJ $V=6.67\text{kN}$	同柱 CD $V=5.33\text{kN}$	$\sum D=1.256\times$ $\left(\dfrac{12}{4^2}\right)(\text{kN/m})$
	柱 BC	柱 GH	柱 LM	柱 QR	抗侧刚度
第二层	$\overline{K}=\dfrac{1+1}{2\times0.631}=1.585$ $D=0.279\left(\dfrac{12}{4^2}\right)(\text{kN/m})$ $V=(8+16+16)\times\dfrac{0.279}{1.2}$ $=8.88(\text{kN})$	$\overline{K}=\dfrac{2\times(1+0.561)}{2\times0.631}=2.474$ $D=0.349\left(\dfrac{12}{4^2}\right)(\text{kN/m})$ $V=(8+16+16)\times\dfrac{0.349}{1.256}$ $=11.12(\text{kN})$	同柱 GH $V=11.12\text{kN}$	同柱 BC $V=8.88\text{kN}$	$\sum D=1.256\times$ $\left(\dfrac{12}{4^2}\right)(\text{kN/m})$
	柱 AB	柱 FG	柱 KL	柱 PQ	抗侧刚度
第一层	$\overline{K}=\dfrac{1}{0.561}=1.783$ $D=\dfrac{0.5+1.783}{2+1.783}\times0.560\times\left(\dfrac{12}{4.5^2}\right)$ $=0.338\left(\dfrac{12}{4.5^2}\right)(\text{kN/m})$ $V=(8+16+16+18)\times\dfrac{0.338}{1.446}$ $=13.57(\text{kN})$	$\overline{K}=\dfrac{1+0.561}{0.561}=2.783$ $D=\dfrac{0.5+2.783}{2+2.783}\times0.560\times\left(\dfrac{12}{4.5^2}\right)$ $=0.385\left(\dfrac{12}{4.5^2}\right)(\text{kN/m})$ $V=(8+16+16+18)\times\dfrac{0.385}{1.446}$ $=15.43(\text{kN})$	同柱 FG $V=15.43\text{kN}$	同柱 AB $V=8.88\text{kN}$	$\sum D=1.446\times$ $\left(\dfrac{12}{4.5^2}\right)(\text{kN/m})$

（3）求各柱反弯点高度 yh。根据总层数 m，该柱所在层 n，可以得到标准反弯点系数 y_0，再根据上下层横梁线刚度比值及层高变化等因素，可以得到 y_1、y_2、y_3；则各层反弯点高度 $y=(y_0+y_1+y_2+y_3)h$。各层反弯点高度计算见表 1-16。

表 1-16 各层反弯点高度计算

	柱 DE	柱 IJ	柱 NO	柱 ST
第四层	$\overline{K}=1.416$ $\quad y_0=0.37$ $\alpha_1=\dfrac{0.787}{1}=0.787$ $\quad y_1=0$ $\alpha_3=1$ $\quad y_3=0$ $y=0.37+0+0+0=0.37$	$\overline{K}=2.305$ $\quad y_0=0.37$ $\alpha_1=\dfrac{0.787+0.561}{1+0.561}=0.846$ $\quad y_1=0$ $\alpha_3=1$ $\quad y_3=0$ $y=0.42+0+0+0=0.42$	$y=0.42$	$y=0.37$
	柱 CD	柱 HI	柱 MN	柱 RS
第三层	$\overline{K}=1.585$ $\quad y_0=0.45$ $\alpha_1=1$ $\quad y_1=0$ $\alpha_2=1$ $\quad y_2=0$ $\alpha_3=1$ $\quad y_3=0$ $y=0.45+0+0+0=0.45$	$\overline{K}=2.474$ $\quad y_0=0.47$ $\alpha_1=1$ $\quad y_1=0$ $\alpha_2=1$ $\quad y_2=0$ $\alpha_3=1$ $\quad y_3=0$ $y=0.47+0+0+0=0.47$	$y=0.47$	$y=0.45$

续表

	柱 BC		柱 GH		柱 LM	柱 QR
第二层	$\overline{K} = 1.585$	$y_0 = 0.45$	$\overline{K} = 2.474$	$y_0 = 0.47$	$y = 0.47$	$y = 0.45$
	$\alpha_1 = 1$	$y_1 = 0$	$\alpha_1 = 1$	$y_1 = 0$		
	$\alpha_2 = 1$	$y_2 = 0$	$\alpha_2 = 1$	$y_2 = 0$		
	$\alpha_3 = 1$	$y_3 = 0$	$\alpha_3 = 1$	$y_3 = 0$		
	$y = 0.45 + 0 + 0 + 0 = 0.45$		$y = 0.47 + 0 + 0 + 0 = 0.47$			
	柱 AB		柱 FG		柱 KL	柱 PQ
第一层	$\overline{K} = 1.783$	$y_0 = 0.55$	$\overline{K} = 2.783$	$y_0 = 0.55$	$y = 0.55$	$y = 0.55$
	$\alpha_2 = 0.888$	$y_2 = 0$	$\alpha_2 = 0.889$	$y_2 = 0$		
	$y = 0.55 + 0 = 0.55$		$y = 0.55 + 0 = 0.55$			

（4）求出柱上下两端弯矩。上柱 $M_{上} = V(1-y)h$；下柱 $M_{下} = Vyh$。再由节点平衡条件和梁的线刚度比求出各梁端弯矩，即可绘出弯矩图如图 1-57 所示。

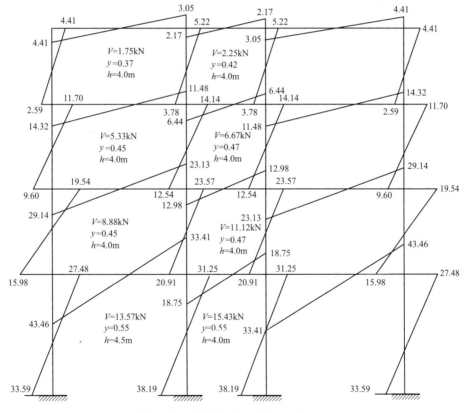

图 1-57 框架弯矩图（单位：kN·m）

第 14 章　高层建筑结构设计概论

内容提要 📍

1. 高层建筑是相对于多层建筑而言的，通常以建筑高度和层数作为衡量指标。我国《高层建筑混凝土结构技术规程》（JGJ 3—2010）规定，10 层及 10 层以上或房屋高度超过 24m 的混凝土结构民用建筑物为高层建筑。

2. 高层建筑有框架结构、剪力墙结构、框架-剪力墙结构和筒体结构等多种结构形式。在水平荷载作用下，其受力特点不同，可根据需要选用不同的抗侧力结构体系。

3. 高层建筑结构平面布置的基本原则是尽量避免结构扭转和局部应力集中，平面宜简单、规则、对称，刚心与质心或形心重合。刚度和承载力分布应均匀，不应采用严重不规则的平面布置。

4. 高层建筑结构竖向布置的基本原则是要求结构的侧向刚度和承载力自下而上逐渐减小，变化均匀、连续，不应突变。不应采用竖向布置严重不规则结构，以避免出现柔软层或薄弱层。

5. 高层建筑的楼盖结构应具有良好的平面内刚度和整体性，保证各抗侧力结构协同工作。一般情况下宜选用现浇楼盖结构或装配整体式楼盖结构。

6. 高层建筑一般宜采用承载力高、整体性好和刚度大的箱形基础或筏形基础，基础应具有一定的埋置深度。

习题 📍

一、填空题

1. 高层结构中，影响结构内力、变形以及造价的主要因素是_____。

2. 剪力墙结构中每个独立剪力墙段的高度与长度之比不应小于_____，墙肢截面高度不宜大于_____m。

3. 7 度和 8 度抗震设计时，短肢剪力墙宜设置_____。

4. 筒中筒结构的高度不宜低于_____m，高宽比不应小于_____，矩形平面的长宽比不宜大于_____。

5. 高层建筑竖向体型应力求规则、均匀，避免有过大的外挑和内收，避免错层和局部夹层，同一层的楼面应尽量设置在_____处。

6. 框架-剪力墙结构中单片剪力墙底部承担的水平剪力不宜超过结构底部总水平剪力的_____。

7. 框架-剪力墙结构中剪力墙宜贯通建筑物全高，且横向和纵向的剪力墙宜_____。

8. 剪力墙结构混凝土强度等级不应低于_____。

9. 框架-剪力墙结构中剪力墙宜贯通建筑物全高，宜避免刚度_____；剪力墙开洞时，洞口宜_____。

10. 剪力墙结构中短肢剪力墙截面厚度不应小于_____。

11. 筒体结构的混凝土强度等级不宜低于_____。

二、选择题

1. 我国《高层建筑混凝土结构技术规程》(JGJ 3—2010)（以下简称《高层规程》）对民用钢筋混凝土高层建筑的定义是（　　）。

    A. 8 层以上   B. 8 层和 8 层以上

    C. 10 层以上   D. 10 层及以上或超过 24m

2. 高层建筑结构的受力特点是（　　）。

    A. 竖向荷载为主要荷载，水平荷载为次要荷载

    B. 水平荷载为主要荷载，竖向荷载为次要荷载

    C. 竖向荷载和水平荷载均为主要荷载

    D. 不一定

3. 在常用的钢筋混凝土高层结构体系中，抗侧刚度最好的体系是（　　）。

    A. 框架结构体系   B. 剪力墙结构体系

    C. 框架-剪力墙结构体系   D. 筒体结构体系

4. 在 7 度地震区建一幢高度为 70m 的高层写字楼，采用结构体系比较好的是（　　）。

    A. 框架结构   B. 剪力墙结构

    C. 框架-剪力墙结构   D. 筒体结构

5. 对于有抗震设防的高层框架结构和框架-剪力墙结构，其抗侧力结构布置要求为（　　）。

    A. 应设计为双向抗侧力体系，主体结构可以采用铰接

    B. 应设计为双向抗侧力体系，主体结构不应采用铰接

    C. 横向应设计为刚性抗侧力体系，纵向可以采用铰接

    D. 纵向应设计为刚性抗侧力体系，横向可以采用铰接

6. 框架结构与剪力墙结构相比较，其特点为（　　）。

    A. 框架结构的延性和抗侧力性能都比剪力墙结构好

    B. 框架结构的延性和抗侧力性能都比剪力墙结构差

    C. 框架结构的延性好，但其抗侧力刚度小

    D. 框架结构的延性差，但其抗侧力刚度大

7. 有抗震设防要求的高层建筑结构中，对防震缝设置正确的叙述是（　　）。

    A. 相邻结构基础存在较大沉降差时，宜减小防震缝的宽度

    B. 防震缝两侧结构体系不同时，缝宽按较高的房屋高度确定

    C. 防震缝可以不沿房屋全高设置

    D. 高层建筑结构中宜调整平面形状和结构布置，避免结构不规则，不设防震缝

8. 高层现浇剪力墙结构伸缩缝的最大间距是（　　）。

    A. 45   B. 55   C. 60   D. 65

9. 在剪力墙结构体系中布置剪力墙时，《高层规程》要求单片剪力墙的长度不宜过大，总高度与长度之比应小于 2，从结构概念考虑，正确的为（　　）。

    A. 施工难度较大   B. 为了减少投资成本

    C. 为了减小施工难度   D. 为了避免脆性剪力破坏

10. 设防烈度为 8 度的现浇高层框架-剪力墙结构，其横向剪力墙的间距应符合的规定

为（　　　）。

　　A. ≤2.5B，且≤30m　　　　　　B. ≤3B，且≤30m

　　C. ≤3B，且≤40m　　　　　　　D. ≤4B，且≤40m

11. 在设计筒中筒结构时，正确的叙述为（　　　）。

　　A. 矩形平面的长宽比不宜大于2

　　B. 为了增强立面效果，空腹筒的开孔率不宜小于70%

　　C. 结构平面刚度可不均匀，竖向可有较大高差

　　D. 为满足结构受力要求，实腹筒的平面面积应尽量地大

12. 在剪力墙的结构布置时，不正确的叙述为（　　　）。

　　A. 剪力墙门洞口宜上下对齐

　　B. 墙肢的截面高度与其厚度之比不宜小于3

　　C. 剪力墙可只在一个主轴方向布置

　　D. 较长剪力墙可用楼板或小截面连梁分隔，且每个墙段的高度与长度之比不应小于2

13. 原框架结构中增加了若干榀剪力墙后，对结构抗震而言下列说法正确的是（　　　）。

　　A. 整个结构更安全

　　B. 下部楼层中的框架可能不安全

　　C. 上部楼层中的框架可能不安全

　　D. 整个结构均不安全

三、判断题

1. 一般情况下，高层建筑的平面外形宜简单、规则、对称。结构布置宜对称、均匀，尽量使结构抗侧刚度中心、建筑平面形心、建筑物质量中心重合，以减小扭转。　（　　　）

2. 高层结构在水平风荷载和地震作用下，结构产生的顶点侧移与高度的四次方成正比。
　　　　　　　　　　　　　　　　　　　　　　　　　　　　　　　　　　　（　　　）

3. 高度为250m及250m以上的建筑，楼层层间最大位移与层高之比的限值是1/550。
　　　　　　　　　　　　　　　　　　　　　　　　　　　　　　　　　　　（　　　）

4. 剪力墙结构体系中剪力墙只承受水平荷载。　　　　　　　　　　　　　　（　　　）

5. 核心筒的刚度除与筒壁厚度有关外，还与筒的平面尺寸有关，筒的平面尺寸越大，抗侧高度越大。　　　　　　　　　　　　　　　　　　　　　　　　　　　　（　　　）

6. 高层结构分析时，为简化计算，一般认为楼盖结构在自身平面内刚度无限大。　（　　　）

7. 对高层建筑和高耸结构的风荷载，可以不考虑风压脉动对结构的影响。　　（　　　）

8. 对于一般不超过40m，以剪切变形为主且质量、刚度沿高度分布均匀的高层建筑，计算地震作用时可采用底部剪力法。　　　　　　　　　　　　　　　　　　　　（　　　）

9. 单片剪力墙长度不宜过长，原因是墙肢过长会使其刚度剧增，易发生剪切破坏。
　　　　　　　　　　　　　　　　　　　　　　　　　　　　　　　　　　　（　　　）

10. 框架-剪力墙结构应设计成双向抗侧力体系，抗震设计时，两个主轴方向都应设置框架及剪力墙。　　　　　　　　　　　　　　　　　　　　　　　　　　　　　　（　　　）

11. 高层建筑结构沿竖向的强度和刚度宜下大上小，逐渐均匀变化。　　　　（　　　）

12. 框架-剪力墙结构中剪力墙宜均匀布置在建筑物的周边附近、楼梯间、电梯间、平面形状变化及恒载较大的部位，剪力墙间距不宜过大。　　　　　　　　　　　　（　　　）

13. 框架-剪力墙结构抗震设计时，剪力墙各主轴方向的侧向刚度可以相差很大。　（　　　）

四、问答题

1. 高层建筑结构有哪几种结构体系？每种结构体系的优缺点及其应用范围如何？

2. 为什么要控制高层建筑的高宽比？

3. 结构平面布置和竖向布置中各应考虑哪些问题？应如何处理沉降缝、伸缩缝和防震缝？

4. 框架结构、剪力墙结构各有几种承重方案？各种承重方案的优缺点及应用范围如何？框架-剪力墙结构布置中应注意哪些问题？

5. 高层建筑结构设计中要考虑哪些荷载或作用？

6. 在高层建筑结构计算中，假定楼盖在自身平面内为绝对刚性有何意义？如果楼盖不满足绝对刚性的假定，计算中应如何考虑？

7. 在框架-剪力墙结构中，框架和剪力墙各起什么作用？在水平荷载作用下，其变形有何特点？

参考答案

一、填空题

1. 侧向力；

2. 2，8；

3. 翼缘；

4. 80，3，2；

5. 在同一标高处；

6. 40%；

7. 相连；

8. C20；

9. 突变，上下对齐；

10. 200mm；

11. C30。

二、选择题

1. D；2. B；3. D；4. C；5. B；6. C；7. D；8. A；9. D；10. C；11. A；12. C；13. C。

三、判断题

1. √；2. √；3. ×；4. ×；5. √；6. √；7. ×；8. √；9. √；10. √；11. √；12. √；13. ×。

四、问答题

1. （1）框架结构体系的优点是建筑平面布置灵活，能获得较大空间（特别适用于商场、餐厅等），也可以按需要做成小房间；建筑立面容易处理；结构自重较轻；计算理论比较成熟；在一定高度范围内造价较低。框架结构的缺点是侧向刚度小，水平荷载作用下侧移较大。因此，采用框架结构时应注意控制建筑物的高度。现浇钢筋混凝土框架房屋的高度可以控制在 60m 以下。当设防烈度为 7 度、8 度、9 度时，其高度可分别为 55m、45m 和 25m 以下。

（2）剪力墙结构体系房屋的楼板直接支承在墙上，房间墙面平整，特别适用于住宅、宾馆等建筑；剪力墙的承载力和侧向刚度均很大，侧向变形较小。在我国，剪力墙结构房屋的高度控制在 140m 以下；当设防烈度为 7 度、8 度、9 度时，其高度可分别为 120m、100m 和 60m 以下。剪力墙结构的缺点是结构自重较大；建筑平面布置局限性较大，较难获得大的建筑空间。

（3）框架-剪力墙结构体系的特点是以框架为主，并布置一定数量的剪力墙，其中剪力墙承担大部分水平荷载，框架只承担较小一部分。所以框架-剪力墙结构房屋比框架结构房屋的水平承载力和侧向刚度都有所提高，可应用于10～20层的办公楼、科研教学楼、医院和宾馆等建筑中。在我国，框架-剪力墙结构房屋的高度可应用于130m以下；当地震设防烈度为7度、8度、9度时，其高度宜分别控制在120m、100m和50m以下。

（4）筒体结构体系是指由一个或几个筒体作为竖向结构的高层房屋结构体系。筒体结构体系中，用钢筋混凝土剪力墙围成的筒体称为实腹筒；由布置在房屋四周的密排柱与高跨比很大的窗裙梁形成的密柱深梁框架围成的筒体称为框筒。

（5）框架-筒体结构体系是由若干个框架与筒体共同组成的体系，其中筒体主要承受水平荷载，框架主要承受竖向荷载，这种结构兼有框架结构和筒体结构的优点，建筑平面布置灵活，侧向刚度和水平承载力大，应用比较广泛。

（6）刚臂-芯筒体系是为提高框架-筒体结构的侧向刚度，减小水平荷载下内筒的弯矩和变形，沿高度每隔20层左右，在设备层或结构转换层，伸出纵横向刚臂与结构的外圈框架相连，并沿外圈框架设置一层楼高的圈梁或桁架，形成刚臂-芯筒体系。

2. 控制结构高宽比是由于房屋的高宽比越大，水平荷载作用下的侧移越大，引起的倾覆作用越严重。因此，应控制房屋的高宽比 H/B，避免设计高宽比很大的建筑物。此处 H 是指地面到房屋檐口的高度，B 是建筑物平面短方向的总宽度。《高层规程》规定，高层建筑的高宽比不宜超过表1-17的限值。

表1-17　　　　　　　　　钢筋混凝土高层建筑结构适用的最大高宽比

结构体系	非抗震设计	抗震设防烈度		
		6度，7度	8度	9度
框架	5	4	3	—
框板柱-剪力墙	6	5	4	
框架-剪力墙、剪力墙	7	6	5	4
框架-核心筒	8	7	6	4
筒中筒	8	8	7	5

3. 房屋平面宜简单、规则、对称、尽量减少复杂受力和扭转受力。对有抗震设防要求的多、高层建筑，其平面形状以方形、矩形和圆形为最好；不宜采用有较长翼缘的L形、T形、十字形和Y形等对抗震不利的平面形状。同时，为满足城市规划等多方面要求，建筑平面不是完全规则、简单时，其有关尺寸应符合有关要求。高层建筑的竖向体型宜规则、均匀，避免有过大的外挑和内收。结构的侧向刚度宜下大上小，逐渐均匀变化，不应采用竖向布置严重不规则的结构。

在结构总体布置中，考虑到沉降、温度变化和体型复杂对结构的不利影响，可用沉降缝、伸缩缝和防震缝将结构分成若干独立的部分。但是设缝后，构造复杂，施工不易，因此高层建筑中尽量不设缝。满足下列要求时，可以不设缝：

（1）沉降缝。

当采用以下措施后，主体与裙房之间可不设沉降缝：①采用桩基，桩支承在基岩上；或采取减少沉降的有效措施并经计算，沉降差在允许范围内。②主楼与裙房采用不同的基础形式,并宜先施工主楼,后施工裙房,调整土压力使后期沉降基本接近。③地基承载力较高、沉降计算较为可靠时,主楼与裙房的标高预留沉降差,先施工主楼,后施工裙房,使两者最终标高一致。对后两种情况,施工时应在主楼与裙房之间先留出后浇带,待沉降基本稳定后再连为一体。

(2) 伸缩缝。

当采用以下的构造和施工措施时,可增大伸缩缝的间距或不设缝:①在房屋的顶层、底层、山墙和内纵墙端开间等部位提高配筋率。②在屋顶加强保温隔热措施或采用架空通风屋面等。③房屋顶部数层改为刚度较小的结构形式,或顶部设局部温度缝将结构划分为长度较短的区段。④每隔 30~40m 留出施工后浇带,带宽 800~1000mm。

(3) 防震缝。

避免设防震缝的方法有:①优先采用布置简单,突出翼缘长度不大的塔式楼。②采取加强结构整体性的措施,例如加强连接处楼板配筋,避免在连接部位的楼板内开洞,并在连接部位设剪力墙或筒体。

对有抗震设防要求的高层建筑,如需设沉降缝或伸缩缝,其缝宽亦应满足有关要求,并尽可能使三缝合一。

4.(1) 框架结构承重方案。

1) 横向框架承重。主梁沿房屋横向布置,板和连系梁沿纵向布置。由于竖向荷载主要由横向框架承受,横梁截面高度较大,有利于增加横向刚度,实际应用较多。

2) 纵向框架承重。主梁沿房屋纵向布置,板和连系梁沿横向布置。这种方案对地基较差的狭长房屋有利,横向连系梁高度较小,有利于楼层净高有效利用,缺点是横向刚度小。

3) 纵横向框架承重。纵横向都布置承重框架,楼盖采用双向板或井式楼盖,当柱网平面为方形或接近方形时,多采用此种方式。

(2) 剪力墙结构承重方案。

1) 小开间横墙承重。此方案适用于住宅、旅馆等要求小开间的建筑,可以省去砌筑墙体,但混凝土墙体承载力未充分利用,在 15 层以下建筑中,墙体多为构造配筋,建筑布置不灵活,房屋自重和侧向刚度大,自振周期短,水平地震作用大。

2) 大间距横墙承重。一般两开间设置一道混凝土承重横墙,楼盖多采用梁式板或无黏结预应力混凝土平板,使用空间大,布置灵活,但楼盖跨度大,用材较多。

3) 大间距纵横墙承重。横墙布置与 2) 大体相同,楼盖采用现浇混凝土双向板,或横墙间布置一根进深梁,支承在纵墙上,形成纵横向承重。

从使用功能、技术经济指标、结构受力性能等方面看,大间距方案比小间距方案优越,因此,目前趋于采用大进深,大模板,无黏结预应力混凝土楼盖的剪力墙结构体系,以满足多用途和灵活隔断的要求。

(3) 框架-剪力墙结构布置中应注意的问题。

1) 剪力墙的数量。结构底部剪力墙承担的总弯矩值不应小于总倾覆力矩的 50%,否则,说明剪力墙数量过少,其受力性能与框架结构相当。但剪力墙数量也不能过多,这样会使地震作用增加,多数地震力被剪力墙吸收,框架作用不明显,造成浪费。

2) 剪力墙的布置原则。横向剪力墙应均匀布置在结构端部附近,楼电梯间、平面形状变化及恒载较大处,以增强抗扭能力,同时满足规范规定的最大间距要求。纵向剪力墙宜布置在结构单元的中间区段,房屋较长时,不宜集中在两端布置纵向剪力墙。剪力墙宜带边框,并互相连接，贯通建筑物全高。

5. 作用在多、高层建筑上的荷载有竖向荷载和水平荷载。竖向荷载包括永久荷载和可变荷载，水平荷载包括风荷载和水平地震荷载作用。

在高层建筑中，尽管竖向荷载仍对结构设计产生重要影响，水平荷载却起着决定性的作用。随着建筑物高度的增加，水平荷载愈益成为结构设计的控制因素。

6. 计算高层建筑结构的内力和位移时，一般情况下可假定楼盖在自身平面内为绝对刚性，楼盖将各抗侧力结构连成整体而协同工作。按此假定，水平荷载作用下高层建筑中的楼盖只作刚性位移，这时所有抗侧力结构在每一楼盖只有水平位移 u、v，和扭转角 θ 三个自由度；当结构不发生扭转时，则 $\theta=0$；又当只有一个方向的水平荷载作用时，结构在一层楼盖就只有一个方向的水平位移（u 或 v），即只有一个自由度，使结构计算大为简化。

如采用刚性楼盖假定，相应要在设计中按规定采取保证楼盖整体刚度的构造措施。当楼盖整体刚性较弱、楼盖有大开孔、楼盖有较长的外伸段时，楼盖在自身平面内的变形会使刚度较小的抗侧力结构分配的水平力增大。此时刚性楼盖的假定不适用，计算中宜采用考虑楼盖平面内刚度的计算方法，或对采用楼盖刚度无限大假定计算方法的计算结果进行调整。

7. 框架-剪力墙结构中，由于剪力墙刚度大，剪力墙将承担大部分水平力（有时可高达总水平力的 $80\%\sim90\%$），是抗侧力的主体，整个结构的侧向刚度大大提高，框架则主要承担竖向荷载，同时也承担小部分水平力。

在水平荷载作用下，框架呈剪切型变形，剪力墙则呈弯曲型变形。当两者通过楼板协同工作共同抵抗水平荷载时，框架与剪力墙的变形必须保持协调一致，因而框架-剪力墙结构的侧向变形将呈弯剪型，其上下各层层间变形趋于均匀，并减小了顶点侧移，同时框架各层层间剪力、梁柱截面尺寸和配筋也趋于均匀。

第二部分

模拟试题

扫一扫

模拟试题参考答案

模拟试题(一)

科目:混凝土结构设计原理

一、填空题（每空 1 分，共 14 分）

(1) 有明显屈服点和无明显屈服点的钢筋强度设计值分别是以＿＿＿＿＿强度和＿＿＿＿＿为依据确定的。

(2) 钢筋混凝土中常用的 HRB400 级钢筋代号中数字 400 表示＿＿＿＿＿。

(3) 受弯构件的受剪承载力随剪跨比的增大而＿＿＿＿＿，随配箍率和箍筋强度的增大而＿＿＿＿＿。

(4) 建筑结构的功能要求有安全性、＿＿＿＿＿性和＿＿＿＿＿性三项内容。

(5) 计算结构可靠度所依据的时间参数称为＿＿＿＿＿。

(6) 结构构件承载力极限状态的目标可靠指标 $[\beta]$ 与结构的安全等级和＿＿＿＿＿有关。

(7) 钢筋混凝土轴心受压构件承载力计算公式为 $N \leqslant 0.9\varphi(f_c A + f'_y A'_s)$，其中 φ 主要与构件的＿＿＿＿＿＿＿＿＿＿有关。

(8) 钢筋和混凝土两种材料能够有效地结合在一起共同工作的前提条件是＿＿＿＿＿＿＿＿。

(9) 钢筋混凝土受弯构件斜截面受剪承载力计算公式是依据＿＿＿＿＿破坏建立的。

(10) 预应力钢筋的应力松弛损失是由于钢筋受力后在长度不变的条件下，其应力随时间的增长而＿＿＿＿＿＿＿＿＿。

(11) 先张法预应力混凝土构件的第一批预应力损失包括＿＿＿＿＿＿＿＿＿＿。

二、判断题（每小题 1 分，共 10 分）

(1) 冷拉可以提高钢筋的抗拉及抗压强度。　　　　　　　　　　　（　　）

(2) 钢筋混凝土受弯构件超筋破坏时，受压混凝土达到极限压应变，受拉钢筋也屈服。

（　　）

(3) 采用螺旋箍筋约束混凝土既可以提高其抗压强度，也可以提高其变形能力。（　　）

(4) 混凝土的徐变与其应力水平无关。　　　　　　　　　　　　　（　　）

(5) 结构可靠指标 β 越大，结构失效概率 P_f 越大。　　　　　　（　　）

(6) 荷载分项系数取值在任何情况下都大于 1。　　　　　　　　　（　　）

(7) 矩形截面偏心受压构件相对偏心距较大时，一定发生大偏心受压破坏。（　　）

(8) 在钢筋混凝土剪扭构件的承载力计算中，对混凝土的抗力部分考虑剪扭相关性，对钢筋的抗力部分采用叠加的方法计算。 （　　）

(9) 减少先张法预应力混凝土构件由于温差引起的预应力损失，可采用二阶段升温的方法。 （　　）

(10) 施加预应力可以提高轴心受拉构件的承载力。 （　　）

三、单项选择题（每小题 1 分，共 10 分）

(1) 对于混凝土立方体抗压强度标准值而言，以下关于龄期和保证率的表达中，（　　）是对的。

　　A. 龄期为 21 天，保证率为 84.13%

　　B. 龄期为 21 天，保证率为 95%

　　C. 龄期为 28 天，保证率为 95%

　　D. 龄期为 28 天，保证率为 97.73%

(2) 对于混凝土各种强度标准值之间的关系，下列（　　）是正确的。

　　A. $f_{ck} > f_{cu,k} > f_{tk}$　　　　　　　　　　　B. $f_{cu,k} > f_{ck} > f_{tk}$

　　C. $f_{cu,k} > f_{tk} > f_{ck}$　　　　　　　　　　　D. $f_{ck} > f_{tk} > f_{cu,k}$

(3) 以下（　　）模式是建立钢筋混凝土构件正截面受弯承载力计算公式的基础。

　　A. 超筋破坏　　　　　　　　　　　B. 少筋破坏

　　C. 适筋破坏　　　　　　　　　　　D. 剪压破坏

(4) 小偏心受压构件破坏时，远离纵向力一侧的纵筋，如为受拉，则（　　）。

　　A. 会剪断　　　　　　　　　　　B. 可进入强化阶段

　　C. 不会屈服　　　　　　　　　　　D. 可以屈服

(5) 对于钢筋混凝土矩形截面偏心受拉构件正截面受拉承载力计算，以下叙述正确的是（　　）。

　　A. 对于小偏心受拉，如果采用对称配筋，构件破坏时只有一侧钢筋能够达到屈服

　　B. 对于大偏心受拉，构件破坏时截面上不会有受压区

　　C. 当轴向拉力 N 作用于构件截面以内时，发生小偏心受拉破坏

　　D. 偏心受拉构件同偏心受压构件一样，计算时应考虑二阶效应

(6) 对矩形截面的一般受弯构件，当满足 $V \leqslant 0.7 f_t b h_0$ 时，说明（　　）。

　　A. 梁可能发生斜拉破坏　　　　　　　　　　　B. 箍筋可按构造要求配置

　　C. 箍筋需按计算确定　　　　　　　　　　　D. 截面尺寸过小

(7) 钢筋混凝土纯扭构件，受扭纵筋和受扭箍筋的配筋强度比为 $0.6 \leqslant \zeta \leqslant 1.7$，当构件发生受扭破坏时，以下叙述正确的是（　　）。

　　A. 受扭纵筋和受扭箍筋都能达到屈服强度

　　B. 仅受扭纵筋能够达到屈服强度

　　C. 仅受扭箍筋能够达到屈服强度

　　D. 受扭纵筋和受扭箍筋都达不到屈服强度

(8) 先张法预应力混凝土轴心受拉构件，当计算混凝土截面最终建立的有效预压应力 σ_{pcII} 时采用（　　）。

　　A. 构件毛截面面积 $A = bh$

　　B. 混凝土截面面积 $A_c = A - A_p - A_s$

  C. 构件净截面面积 $A_n = A_c + \alpha_{Es} A_s$

  D. 构件换算截面面积 $A_0 = A_c + \alpha_{Es} A_s + \alpha_E A_p$

（9）对于预应力混凝土轴心受拉构件，严格要求不裂时应满足的条件为（　　）。

  A. $\sigma_{ck} - \sigma_{pc} \leqslant 0$ B. $\sigma_{ck} - \sigma_{pc} \leqslant f_{tk}$

  C. $\sigma_{cq} - \sigma_{pc} \leqslant 0$ D. $\sigma_{cq} - \sigma_{pc} \leqslant f_{tk}$

（10）对结构构件进行承载能力极限状态计算或正常使用极限状态验算时，荷载和材料强度取值应为（　　）。

   A. 承载能力计算时，荷载取设计值，材料强度取设计值

   B. 承载能力计算时，荷载取设计值，材料强度取标准值

   C. 裂缝宽度和变形验算时，荷载取标准值，材料强度取设计值

   D. 裂缝宽度和变形验算时，荷载取设计值，材料强度取标准值

四、简答题（每小题 6 分，共 36 分）

（1）简述一次短期加载时，混凝土应力-应变曲线的特点。

（2）简述钢筋混凝土梁正截面的三种破坏形态及特点。

（3）试解释混凝土构件最大裂缝宽度计算公式 $\omega_{max} = \alpha_{cr} \psi \dfrac{\sigma_{sq}}{E_s} \left(1.9 c_s + 0.08 \dfrac{d_{eq}}{\rho_{te}} \right)$ 中 α_{cr}，

ψ，σ_{sq}，E_s，c_s，d_{eq}，ρ_{te} 的含义。

（4）简述大、小偏心受压构件的破坏特征，以及判别大、小偏心受压破坏的条件。

（5）钢筋混凝土受弯构件斜截面剪切破坏的主要形态有几种？各自发生的条件是什么？

（6）什么是张拉控制应力？为什么要规定张拉控制应力的上限值？

五、计算题（每小题 10 分，共 30 分）

1. 已面矩形截面梁，截面尺寸为 $b \times h = 200mm \times 500mm$，混凝土强度等级为 C30，保护层厚度为 25mm，采用 HRB400 钢筋，弯矩设计值 $M = 250kN \cdot m$。试求所需钢筋面积。（$a_s = 60mm$，$f_c = 14.3N/mm^2$，$f_t = 1.43N/mm^2$，$f_y = 360N/mm^2$，$f_y' = 360N/mm^2$，$\xi_b = 0.518$，$\alpha_1 = 1.0$）

2. 钢筋混凝土矩形截面简支梁，截面尺寸 $b \times h = 200mm \times 500mm$。两端支承在砖墙上，净跨 5.74m。梁承受均布荷载设计值 $p = 38kN/m$（包括梁自重）。混凝土强度等级为 C20，箍筋采用 HPB300 级，$a_s = a_s' = 35mm$。若此梁只配置箍筋，试确定箍筋的直径和间距。

注：（1）$f_c = 9.6N/mm^2$，$f_t = 1.1N/mm^2$，$\beta_c = 1.0$；箍筋最小直径为 6mm，最大间距为 200mm；

（2）$f_{yv} = 270N/mm^2$，$\phi 6$ 箍筋，$A_{sv1} = 28.3\ mm^2$；$\phi 8$ 箍筋，$A_{sv1} = 50.3\ mm^2$；

（3）当 $\dfrac{h_w}{b} \leqslant 4$ 时，应满足 $V \leqslant 0.25 \beta_c f_c b h_0$；

（4）$\rho_{sv,min} = 0.24 \dfrac{f_t}{f_{yv}}$；

（5）$V_u = 0.7 f_t b h_0 + f_{yv} h_0 \dfrac{n A_{sv1}}{s}$。

3. 钢筋混凝土偏心受压柱，计算长度 $l_0 = 4.375m$，截面尺寸为 $b \times h = 300mm \times 400mm$，混凝土强度等级为 C25，纵筋采用 HRB400 级钢筋，截面承受的轴向压力设计值 $N = 320kN$，柱顶截面弯矩设计值为 $M_1 = 150.4kN \cdot m$，柱底截面弯矩值弯矩设计值为 $M_2 = 160kN \cdot m$。

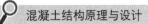

$a_{\text{s}}=a_{\text{s}}'=40\text{mm}$。柱端弯矩已在结构分析时考虑侧移二阶效应。柱挠曲变形为单曲率。弯矩作用平面内柱上下两端的支撑长度为 3.5m。求钢筋的截面面积 A_{s} 和 A_{s}'。

注：（1）$f_{\text{y}}=f_{\text{y}}'=360\text{N/mm}^2$；

（2）$f_{\text{c}}=11.9\text{N/mm}^2$，$\alpha_1=1.0$；

（3）$\xi_{\text{b}}=0.518$；

（4）$e_{\text{a}}=20\text{mm}$；

（5）$\alpha_{\text{s}}=\xi(1-0.5\xi)$；

（6）截面一侧最小配筋率 $\rho_{\text{min}}'=\rho_{\text{min}}=0.002$，截面总配筋率应满足 $\rho\geqslant0.005$。

模拟试题(二)

科目：混凝土结构设计原理

一、填空题 (每空 1 分，共 20 分)

1. 钢筋与混凝土之间的黏结力由以下三部分组成：混凝土中水泥凝胶体与钢筋表面的_____、钢筋与混凝土接触面间的_____，以及钢筋表面粗糙不平的机械咬合力。

2. 有明显流幅的热轧钢筋，有两个强度指标，一个是屈服强度，另一个是_____。

3. 轴心受压构件承载力设计表达式为 $N \leqslant N_u = 0.9\varphi(f_c A + f'_y A'_s)$，其中 φ 称为_____，影响该系数的主要因素是_____。

4. 无明显流幅钢筋的条件屈服强度是指_____。

5. 结构的可靠性包括_____性、_____性和耐久性。

6. 结构的可靠指标 β 越大，失效概率 p_f _____。

7. 在适筋梁正截面受力的整个过程中，第 Ⅱ 阶段是_____验算的依据，Ⅲ$_a$ 状态是_____的计算依据。

8. 某钢筋混凝土梁发生斜截面剪切破坏，其破坏特征是箍筋先达到屈服强度，然后剪压区的混凝土达到复合受力时的极限强度而破坏，则这种破坏形态称为_____。

9. 在双筋梁正截面承载力计算中，当不满足 $x \geqslant 2a'_s$ 时，说明_____。

10. 在偏心受压长柱正截面受压承载力计算中，由于柱纵向弯曲引起的截面附加弯矩可通过_____来考虑。

11. 对称配筋小偏心受压构件正截面承载力计算中，当弯矩设计值 M 一定时，减小轴向力 N，所需的纵向钢筋量将_____。

12. 工程中受扭构件通常通过配置_____与_____两种钢筋，从而与混凝土组成空间骨架来承担扭矩。

13. 后张法构件的预应力钢筋和混凝土之间依靠_____传递预应力。

14. 产生预应力钢筋松弛损失的原因是钢筋受力后在长度不变的条件下，其应力随时间的增长而_____。

15. 减小预应力钢筋与张拉台座间温差引起的预应力损失 σ_{l3} 的措施为_____。

二、判断题 (每小题 1 分，共 10 分)

1. 结构的承载能力极限状态和正常使用极限状态计算中，都采用荷载设计值，因为这样偏于安全。 （   ）

2. 在钢筋混凝土剪扭构件的承载力计算中，对混凝土的抗力部分考虑剪扭相关关系，对钢筋的抗力部分采用叠加的方法计算。 （   ）

3. 不同强度等级的混凝土，强度等级越高，其变形能力越强。 （   ）

4. 混凝土保护层厚度是指最外排纵筋外边缘到截面混凝土边缘的距离。 （   ）

5. 钢筋混凝土受弯构件当箍筋用量过多且剪跨比 $\lambda < 1$ 时，易发生斜截面斜拉破坏。 （   ）

6. 矩形截面单筋梁复核中，当计算的受压区高度 $x > \xi_b h_0$ 时，说明受拉钢筋配置过少。
（　　）

7. 与同条件的普通混凝土构件相比，施加预应力可以提高轴心受拉构件的受拉承载力。
（　　）

8. 混凝土非均匀受压时，用等效矩形应力图形代替实际的曲线应力图形的等效原则是：混凝土压应力的合力大小相等、合力的作用位置不变。（　　）

9. 严格要求不出现裂缝的轴心受拉构件，要求在荷载效应的标准组合下满足 $\sigma_{ck} - \sigma_{pc} \leqslant 0$。
（　　）

10. 大偏心受压与小偏心受压构件破坏的根本区别在于受压钢筋是否屈服。（　　）

三、单项选择题（每小题 1.5 分，共 12 分）

1. 当受弯构件的变形过大时，采取下面（　　）措施对减小变形最有效。
   A. 增大受拉钢筋截面面积　　　　　　B. 提高构件的混凝土强度等级
   C. 增大构件截面高度　　　　　　　　D. 提高构件的钢筋强度等级

2. 一对称配筋钢筋混凝土大偏心受压构件，下面（　　）内力所需配筋量最大。
   A. $N = 300$kN，$M = 160$kN·m　　　B. $N = 360$kN，$M = 160$kN·m
   C. $N = 300$kN，$M = 150$kN·m　　　D. $N = 250$kN，$M = 180$kN·m

3. 下列（　　）不属于超过了正常使用极限状态。
   A. 吊车梁发生过大变形，使吊车不能平稳运行
   B. 厂房因振动过大而影响产品质量
   C. 水池开裂漏水，梁裂缝过宽使钢筋锈蚀
   D. 结构或结构构件丧失稳定（如压屈等）

4. 钢筋混凝土纯扭构件，受扭纵筋和受扭箍筋的配筋强度比为 $0.6 \leqslant \zeta \leqslant 1.7$，当构件发生受扭破坏时，以下叙述正确的是（　　）。
   A. 受扭纵筋和受扭箍筋都能达到屈服强度
   B. 仅受扭纵筋能够达到屈服强度
   C. 仅受扭箍筋能够达到屈服强度
   D. 受扭纵筋和受扭箍筋都达不到屈服强度

5. 混凝土在三向受压应力状态下，与单向受压相比，以下说法正确的是（　　）。
   A. 复合抗压强度提高，变形能力提高
   B. 复合抗压强度降低，变形能力提高
   C. 复合抗压强度提高，变形能力降低
   D. 复合抗压强度降低，变形能力降低

6. 对于钢筋混凝土矩形截面偏心受拉构件正截面受拉承载力计算，以下叙述正确的是（　　）。
   A. 对于小偏心受拉，如果采用对称配筋，构件破坏时只有一侧钢筋能够达到屈服
   B. 对于大偏心受拉，构件破坏时截面上不会有受压区
   C. 当轴向拉力 N 作用于构件截面以外时，发生小偏心受拉破坏
   D. 偏心受拉构件同偏心受压构件一样，计算时应考虑二阶效应

7. 后张法预应力混凝土构件的第一批预应力损失为（　　）。
   A. $\sigma_{l1} + \sigma_{l2} + \sigma_{l3}$　　　　　　B. $\sigma_{l1} + \sigma_{l3} + \sigma_{l4}$

C. $\sigma_{l1} + \sigma_{l2}$ D. $\sigma_{l4} + \sigma_{l5}$

8. 对钢筋混凝土单筋 T 形截面梁进行截面设计时，满足下列（　　）条件，可判别为第一类 T 形截面。

A. $f_y A_s > \alpha_1 f_c b_f' h_f'$ B. $M > \alpha_1 f_c b_f' h_f' \left(h_0 - \dfrac{h_f'}{2} \right)$

C. $M \leqslant \alpha_1 f_c b_f' h_f' \left(h_0 - \dfrac{h_f'}{2} \right)$ D. $f_y A_s \leqslant \alpha_1 f_c b_f' h_f'$

四、简答题（每小题 6 分，共 30 分）

1. 简述受弯构件正截面受弯破坏的三种破坏形态及其发生的条件和破坏特点。

2. 什么是混凝土的徐变？什么是线性徐变、非线性徐变？徐变对结构有何影响？

3. 解释最大裂缝宽度计算公式 $\omega_{\max} = \alpha_{cr} \psi \dfrac{\sigma_{sq}}{E_s} \left(1.9 c_s + 0.08 \dfrac{d_{eq}}{\rho_{te}} \right)$ 中各参数的含义，并对照公式分析有哪些措施可以减小裂缝宽度。

4. 什么是受弯构件挠度计算的最小刚度原则？依据该原则说明计算图 2-1 所示两跨连续梁挠度时梁截面的刚度取法。

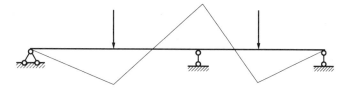

图 2-1　两跨连续梁

5. 简述影响钢筋混凝土受弯构件斜截面受剪承载力 V_u 的主要因素，并说明各因素是如何影响 V_u 的。

五、计算题（10 分＋8 分＋10 分＝28 分）

1. 矩形截面简支梁，$b = 200\text{mm}$，$h = 500\text{mm}$，弯矩设计值 $M = 156\text{kN·m}$，纵向钢筋采用 HRB400 级（$f_y = 360\text{N/mm}^2$），混凝土强度等级为 C25（$f_c = 11.9\text{N/mm}^2$），$a_s = a_s' = 35\text{mm}$，已知受压钢筋为 2⌀16（$A_s' = 402\text{mm}^2$）。要求：按双筋受弯构件计算所需纵向受拉钢筋的截面面积 A_s。

注：$\xi_b = 0.518$，$\alpha_1 = 1.0$，$\xi = 1 - \sqrt{1 - 2\alpha_s}$。

2. 一矩形截面简支梁，两端支承在砖墙上，净跨 5.76m，截面尺寸 $b \times h = 200\text{mm} \times 500\text{mm}$。混凝土强度等级为 C20，箍筋采用 HPB300 级，沿梁全长配有双肢⌀6@150 箍筋，另外，还配有足够数量的纵筋。$a_s = a_s' = 40\text{mm}$。试按斜截面受剪承载力计算该梁能负担的均布荷载设计值 $p = ?$（包括梁自重）。

注：（1）$f_c = 9.6\text{N/mm}^2$，$f_t = 1.1\text{N/mm}^2$，$\beta_c = 1.0$；

（2）$f_{yv} = 270\text{N/mm}^2$，⌀6 箍筋，$A_{sv1} = 28.3\text{mm}^2$；

（3）当 $\dfrac{h_w}{b} \leqslant 4$ 时，应满足 $V \leqslant 0.25 \beta_c f_c b h_0$；

（4）$\rho_{sv,\min} = 0.24 \dfrac{f_t}{f_{yv}}$；

(5) $V_{cs} = 0.7 f_t b h_0 + f_{yv} h_0 \dfrac{n A_{sv1}}{s}$。

3. 钢筋混凝土柱，截面尺寸为 $b \times h = 500\text{mm} \times 500\text{mm}$，混凝土强度等级为 C30，纵筋采用 HRB400 级钢筋，截面承受的轴向压力设计值 $N = 780\text{kN}$，柱顶截面弯矩设计值为 $M_1 = 432.4\text{kN} \cdot \text{m}$，柱底截面弯矩值弯矩设计值为 $M_2 = 460\text{kN} \cdot \text{m}$。$a_s = a_s' = 45\text{mm}$。柱端弯矩已在结构分析时考虑侧移二阶效应。柱挠曲变形为单曲率。弯矩作用平面内柱上下两端的支撑长度为 3.9m。

要求：按非对称配筋计算柱纵向钢筋截面面积。

注：（1）$f_y = f_y' = 360 \text{ N/mm}^2$；

（2）$f_c = 14.3\text{N/mm}^2$，$\alpha_1 = 1.0$；

（3）$\xi_b = 0.518$；

（4）$e_a = 20\text{mm}$；

（5）截面一侧纵筋最小配筋量 $A_{s,\ min}' = A_{s,\ min} = 0.002bh$。

模拟试题(三)

科目：混凝土结构设计原理

一、填空题（每小题 1 分，共 12 分）

1. 有明显流幅的热轧钢筋，有两个强度指标，一个是屈服强度，另一个是_____。

2. 钢筋与混凝土之间的黏结力包含三部分因素，即：混凝土中水泥凝胶体与钢筋表面的化学胶着力、钢筋与混凝土接触面间的摩擦力以及_____。

3. 结构的可靠度是指结构在规定的时间内，规定的条件下，完成预定功能的_____。

4. 轴心受压构件承载力设计表达式为 $N \leqslant N_u = 0.9\phi(f_c A_c + f'_y A'_s)$，其中 φ 表示长柱较相同条件下短柱承载力的降低程度，称其为_____。

5. 配有螺旋钢箍的钢筋混凝土柱，由于能有效约束核心混凝土的横向变形，因而可提高混凝土的_____，并增大其变形能力。

6. 比较适筋梁和超筋梁的破坏形态可以发现，两者的区别主要在于适筋梁的破坏始于_____，而超筋梁的破坏则始于受压区混凝土的压碎。

7. 双筋矩形截面梁计算时，必须满足公式 $x \geqslant 2a'_s$。当不满足此式时，则表明受压钢筋的位置离中和轴太近，以致在双筋梁发生破坏时，其应力达不到_____。

8. 钢筋混凝土偏心受压构件，当纵向压力 N 的_____较大，而受拉钢筋 A_s 配置不过多时会出现拉压破坏（大偏心受压破坏）。

9. 影响受弯构件斜截面受剪承载力的主要因素为：剪跨比 λ、箍筋的配箍率和箍筋强度 f_{yv}、_____以及纵筋配筋率。

10. 当钢筋混凝土纯扭构件的受扭箍筋和受扭纵筋都配置过多时，构件的受扭破坏是由于裂缝间的混凝土被压碎而引起的，破坏时箍筋和纵筋应力均未达到屈服强度，破坏具有脆性性质，这种破坏称为_____破坏。

11. 混凝土构件裂缝开展宽度及变形验算属于正常使用极限状态的设计要求，验算时荷载采用标准值、准永久值，材料强度采用_____。

12. 提高钢筋混凝土受弯构件抗弯刚度的最有效措施是_____。

二、判断改错题（判断下列叙述是否正确，认为正确打"√"，认为错误打"×"，并将画线部分改为正确。每小题 1 分，共 12 分）

1. 钢筋受力后，长度保持不变，其应变随时间增长而降低的现象称为松弛。　　（　　）

2. 混凝土强度等级按立方体抗压强度设计值确定。　　（　　）

3. 结构或结构构件丧失稳定（如压屈等）为达到正常使用极限状态。　　（　　）

4. 轴心受拉构件破坏时裂缝贯通整个构件截面，裂缝截面的纵向拉力全部由纵向钢筋承担。

　　（　　）

5. 钢筋混凝土柱中箍筋能与纵筋形成骨架，固定纵筋的位置，并可为纵筋提供侧向支撑，

145

<u>防止纵筋受力后外凸</u>。 （　　）

6. 双筋矩形截面梁正截面承载力设计中，当受压钢筋面积 A'_s 已给定，计算中出现 $\xi > \xi_b$ 时，则说明原来给定的<u>受压钢筋面积太多</u>，此时，应按 A'_s 未知的情况，<u>重新进行计算</u>。

（　　）

7. 混凝土非均匀受压时，用等效矩形应力图形代替实际的曲线应力图形的等效原则是：混凝土压应力的合力大小相等、<u>应力的作用位置不变</u>。 （　　）

8. 大偏心受压构件，当弯矩设计值 M 一定时，轴向力设计值 N 越大，<u>配筋量越多</u>。

（　　）

9. 集中荷载作用下（包括作用有多种荷载，其中集中荷载对支座截面或节点边缘所产生的剪力值占总剪力值的 75％以上的情况）的<u>钢筋混凝土独立梁</u>斜截面受剪承载力计算公式与一般荷载作用下梁的斜截面受剪承载力计算公式不同。 （　　）

10. 设计钢筋混凝土弯剪扭构件时，按受扭承载力计算所需的受扭纵筋应沿截面周边对称布置；按受弯承载力计算所需的受弯纵筋应布置在相对于受弯而言的<u>受拉区或受拉区和受压区</u>，受弯纵筋不能兼做受扭钢筋，受扭纵筋不能兼做受弯钢筋。 （　　）

11. 从对受弯构件裂缝出现过程的分析可以看出，裂缝的分布与黏结应力传递长度 l 有很大关系。<u>传递长度短，则裂缝分布密一些；反之，则稀一些</u>。 （　　）

12. 钢筋混凝土梁在受压区配置钢筋，将<u>增大</u>长期荷载作用下的挠度。 （　　）

三、单项选择题（每小题 2 分，共 24 分）

1. 下列（　　）说法不正确。

　　A. 消除应力钢丝和热处理钢筋可以用作预应力钢筋

　　B.《混凝土结构设计规范》提倡用钢绞线作为钢筋混凝土结构的主力钢筋

　　C. HPB300 级钢筋不宜用作预应力钢筋

　　D.《混凝土结构设计规范》提倡用 HRB400 级钢筋作为钢筋混凝土结构的主力钢筋

2. 混凝土各种强度标准值之间的关系为（　　）。

　　A. $f_{ck} > f_{cu,k} > f_{tk}$ 　　　　　　　　B. $f_{tk} > f_{cu,k} > f_{ck}$

　　C. $f_{cu,k} > f_{tk} > f_{ck}$ 　　　　　　　　D. $f_{cu,k} > f_{ck} > f_{tk}$

3. 荷载代表值有荷载的标准值、组合值、频遇值和准永久值，其中（　　）为荷载的基本代表值。

　　A. 组合值 　　　　　　　　　　　　　B. 准永久值

　　C. 频遇值 　　　　　　　　　　　　　D. 标准值

4. 设计基准期是确定可变作用及与时间有关的材料性能等取值而选用的时间参数；设计使用年限表示结构（　　）。

　　A. 实际使用的年限 　　　　　　　　　B. 实际寿命

　　C. 耐久年限 　　　　　　　　　　　　D. 在规定的条件下所应达到的使用年限

5.《混凝土结构设计规范》规定：按螺旋箍筋柱计算的承载力不得超过普通柱的 1.5 倍，这是为了（　　）。

　　A. 在正常使用阶段外层混凝土不致脱落

　　B. 不发生脆性破坏

　　C. 限制截面尺寸

　　D. 保证构件的延性

6. 对钢筋混凝土单筋 T 形截面梁进行截面设计时，当满足条件（　　）时，可判为第二类 T 形截面。

A. $M \leqslant \alpha_1 f_c b_f' h_f' \left(h_0 - \dfrac{h_f'}{2}\right)$ 　　　　　　B. $M > \alpha_1 f_c b_f' h_f' \left(h_0 - \dfrac{h_f'}{2}\right)$

C. $f_y A_s \leqslant \alpha_1 f_c b_f' h_f'$ 　　　　　　D. $f_y A_s > \alpha_1 f_c b_f' h_f'$

7. 钢筋混凝土适筋梁正截面承载力基本计算公式，是根据（　　）阶段的截面应力图形建立的。

A. Ⅱ 　　　　　　　　　　B. Ⅲ

C. Ⅲ$_a$ 　　　　　　　　　　D. Ⅱ$_a$

8. 一小偏心受压柱，可能承受以下四组内力设计值，试确定按（　　）组内力计算所得配筋量最大。

A. $N = 2050\text{kN}$，$M = 525\text{kN} \cdot \text{m}$ 　　　　B. $N = 3050\text{kN}$，$M = 515\text{kN} \cdot \text{m}$

C. $N = 3060\text{kN}$，$M = 525\text{kN} \cdot \text{m}$ 　　　　D. $N = 3070\text{kN}$，$M = 415\text{kN} \cdot \text{m}$

9. 在梁的斜截面受剪承载力计算时，必须对梁的截面尺寸加以限制，其目的是防止梁发生（　　）。

A. 斜拉破坏 　　　　　　　　B. 斜压破坏

C. 剪压破坏 　　　　　　　　D. 斜截面弯曲破坏

10. 在设计钢筋混凝土受扭构件时，按照现行《混凝土结构设计规范》的要求，其受扭纵筋与受扭箍筋的配筋强度比 ζ 应（　　）。

A. < 0.5 　　　　　　　　　B. > 2.0

C. 为 $0.6 \sim 1.7$ 　　　　　　　D. 不受限制

11. 减少钢筋混凝土受弯构件的裂缝宽度，首先应考虑的措施是（　　）。

A. 提高混凝土的强度等级 　　　　B. 增加钢筋面积

C. 增加截面尺寸 　　　　　　　D. 采用细直径的钢筋

12. 后张法预应力混凝土构件的全部预应力损失为（　　）。

A. $\sigma_{l1} + \sigma_{l2} + \sigma_{l4} + \sigma_{l5} + \sigma_{l6}$ 　　　　B. $\sigma_{l2} + \sigma_{l3} + \sigma_{l4} + \sigma_{l5}$

C. $\sigma_{l1} + \sigma_{l3} + \sigma_{l4} + \sigma_{l5}$ 　　　　D. $\sigma_{l1} + \sigma_{l2} + \sigma_{l3} + \sigma_{l4} + \sigma_{l5}$

四、简答题（每小题 5 分，共 20 分）

1. 画出图 2-2 所示单调短期加载下混凝土受压时的应力-应变曲线，并说明该曲线的特点及 ε_0、ε_{cu} 的含义。

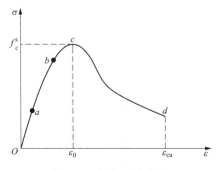

图 2-2　应力-应变曲线

2. 试述受弯构件正截面三种破坏形态的发生条件及破坏特点。

3. 简述矩形截面大、小偏心受拉构件正截面破坏发生的条件及破坏特征。

4. 采用预应力混凝土构件时，对预应力钢筋和混凝土有什么要求？为什么？

五、计算题（11 分＋10 分＋11 分，共 32 分）

1. 钢筋混凝土偏心受压柱，计算长度 $l_0 = 3.5\text{m}$，截面尺寸为 $b \times h = 300\text{mm} \times 400\text{mm}$，混凝土强度等级为 C30，纵筋采用 HRB400 级钢筋，截面承受的轴向压力设计值 $N = 320\text{kN}$，柱顶截面弯矩设计值为 $M_1 = 150.4\text{kN·m}$，柱底截面弯矩值弯矩设计值为 $M_2 = 160\text{kN·m}$。$a_s = a'_s = 40\text{mm}$。柱端弯矩已在结构分析时考虑侧移二阶效应。柱挠曲变形为单曲率。求钢筋的截面面积 A_s 和 A'_s。不要求进行垂直于弯矩作用平面的受压承载力验算。

注：（1）$f_y = f'_y = 360\text{N/mm}^2$；

（2）$f_c = 11.9\text{N/mm}^2$，$\alpha_1 = 1.0$；

（3）$\xi_b = 0.518$；

（4）$e_a = 20\text{mm}$；

（5）$\alpha_s = \xi(1 - 0.5\xi)$；

（6）截面一侧最小配筋率 $\rho'_{min} = \rho_{min} = 0.002$，截面总配筋率应满足，$\rho \geqslant 0.005$。

2. 一矩形截面简支梁，净跨 $l_n = 5.8\text{m}$，承受均布荷载。梁截面尺寸 $b = 250\text{mm}$，$h = 600\text{mm}$，取 $h_0 = 565\text{mm}$。混凝土强度等级为 C25，箍筋采用 HPB300 级钢筋。沿梁全长配置双肢 $\phi 8@150$ 箍筋，另外，配有足够数量的纵筋。

要求：（1）计算该梁的斜截面受剪承载力 V_u 并验算适用条件；

（2）计算该梁按抗剪能力所能负担的均布荷载设计值 q（包括梁自重）。

注：① $f_c = 11.9\text{N/mm}^2$，$f_t = 1.27\text{N/mm}^2$，$\beta_c = 1.0$；

② $f_{yv} = 270\text{N/mm}^2$，$A_{sv1} = 50.3\text{mm}^2$；

③ 当 $\dfrac{h_w}{b} \leqslant 4$ 时，应满足 $V \leqslant 0.25\beta_c f_c b h_0$；

④ $\rho_{sv,\,min} = 0.24\dfrac{f_t}{f_{yv}}$；

⑤ $V_u = 0.7 f_t b h_0 + f_{yv} h_0 \dfrac{n A_{sv1}}{s}$。

3. 一后张法预应力混凝土轴心受拉构件，已知条件见表 2-1，要求对承载力及裂缝控制进行验算。

表 2-1　　　　　　　　　已知条件

材料	混凝土	预应力钢筋	非预应力钢筋
品种或强度等级	C60	钢绞线	HRB400
截面	$280\text{mm} \times 180\text{mm}$	$A_p = 987\text{mm}^2$	$A_s = 452\text{mm}^2$
材料强度（N/mm²）	$f_{tk} = 2.85$	$f_{py} = 1320$	$f_y = 360$
换算截面面积	$A_0 = 53\,059\text{mm}^2$	净截面面积	$A_n = 47\,709\text{mm}^2$
预应力总损失	$\sigma_l = 267\text{N/mm}^2$	有效预压应力	$\sigma_{pcII} = 23.2\text{N/mm}^2$
裂缝控制要求	一般要求不出现裂缝的构件		
杆件内力	轴向拉力设计值 $N = 1400\text{kN}$ 荷载效应标准组合下的轴向拉力值 $N_k = 1200\text{kN}$ 荷载效应准永久组合下的轴向拉力值 $N_q = 960\text{kN}$		

要求：（1）使用阶段承载力验算；

（2）裂缝控制验算。

模拟试题（四）

科目：混凝土结构设计

一、名词解释（每小题 2 分，共 10 分）

1. 单向板
2. 反弯点
3. 折算荷载
4. 塑性铰线
5. 等高排架

二、填空题（每空 1 分，共 15 分）

1. 钢筋混凝土超静定结构内力重分布有两个过程，第一过程是由于_____引起的，第二过程是由于_____引起的。

2. 双向板上荷载向两个方向传递，长边支承梁承受的荷载为_____分布；短边支承梁承受的荷载为_____分布。

3. 对于有吊车的厂房，上柱柱间支撑一般设置在_____与屋架横向水平支撑相对应的柱间，以及_____；下柱柱间支撑一般设置在_____。

4. 双向板极限承载力分析中，上限解是满足_____条件和_____条件的解。

5. 柱设计时的控制截面是指对截面配筋起控制作用的截面。对于单阶排架柱的下柱，通常取_____和_____作为控制截面。

6. 等高排架的内力分析一般采用_____，不等高排架的内力分析一般采用_____。

7. 采用 D 值法计算框架柱的抗侧移刚度时，梁线刚度越大，则节点的约束能力越强，柱的抗侧移刚度越_____。

8. 牛腿的破坏形态有弯压破坏、剪切破坏、_____破坏以及局压破坏、水平受拉钢筋锚固破坏等。

三、判断题（每小题 1.5 分，共 15 分）

1. 框架结构中，框架梁、柱为主要受力构件，墙体为次要受力构件。（   ）
2. 钢筋混凝土单层厂房柱中牛腿的水平纵向受力钢筋可兼作弯起钢筋。（   ）
3. 单层厂房抗风柱柱顶一般应与屋架上弦可靠连接，两者在水平方向及竖直方向均不得产生相对位移。（   ）
4. 一般情况下，用 D 值法求得的框架柱的抗侧移刚度要比用反弯点法求得的小。（   ）
5. 框架的整体剪切变形是由框架梁、柱的弯曲变形引起的。（   ）
6. 直接承受动力荷载作用的钢筋混凝土楼盖梁板，宜按弹性理论计算结构内力。（   ）
7. 整体式楼盖中的单向板内沿短边方向布置受力钢筋，而沿长边方向布置分布钢筋；双

向板内必须布置双向受力钢筋。 （　　）

8. 在进行排架柱控制截面内力组合时，如果组合 D_{max} 或 D_{min} 产生的内力，则必须要组合同跨 T_{max} 产生的内力。 （　　）

9. 求多跨连续双向板某区格板的跨中最大正弯矩时，板上活荷载应按棋盘式布置，且本区格应布置活荷载。 （　　）

10. 等高平面铰接排架中有 A、B、C 三根柱，其中 B、C 柱承受水平集中荷载作用。当荷载保持不变时，增大 A 柱截面，将减小 A 柱的柱顶剪力。 （　　）

四、简答题（每小题 8 分，共 40 分）

1. 钢筋混凝土塑性铰的转动能力与哪些因素有关？简述塑性铰与力学中理想铰的区别。

2. 什么是框架柱的 D 值？其影响因素有哪些？

3. 确定钢筋混凝土单层厂房排架结构计算简图时，一般采用哪些假定？试画出单层单跨厂房典型的计算简图。

4. 在多跨连续梁的内力分析中，为什么要考虑活荷载的最不利布置？对于图 2-3 所示五跨等跨连续梁，分别画出确定 C 支座截面最大负弯矩及第 2 跨跨中截面最大正弯矩时，均布活荷载的最不利布置图。

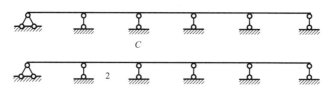

图 2-3　五跨等跨连续梁

5. 柱下独立基础设计都包括哪些内容，并说明应采用基底净反力还是全反力？简述如何确定偏心荷载作用下基础底面的尺寸。

五、计算题（7 分＋6 分＋7 分，共 20 分）

1. 已知图 2-4 所示钢筋混凝土梁的跨度 $l=6.6$m，梁上极限荷载设计值 $P_u=180$kN，支座弯矩调幅系数 $\beta=20\%$。

求：（1）梁支座截面按弹性分析时的极限弯矩值 $M_{e支}$；

（2）梁支座及跨中截面按塑性分析时的极限弯矩值 $M_{u支}$ 和 $M_{u中}$。

$\left(\text{提示：梁按弹性分析时的支座弯矩 } M_{支}^{e}=-\dfrac{2}{9}Pl，\text{跨中弯矩 } M_{中}^{e}=\dfrac{1}{9}Pl\right)$

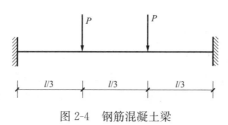

图 2-4　钢筋混凝土梁

2. 如图 2-5 所示四边简支单区格双向板，已知板跨中截面单位板宽内与配筋相应的极限弯矩设计值分别为 $m_x=5.4$kN·m/m，$m_y=9.6$kN·m/m。

试按总弯矩方程 $M_x + M_y + \frac{1}{2}(M'_x + M''_x + M'_y + M''_y) = \frac{1}{24}pl_y^2(3l_x - l_y)$

求板上所能承受的均布极限荷载设计值 p_u。

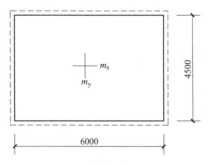

图 2-5　四边简支单区格双向板

3. 某单跨单层工业厂房如图 2-6 所示，作用在排架柱上的吊车横向水平荷载设计值为 $T_{\max}=14.78\text{kN}$。试计算该排架结构的弯矩，并绘出排架柱弯矩图。

提示：单阶一次超静定柱柱顶反力：$R = C_5 T_{\max}$，$C_{5A} = C_{5B} = 0.7$，各柱剪力分配系数：$\eta_A = \eta_B = 0.5$。

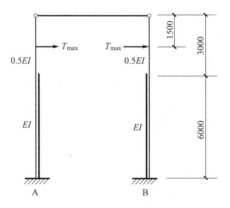

图 2-6　某单跨单层工业厂房

模拟试题（五）

科目：混凝土结构设计

一、填空题（每空 1 分，共 10 分）

1. 按弹性理论计算连续梁、板的内力时，中间跨的计算跨度一般取_____之间的距离；按塑性理论计算时，中间跨的计算跨度一般取_____。

2. 钢筋混凝土超静定结构内力重分布有两个过程，第一过程是由于_____引起的，第二过程是由于_____引起的。

3. 柱设计时的控制截面是指对截面配筋起控制作用的截面，对于单阶排架柱的下柱，通常取_____和_____作为控制截面。

4. 等高排架的内力分析一般采用_____，不等高排架的内力分析一般采用_____。

5. 采用 D 值法计算框架柱的侧向刚度时，梁线刚度越大，则节点的约束能力越强，柱的侧向刚度越_____。

6. 框架柱的反弯点高度是指_____。

二、判断题（每小题 1 分，共 10 分）

1. 单向板仅沿单向布置钢筋，双向板需沿双向布置钢筋。（　　）

2. 单层工业厂房的下柱柱间支撑一般设置在伸缩缝区段的两端。（　　）

3. 单层厂房柱中牛腿的水平纵向受力钢筋可兼作弯起钢筋。（　　）

4. 对于单层厂房排架柱的内力组合，当同一跨内组合有 D_{max} 时，不一定要组合 T_{max} 产生的作用。（　　）

5. 一般单厂抗风柱柱顶应与屋架上弦可靠连接，两者在水平方向及竖直方向均不得产生相对位移。（　　）

6. 牛腿的剪跨比 $a/h_0 > 1$ 时，为长牛腿，应按悬臂梁进行设计。（　　）

7. 一般情况下，用 D 值法求得的柱的抗侧移刚度要比用反弯点法求得的值小。（　　）

8. 一般情况下，与剪力墙结构相比，框架结构的抗侧移能力较强。（　　）

9. 结构设计时，为了使构造简化，方便施工，应尽量不设或少设变形缝。（　　）

10. 直接承受动力荷载作用的楼盖梁板，宜按弹性理论计算结构内力。（　　）

三、单项选择题（每小题 2 分，共 10 分）

1. 单层厂房排架内力组合时，（　　）是不正确的。

   A. 每次都必须考虑恒荷载产生的内力

   B. 风荷载有左吹风和右吹风，组合时只能二者取一

   C. 柱上作用有 T_{max} 时，同时一定有 D_{max} 或 D_{min}

   D. 当以 N_{min} 进行组合时，对于 $N = 0$ 项不考虑参与组合

2. 在结构的极限承载能力分析中，正确的叙述是（　　）。

   A. 满足平衡条件的解答均是结构的真实极限荷载

   B. 仅满足极限条件和平衡条件的解答是结构极限荷载的下限解

C. 仅满足极限条件和机动条件的解答是结构极限荷载的下限解

D. 仅满足机动条件和平衡条件的解答是结构极限荷载的下限解

3.（　　）应按单向板进行设计。

A. 600mm×3300mm 的预制空心楼板

B. 长短边之比小于 2 的四边固定板

C. 长短边之比等于 1.5，两短边嵌固，两长边简支

D. 长短边相等的四边简支板

4. 等高铰接排架中有 A、B、C 三根柱，其中 B 柱柱间承受水平集中荷载作用，当荷载不变时，则（　　）。

A. 增大 A 柱截面，将减小 C 柱的柱顶剪力

B. 增大 A 柱截面，将减小 A 柱的柱顶剪力

C. 增大 B 柱截面，对 B 柱的柱顶剪力没有影响

D. 增大 B 柱截面，将增大 A、C 柱的柱顶剪力

5. 以下关于竖向荷载作用下框架内力分析方法—分层法的概念中，（　　）不正确。

A. 不考虑框架侧移对内力的影响

B. 每层梁上的竖向荷载仅对本层梁及与其相连的上、下柱的弯矩和剪力产生影响，对其他各层梁、柱弯矩和剪力的影响忽略不计

C. 上层梁上的竖向荷载对其下层柱的轴力有影响

D. 按分层计算所得的各层梁、柱弯矩即为该梁该柱的最终弯矩，不再叠加

四、简答题（3、4 小题每题 6 分，其余小题每题 7 分；共 40 分）

1. 计算连续梁内力时为什么要考虑活荷载的不利布置？以四跨（等跨）连续梁为例，图示说明确定各控制截面最不利弯矩、剪力时活荷载的布置方式。（7 分）

2. 水平荷载作用下，多层框架结构的侧移变形一般是由哪两部分组成的？说明两种变形各自产生的原因。（7 分）

3. 图 2-7 为某单层厂房横向排架边柱的恒载作用示意图。说明图中 $G_1 \sim G_5$ 各自代表哪些荷载（边轴线为封闭式纵向定位轴线）。（6 分）

4. 水平荷载作用下框架柱的反弯点位置与哪些因素有关？试分析柱的反弯点位置与上下楼层层高之间的变化规律。（6 分）

5. 柱下独立基础计算一般包括哪些设计内容？各部分计算时，荷载效应应该取标准组合还是基本组合？基底反力应该取净反力还是全反力？（注：此处净反力指扣除基础自重及其上土重后计算的基底反力；全反力指包括基础自重及其上土重计算的基底反力）（7 分）

6. 钢筋混凝土受弯构件的塑性铰与结构计算简图中的理想铰有何不同？影响塑性铰转动能力的因素有哪些？（7 分）

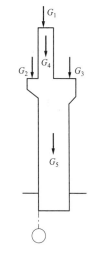

图 2-7 某单层厂房横向排架边柱的恒载作用示意图

五、计算题（每小题 15 分，共 30 分）

1. 某两跨等高排架如图 2-8 所示。在柱顶单位水平力作用下单阶悬臂柱柱顶位移分别为：$\delta_A = \delta_C = 2.0 \times 10^{-11} \frac{H^3}{E}$，$\delta_B = 1.4 \times 10^{-11} \frac{H^3}{E}$。吊车横向水平荷载设计值 $T_{max} = 20.70kN$。由荷载产生的排架柱顶不动铰支座反力分别为：$R_A = -12.60kN$（←），$R_B = -13.90kN$（←）。

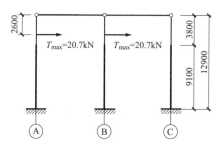

图 2-8 某两跨等高排架（图中长度单位：mm）

要求：

（1）计算各柱剪力分配系数；

（2）计算各柱柱顶剪力，绘出排架弯矩图。

2. 某两端固定梁如图 2-9 所示，跨中作用一集中荷载 F_P（略去梁的自重），设梁跨中截面所能承受的极限弯矩 $M_{Cu} = 150kN \cdot m$，支座截面所能承受的极限弯矩 $M_{Au} = M_{Bu} = 120kN \cdot m$。

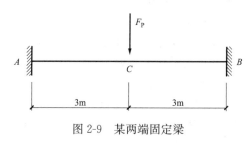

图 2-9 某两端固定梁

提示：弹性分析时，$M_A = M_B = M_C = \dfrac{Pl}{8}$。

计算：

（1）支座截面出现塑性铰时，梁所能负担的荷载设计值 P_1；

（2）梁达到承载能力极限状态时，所能负担的荷载设计值 P_u；

（3）与承受相同荷载 P_u 的弹性分析相比，支座截面的弯矩调幅系数 β。

模拟试题（六）

科目：混凝土结构设计

一、填空题（每空 1 分，共 14 分）

1. 确定钢筋混凝土单层厂房排架结构计算简图时，通常采用以下三条假定：_____、_____，横梁为不产生轴向变形的刚性连杆。

2. 双向板上荷载向两个方向传递，长边支承梁承受的荷载为_____分布；短边支承梁承受的荷载为_____分布。

3. 对于有吊车的厂房，上柱柱间支撑一般设置在_____与屋盖横向水平支撑相对应的柱间，以及_____；下柱柱间支撑一般设置在_____。

4. 钢筋混凝土柱下独立基础的底板配筋计算简图为_____。

5. 多高层建筑常用的抗侧力结构体系有框架结构、_____、_____和筒体结构等。

6. 采用分层法计算竖向荷载作用下框架内力时，除底层柱外其他各层柱的线刚度应乘以_____，并且底层柱和各层梁的传递系数均取 1/2，其他各柱的传递系数改为_____。

7. 混合结构房屋的静力计算方案是根据_____和_____查表确定的。

二、判断改错题（判断下列叙述是否正确，认为正确打"√"，认为错误打"×"，并将画线部分改为正确。每小题 2 分，共 16 分）

1. 连续梁在各种不利荷载布置情况下，<u>任一截面的内力均不会超过该截面处内力包络图上的数值</u>。　　　　　　　　　　　　　　　　　　　　　　　（　　）

2. 求多跨连续双向板某区格的跨中最大正弯矩时，<u>板上活荷载应按满布考虑</u>。　（　　）

3. 屋架上弦横向水平支撑的作用之一，是<u>承受山墙传来的风荷载，并将其传至厂房的纵向柱列</u>。　　　　　　　　　　　　　　　　　　　　　　　　　　（　　）

4. 单层厂房柱牛腿的水平纵向受力钢筋<u>可以兼作弯起钢筋</u>。　　　　　（　　）

5. 对于柱下锥形独立基础，当基础底面落在从柱边所作 45°线范围内时，表明<u>基础不会沿柱边发生冲切破坏</u>。　　　　　　　　　　　　　　　　　　　　（　　）

6. 对同一框架柱，用 D 值法求得的抗侧移刚度比用反弯点法求得的抗侧移刚度值<u>大</u>。　　　　　　　　　　　　　　　　　　　　　　　　　　　　（　　）

7. 在砌体局部受压承载力计算中，规定砌体局部抗压强度提高系数 γ 上限值的目的是<u>防止出现突然的劈裂破坏</u>。　　　　　　　　　　　　　　　　　　　　（　　）

8. 竖向荷载作用下，刚性方案多层混合结构房屋的承重纵墙可简化为两端简支的竖向构件，是因为<u>在楼（屋）盖处墙体截面被梁、板构件所削弱，同时也是为了计算的简化</u>。　　　　　　　　　　　　　　　　　　　　　　　　　　　　　（　　）

三、单项选择题（每小题 2 分，共 10 分）

1. 带壁柱墙的高厚比验算公式为 $\beta = \dfrac{H_0}{h_{\mathrm{T}}} \leqslant \mu_1 \mu_2 [\beta]$，其中 h_{T} 为（　　）。

　　A. 壁柱的厚度　　　　　　　　B. 壁柱和墙厚的平均值

    C. 墙的厚度   D. 带壁柱墙的折算厚度

2. （　　　）可按单向板进行设计。

    A. 600mm×3300mm 的预制空心楼板

    B. 长短边之比小于 2 的四边固定板

    C. 长短边之比等于 1.5，两短边嵌固，两长边简支

    D. 长短边相等的四边简支板

3. 单层厂房排架内力组合时，（　　　）是不正确的。

    A. 每次都必须考虑恒荷载产生的内力

    B. 风荷载有左吹风和右吹风，组合时只能二者取一，或都不取

    C. 柱上作用有 T_{max} 时，同时一定有 D_{max} 或 D_{min}

    D. 当以 N_{min} 进行组合时，对于 $N=0$ 项不考虑参与组合

4. 对于两跨连续梁，（　　　）。

    A. 活荷载两跨满布时，各跨跨中正弯矩最大

    B. 活荷载两跨满布时，各跨跨中负弯矩最大

    C. 活荷载单跨布置时，中间支座处负弯矩最大

    D. 活荷载单跨布置时，另一跨跨中负弯矩最大

5. 以下关于分层法的概念（　　　）是错误的。

    A. 不考虑框架侧移对内力的影响

    B. 每层梁上的竖向荷载仅对本层梁及与其相连的上、下柱的弯矩和剪力产生影响，对其他各层梁、柱弯矩和剪力的影响忽略不计

    C. 上层梁上的竖向荷载对其下一层柱的轴力有影响

    D. 按分层计算所得的各层梁、柱弯矩即为该梁该柱的最终弯矩，不再叠加

四、简答题（每小题 6 分，共 30 分）

1. 水平荷载作用下，框架侧移曲线由哪两部分组成？各有何特点？分别由构件的哪种变形产生？

2. 柱下独立基础计算都包括哪些内容？在什么情况下可采用基底净反力？为什么？

3. 单层厂房结构中，有哪些竖向荷载？说明这些竖向荷载的传递路线。

4. 水平荷载作用下框架柱的反弯点位置与哪些因素有关？为什么底层柱反弯点通常高于柱中点？

5. 什么是钢筋混凝土受弯构件塑性铰？影响塑性铰转动能力的因素有哪些？

五、计算题（每小题 10 分，共 30 分）

1. 某单跨单层工业厂房如图 2-10 所示，作用在排架柱上的吊车横向水平荷载设计值为 $T_{max}=20kN$。试计算该排架结构的内力，并绘出排架柱弯矩图。

提示：单阶一次超静定柱柱顶反力：$R=C_5 T_{max}$，$C_{5A}=C_{5B}=0.7$，各柱剪力分配系数：$\eta_A=\eta_B=0.5$。

2. 图 2-11 为五层钢筋混凝土框架结构，设第二层边柱的抗侧移刚度为 D，中柱的抗侧移刚度为 $2D$；第二层各柱的反弯点高度比 $y=y_0+y_1+y_2+y_3=0.55$。试用 D 值法计算该框架结构第二层各柱的剪力及柱上、下端的弯矩。

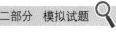

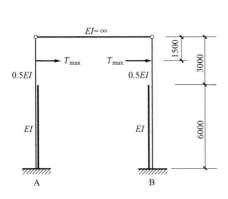

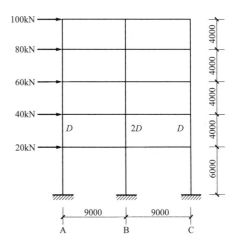

图 2-10　某单跨单层工业厂房　　　　　图 2-11　五层钢筋混凝土框架结构

3. 四边固定双向板如图 2-12 所示，承受均布荷载。跨中截面和支座截面单位长度能够承受的弯矩设计值分别为 $m_x=3.46\text{kN}\cdot\text{m/m}$，$m'_x=m''_x=7.42\text{kN}\cdot\text{m/m}$，$m_y=5.15\text{kN}\cdot\text{m/m}$，$m'_y=m''_y=11.34\text{kN}\cdot\text{m/m}$。试求该四边固定双向板能够承受的均布荷载设计值。

有关公式为

$$M_x+M_y+\frac{1}{2}(M'_x+M''_x+M'_y+M''_y)=\frac{1}{24}pl_y^2(3l_x-l_y)$$

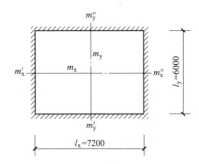

图 2-12　四边固定双向板（图中单位为：mm）

模拟试题（七）

科目：混凝土结构设计

一、填空题（每空 1 分，共 15 分）

1. 柱设计时的控制截面是指对截面配筋起控制作用的截面。对于单阶排架柱的下柱，通常取_____和_____作为控制截面。

2. 钢筋混凝土超静定结构内力重分布有两个过程，第一过程是由于_____引起的，第二过程是由于_____引起的。

3. 影响塑性铰转动能力的因素，主要为_____、_____以及混凝土的极限压缩变形，其中_____对塑性转动能力具有决定性的作用。

4. 双向板极限承载力分析中，上限解是满足_____条件和_____条件的解。

5. 框架结构中，现浇混凝土楼面边梁截面惯性矩可取为_____ I_0、中框架梁截面惯性矩可取为_____ I_0。（其中 I_0 为按矩形截面计算的梁截面惯性矩）。

6. 双向板上荷载向两个方向传递，长边支承梁承受的荷载为_____分布；短边支承梁承受的荷载为_____分布。

7. 牛腿的破坏形态有弯压破坏、剪切破坏、_____破坏以及_____、水平受拉钢筋锚固破坏等。

二、判断题（每小题 2 分，共 12 分）

1. 牛腿的剪跨比 $a/h_0 > 1$ 时，为长牛腿，应按悬臂梁进行设计。　　　　　　（　　）

2. 一般情况下，用 D 值法求得的柱的抗侧移刚度要比用反弯点法求得的值小。　（　　）

3. 单向板仅沿单向布置钢筋，双向板需沿双向布置钢筋。　　　　　　　　　（　　）

4. 结构设计时，为了使构造简化，方便施工，应尽量不设或少设变形缝。　　　（　　）

5. 一般单厂抗风柱柱顶应与屋架上弦可靠连接，两者在水平方向及竖直方向均不得产生相对位移。　　　　　　　　　　　　　　　　　　　　　　　　　　　　（　　）

6. 直接承受动力荷载作用的楼盖梁板，宜按弹性理论计算结构内力。　　　　　（　　）

三、单项选择题（每小题 2 分，共 20 分）

1. 下列关于 D 值法中反弯点高度的叙述中，不正确的是（　　）。

　　A. 不同形式的水平荷载作用下，框架柱标准反弯点高度不同

　　B. 当与柱相连的上横梁线刚度之和大于下横梁线刚度之和时，柱反弯点高度向下移动

　　C. 当与柱相邻的上层层高变小时，柱反弯点高度向上移动

　　D. 当与柱相邻的下层层高变大时，柱反弯点高度向下移动

2. （　　）应按单向板进行设计。

　　A. 600mm×3300mm 的预制空心楼板

　　B. 长短边之比小于 2 的四边固定板

　　C. 长短边之比等于 1.5，两短边嵌固，两长边简支

　　D. 长短边相等的四边简支板

158

3. 按塑性理论计算连续梁、板的内力时，中间跨的计算跨度一般取（　　）。

A. 本跨两端支座轴线间的距离

B. 本跨一端支座轴线到另一端支座内边缘的距离

C. 本跨一端支座轴线到另一端支座外边缘的距离

D. 本跨净跨长度

4. 在横向荷载作用下，厂房空间作用的影响因素不应包括（　　）。

A. 山墙的设置　　　　　　　　B. 柱间支撑的设置

C. 屋盖类型　　　　　　　　　D. 山墙间距

5. 下列关于框架结构计算简图确定的描述中，不正确的是（　　）。

A. 在水平荷载作用下，整个框架体系可简化为若干个平面框架，共同抵抗与平面框架平行的水平荷载

B. 框架结构中，一般采用刚性楼盖假定，即假定楼盖在平面内刚度无限大

C. 对斜线或折线形横梁的框架，当横梁倾斜度不大于 1/8 时，在计算简图中取为水平轴线

D. 在框架底层层高确定中，底层柱下端一般可取至基础底面

6. 以下关于竖向荷载作用下框架内力分析方法—分层法的概念中，（　　）不正确。

A. 不考虑框架侧移对内力的影响

B. 每层梁上的竖向荷载仅对本层梁及与其相连的上、下柱的弯矩和剪力产生影响，对其他各层梁、柱弯矩和剪力的影响忽略不计

C. 上层梁上的竖向荷载对其以下各层柱的轴力有影响

D. 按分层计算所得的各层梁、柱弯矩即为该梁该柱的最终弯矩，不再叠加

7. 下列选项中，按单向板进行设计的是（　　）。

A. 600mm×3300mm 的预制空心楼板

B. 长短边之比小于 2 的四边固定板

C. 长短边之比等于 1.5，两短边嵌固，两长边简支

D. 长短边相等的四边简支板

8. 在结构的极限承载能力分析中，正确的叙述是（　　）。

A. 满足平衡条件的解答均是结构的真实极限荷载

B. 仅满足极限条件和平衡条件的解答是结构极限荷载的下限解

C. 仅满足极限条件和机动条件的解答是结构极限荷载的下限解

D. 仅满足机动条件和平衡条件的解答是结构极限荷载的下限解

9. 单层厂房排架内力组合时，（　　）是不正确的。

A. 每次都必须考虑恒荷载产生的内力

B. 风荷载有左吹风和右吹风，组合时只能二者取一

C. 柱上作用有 T_{max} 时，同时一定有 D_{max} 或 D_{min}

D. 当以 N_{min} 进行组合时，对于 $N=0$ 项不考虑参与组合

10. 多跨连续梁（板）按弹性理论计算，为求得某跨支座最大负弯矩，活荷载应布置在（　　）。

A. 本支座左跨布置，然后隔跨布置　　B. 本支座左、右两跨布置

C. 满跨布置　　　　　　　　　　　　D. 本支座左、右两跨布置，然后隔跨布置

四、简答题（每小题 6 分，共 30 分）

1. 什么是框架柱的 D 值？其影响因素有哪些？

2. 什么是塑性铰？简述塑性铰与理想铰的区别。

3. 何为弯矩调幅法？应用弯矩调幅法进行结构承载能力极限状态计算时需遵循哪些基本规定？

4. 水平荷载作用下框架柱的反弯点位置与哪些因素有关？试分析柱的反弯点位置与上下楼层层高之间的变化规律。

5. 柱下独立基础设计都包括哪些内容？简述如何确定偏心荷载作用下基础底面的尺寸。

五、计算题（10 分＋15 分，共 25 分）

1. 如图 2-13 所示四边简支单区格双向板，已知板跨中截面单位板宽内与配筋相应的极限弯矩设计值分别为 $m_x = 5.4 \text{kN} \cdot \text{m}$，$m_y = 9.6 \text{kN} \cdot \text{m}$。

试按总弯矩方程 $M_x + M_y + \frac{1}{2}(M_x' + M_x'' + M_y' + M_y'') = \frac{1}{24}pl_y^2(3l_x - l_y)$，求板上所能承受的均布极限荷载设计值 p_u。

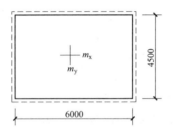

图 2-13　四边简支单区格双向板

2. 某两端固定梁如图 2-14 所示，跨中作用一集中荷载 F_P（略去梁的自重），设梁跨中截面所能承受的极限弯矩 $M_{cu} = 120 \text{kN} \cdot \text{m}$，支座截面所能承受的极限弯矩 $M_{Au} = M_{Bu} = 100 \text{kN} \cdot \text{m}$。

提示：弹性分析时，$M_A = M_B = M_C = \dfrac{Fl}{8}$。

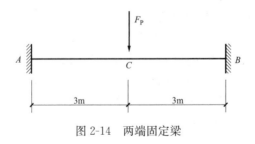

图 2-14　两端固定梁

计算：

（1）支座截面出现塑性铰时，梁所能负担的荷载设计值 F_1；

（2）梁达到承载能力极限状态时，所能负担的荷载设计值 F_u；

（3）与承受相同荷载 F_u 的弹性分析相比，支座截面的弯矩调幅系数 β。

模拟试题(八)

科目:混凝土结构设计

一、名词解释(每小题 2 分,共 10 分)

1. 内力包络图
2. 塑性铰线
3. 控制截面
4. 折算荷载
5. 双向板

二、填空题(每空 1 分,共 12 分)

1. 牛腿的破坏形态有弯压破坏、_____、_____,以及局压破坏或水平受拉钢筋被拔出等破坏。

2. 等高排架的内力分析一般采用_____,不等高排架的内力分析一般采用____。

3. 钢筋混凝土超静定结构内力重分布有两个过程,第一过程是由于_____引起的,第二过程是由于_____引起的。

4. 在框架结构布置中,梁、柱中心线之间偏心距不宜大于柱截面在该方向宽度的_____。

5. 采用 D 值法计算框架柱的抗侧移刚度时,梁线刚度越大,则节点的约束能力越强,柱的抗侧移刚度越_____。

6. 对于有吊车的厂房,上柱柱间支撑一般设置在_____与屋架横向水平支撑相对应的柱间,以及_____;下柱柱间支撑一般设置在_____。

7. 采用 D 值法计算框架柱的抗侧移刚度时,梁线刚度越大,则节点的约束能力越强,柱的抗侧移刚度修正系数越_____。

三、判断题(每小题 2 分,共 10 分)

1. 直接承受动力荷载作用的楼盖梁板,宜按弹性理论计算结构内力。　　　(　　)
2. 单层厂房柱中牛腿的水平纵向受力钢筋可兼作弯起钢筋。　　　(　　)
3. 对于单层厂房排架柱的内力组合,当同一跨内组合有 D_{max} 时,不一定要组合 T_{max} 产生的作用。　　　(　　)
4. 一般情况下,与剪力墙结构相比,框架结构的抗侧移能力较强。　　　(　　)
5. 单层工业厂房的下柱柱间支撑一般设置在伸缩缝区段的两端。　　　(　　)

四、简答题(每小题 8 分,共 40 分)

1. 水平荷载作用下,多层框架结构的侧移变形一般是由哪两部分组成的?说明两种变形各自产生的原因。

2. 钢筋混凝土塑性铰的转动能力与哪些因素有关?简述塑性铰与力学中理想铰的区别。

3. 柱下独立基础设计一般包括哪些设计内容?各部分计算时,荷载效应应该取标准组合还是基本组合?基底反力应该取净反力还是全反力?

(注:此处净反力指扣除基础自重及其上土重后计算的基底反力;全反力指包括基础自重

及其上土重计算的基底反力）

4. 水平荷载作用下框架柱的反弯点位置与哪些因素有关？试分析柱的反弯点位置与上下楼层层高之间的变化规律。

5. 确定钢筋混凝土单层厂房排架结构计算简图时，一般采用哪些假定？试画出单层单跨厂房典型的计算简图。

五、计算题（15 分＋13 分，共 28 分）

1. 图 2-15 为五层钢筋混凝土框架结构，设第二层边柱的抗侧移刚度为 D，中柱的抗侧移刚度为 $2D$；第二层各柱的反弯点高度比 $y=y_0+y_1+y_2+y_3=0.60$。试用 D 值法计算该框架结构第二层各柱的剪力及柱上、下端的弯矩。

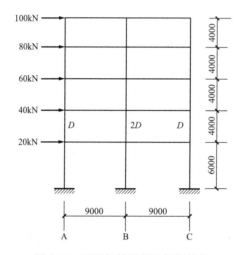

图 2-15　五层钢筋混凝土框架结构

2. 已知图 2-16 所示钢筋混凝土梁的跨度 $l=6.6\mathrm{m}$，梁上极限荷载设计值 $P_u=180\mathrm{kN}$，支座弯矩调幅系数 $\beta=20\%$。

求：（1）梁支座截面按弹性分析时的极限弯矩值 $M_{e支}$；

（2）梁支座及跨中截面按塑性分析时的极限弯矩值 $M_{u支}$ 和 $M_{u中}$。

$\left(\text{提示：梁按弹性分析时的支座弯矩 } M_支^e=-\dfrac{2}{9}Pl,\text{ 跨中弯矩 } M_中^e=\dfrac{1}{9}Pl\right)$

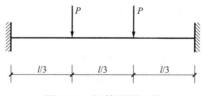

图 2-16　钢筋混凝土梁

模拟试题(九)

科目：混凝土结构设计

一、名词解释（每小题 2 分，共 10 分）

1. 规则框架

2. 单向板

3. 塑性铰

4. 等高排架

5. 反弯点

二、选择题（每空 2 分，共 16 分）

1. 单层厂房排架内力组合时，（　　）是不正确的。

   A. 都必须考虑恒荷载产生的内力

   B. 风荷载有左吹风和右吹风，组合时只能二者取一

   C. 柱上作用有 T_{max} 时，同时一定有 D_{max} 或 D_{min}

   D. 当以 N_{min} 进行组合时，对于 $N=0$ 项不考虑参与组合

2. 单层厂房排架内力组合时，（　　）是不正确的。

   A. 每次都必须考虑恒荷载产生的内力

   B. 风荷载有左吹风和右吹风，组合时只能二者取一，或都不取

   C. 柱上作用有 T_{max} 时，同时一定有 D_{max} 或 D_{min}

   D. 当以 N_{min} 进行组合时，对于 $N=0$ 项不考虑参与组合

3. 在横向荷载作用下，厂房空间作用的影响因素不应包括（　　）。

   A. 山墙的设置　　　　　　　　　B. 柱间支撑的设置

   C. 屋盖类型　　　　　　　　　　D. 山墙间距

4. 以下关于竖向荷载作用下框架内力分析方法—分层法的概念中，（　　）不正确。

   A. 不考虑框架侧移对内力的影响

   B. 每层梁上的竖向荷载仅对本层梁及与其相连的上、下柱的弯矩和剪力产生影响，对其他各层梁、柱弯矩和剪力的影响忽略不计

   C. 上层梁上的竖向荷载对其以下各层柱的轴力有影响

   D. 按分层计算所得的各层梁、柱弯矩即为该梁该柱的最终弯矩，不再叠加

5. 在结构的极限承载能力分析中，正确的叙述是（　　）。

   A. 满足平衡条件的解答均是结构的真实极限荷载

   B. 仅满足极限条件和平衡条件的解答是结构极限荷载的下限解

   C. 仅满足极限条件和机动条件的解答是结构极限荷载的下限解

   D. 仅满足机动条件和平衡条件的解答是结构极限荷载的下限解

6. 等高铰接排架中有 A、B、C 三根柱，其中 B 柱柱间承受水平集中荷载作用，当荷载不变时，则（　　）。

  A. 增大 A 柱截面，将减小 C 柱的柱顶剪力

  B. 增大 A 柱截面，将减小 A 柱的柱顶剪力

  C. 增大 B 柱截面，对 B 柱的柱顶剪力没有影响

  D. 增大 B 柱截面，将增大 A、C 柱的柱顶剪力

7. 按塑性理论计算连续梁、板的内力时，中间跨的计算跨度一般取（ ）。

  A. 本跨两端支座轴线间的距离

  B. 本跨一端支座轴线到另一端支座内边缘的距离

  C. 本跨一端支座轴线到另一端支座外边缘的距离

  D. 本跨净跨长度

8. 等高铰接排架中有 A、B、C 三根柱，其中 B 柱柱间承受水平集中荷载作用，当荷载不变时，则（ ）。

  A. 增大 A 柱截面，将减小 C 柱的柱顶剪力

  B. 增大 A 柱截面，将减小 A 柱的柱顶剪力

  C. 增大 B 柱截面，对 B 柱的柱顶剪力没有影响

  D. 增大 B 柱截面，将增大 A、C 柱的柱顶剪力

三、判断题（每小题 2 分，共 20 分）

1. 单向板仅沿单向布置受力钢筋，双向板需沿双向布置受力钢筋。（ ）

2. 对于单层厂房排架柱的内力组合，当同一跨内组合有 D_{max} 时，不一定要组合 T_{max} 产生的作用。（ ）

3. 单层厂房柱中牛腿的水平纵向受力钢筋可兼作弯起钢筋。（ ）

4. 单层工业厂房的下柱柱间支撑一般设置在伸缩缝区段的两端。（ ）

5. 一般情况下，与剪力墙结构相比，框架结构的抗侧移能力较强。（ ）

6. 直接承受动力荷载作用的楼盖梁板，宜按弹性理论计算结构内力。（ ）

7. 一般情况下，用 D 值法求得的柱的抗侧移刚度要比用反弯点法求得的值小。（ ）

8. 一般单厂抗风柱柱顶应与屋架上弦可靠连接，两者在水平方向及竖直方向均不得产生相对位移。（ ）

9. 结构设计时，为了使构造简化，方便施工，应尽量不设或少设变形缝。（ ）

10. 牛腿的剪跨比 $a/h_0 > 1$ 时，为长牛腿，应按悬臂梁进行设计。（ ）

四、简答题（每小题 6 分，共 30 分）

1. D 值法是框架结构在水平荷载作用下内力分析的重要方法，请说明 D 值的物理意义以及影响因素。

2. 柱下独立基础计算都包括哪些内容？在什么情况下可采用基底净反力？为什么？

3. 简述柱下独立基础的设计计算内容及方法。

4. 简述应用分层法计算竖向荷载作用下框架结构内力时的计算要点及步骤。

5. 计算连续梁内力时为什么要考虑活荷载的不利布置？以四跨（等跨）连续梁为例，图 2-17 说明确定各控制截面最不利弯矩、剪力时活荷载的布置方式。

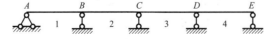

图 2-17 四跨（等跨）连续梁

五、计算题（每小题 12 分，共 24 分）

1. 图 2-18 为四层钢筋混凝土框架结构，设第 2 层 A、B、C 柱的侧向刚度分别为 D，$2D$，D，第 2 层各柱的反弯点高度比 $y = y_n + y_1 + y_2 + y_3 = 0.45$。试用 D 值法计算该框架结构第二层 A、B 柱的剪力及柱上、下端的弯矩。（注：图中层高和跨度的单位为 mm）

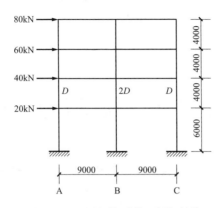

图 2-18　四层钢筋混凝土框架结构

2. 图 2-19 所示钢筋混凝土梁，已知跨度 $l = 7.2$m，支座及跨中塑性弯矩 $M_{u支} = 120$kN·m，$M_{u中} = 102$kN·m。

求：（1）梁所能承受的极限荷载设计值 $P_u = $?

（2）支座弯矩调幅系数 $\beta = $?

$$\left(提示：梁按弹性分析的支座弯矩 M_支^e = -\frac{2}{9}Pl，跨中弯矩 M_中^e = \frac{1}{9}Pl \right)$$

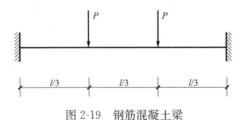

图 2-19　钢筋混凝土梁

第三部分

硕士学位研究生入学考试真题

硕士学位研究生入学考试真题（一）

（答案书写在本试题纸上无效。考试结束后本试题纸须附在答题纸内交回）

考试科目： 钢筋混凝土结构

适用专业： 结构工程，防灾减灾工程及防护工程

一、名词解释（每题 3 分，共 15 分）

1. 结构的耐久性
2. 黏性土的液性指数
3. 建筑抗震概念设计
4.（偏心受压构件的）初始偏心距
5. 弯矩调幅法

二、多项选择题（每题 2 分，共 20 分）

1. 当混凝土保护层厚度很薄且无箍筋约束时，变形钢筋的黏结破坏主要表现为（   ）。

    A. 钢筋被拔出的剪切破坏   B. 沿钢筋纵向的劈裂破坏

    C. 沿钢筋纵向的剪切破坏   D. 沿钢筋肋外径滑移面的剪切破坏

2. 混凝土双向板可按弹性理论和塑性理论进行计算。在按塑性理论计算时，一般可采用机动法、极限平衡法和板带法求解极限荷载，上述方法中（   ）属于上限解法。

    A. 机动法   B. 极限平衡法

    C. 板带法   D. 机动法和板带法

3. 一般地，采用超张拉可以减小的预应力损失有（   ）。

    A. 预应力钢筋的应力松弛引起的预应力损失 σ_{l4}

    B. 混凝土的收缩和徐变引起的预应力损失 σ_{l5}

    C. 混凝土加热养护时受拉钢筋与承受拉力的设备之间的温差引起的预应力损失 σ_{l3}

    D. 预应力钢筋与孔道壁之间的摩擦引起的预应力损失 σ_{l2}

4. 在混凝土构件的裂缝宽度计算中，关于裂缝间纵向受拉钢筋应变不均匀系数 ψ，正确的说法是（   ）。

    A. ψ 表示裂缝间受拉纵筋平均应变 ε_{sm} 与裂缝截面处受拉纵筋的应变 ε_{sk} 之比

    B. ψ 反映了裂缝间拉区混凝土参与工作的程度

    C. ψ 可以反映裂缝间受拉混凝土对纵向受拉钢筋应变的影响程度

    D. ψ 也可以反映裂缝间受拉纵筋平均应力 σ_{sm} 与裂缝截面处受拉纵筋的应力 σ_{sk} 之比

5. 关于钢筋的冷加工，正确的说法是（　　　）。

    A. 冷拉可以提高钢筋的抗拉屈服强度和抗压屈服强度

    B. 冷拔可以提高钢筋的抗拉屈服强度和抗压屈服强度

    C. 冷拉只能提高钢筋的抗拉屈服强度，其抗压屈服强度将降低

    D. 设计时，冷拉钢筋不宜作为受压钢筋使用

6. 关于混凝土梁中箍筋最大间距和最小直径的构造要求，正确的说法应该是（　　　）。

    A. 当梁截面高度 $h>800\text{mm}$ 且斜截面上的最大剪力设计值 $V>0.7f_tbh_0$ 时，构造要求的箍筋最大间距为 250mm，最小直径为 8mm

    B. 当梁截面高度 $h>800\text{mm}$ 且斜截面上的最大剪力设计值 $V>0.7f_tbh_0$ 时，构造要求的箍筋最大间距为 300mm，最小直径为 8mm

    C. 当梁截面高度 $h>800\text{mm}$ 且斜截面上的最大剪力设计值 $V>0.7f_tbh_0$ 时，构造要求的箍筋最大间距为 300mm，最小直径为 6mm

    D. 当梁截面高度 $h>800\text{mm}$ 且斜截面上的最大剪力设计值 $V>0.7f_tbh_0$ 时，构造要求的箍筋最大间距为 250mm，最小直径为 6mm

7. 影响柱反弯点高度的主要因素是柱上、下端的约束条件。一般地，根据其约束条件的不同，反弯点的移动方向为（　　　）。

    A. 反弯点向约束刚度较小的一端移动

    B. 反弯点向约束刚度较大的一端移动

    C. 反弯点向转角较大的一端移动

    D. 反弯点向转角较小的一端移动

8. 在进行单层厂房柱的内力组合时，正确的组合方法主要有（　　　）。

    A. 在吊车竖向荷载中，同一柱的同一侧牛腿上有 D_{max} 或 D_{min} 作用时，两者只能选择一种参加组合

    B. 如果组合时取用了 T_{max} 产生的内力，则不一定取用相应的 D_{max} 或 D_{min} 产生的内力

    C. 当以 N_{max} 或 N_{min} 为目标进行内力组合时，可以不考虑风荷载及吊车水平荷载的内力项

    D. 当以 N_{max} 或 N_{min} 为目标进行内力组合时，应考虑相应不利风荷载及吊车水平荷载的内力项

9. 对于一个 5 跨等跨度且各跨受荷均相同的连续梁，其活荷载的不利布置规律为（　　　）。

    A. 求某跨跨中最小正弯矩（或负弯矩）时，该跨布置活荷载，然后隔跨布置活荷载

    B. 求某支座截面最大负弯矩（绝对值）时，应在该支座左、右两跨布置活荷载，然后隔跨布置活荷载

    C. 求某支座左、右边截面的最大剪力（绝对值）时，应在该支座左、右两跨布置活荷载，然后隔跨布置活荷载

    D. 求某跨跨中最大正弯矩时，该跨不布置活荷载，而在左、右两相邻跨布置活荷载，然后隔跨布置活荷载

10. 屋架下弦横向水平支撑的主要作用是（　　　）。

    A. 将纵墙风荷载及横向水平荷载传至纵向柱列

    B. 防止屋架下弦的侧向振动

    C. 将纵向水平荷载传至纵向柱列

    D. 将山墙风荷载传至纵向柱列

三、填空题（每空 1 分，共 20 分）

1. 在混凝土结构设计中，常用的混凝土强度指标为_____强度和_____强度。

2. 底部剪力法是根据_____的原则，将多质点体系用一个与其相同的单质点体系来等量代替。

3. 计算钢结构压弯（拉弯）构件的强度时，可根据不同的情况采用三种不同的强度计算准则，即_____准则、_____准则和部分发展塑性准则。

4. 作用于建筑物上的荷载可分为永久荷载、可变荷载和偶然荷载，其中永久荷载采用标准值作为代表值；可变荷载采用标准值、组合值、_____值和_____值作为代表值。

5. 在螺旋钢箍轴心受压构件中，螺旋钢箍只有在下述条件下才能发挥其对核心混凝土的约束作用：构件的长细比 $l_0/d \leqslant$ _____，螺旋钢箍的换算截面面积 $A_{ss0} >$ _____，箍筋的间距 $s \leqslant 80\mathrm{mm}$，同时 $s \leqslant d_{\mathrm{cor}}/5$。

6. 混凝土受弯构件不仅应具有足够的正截面受弯承载力、斜截面受剪承载力和斜截面受弯承载力，而且还应满足一定的截面_____要求，以更好地适应一些在设计中难以考虑的问题。在具体设计中，一般可通过控制截面混凝土_____的方法来解决。

7. 当纵向压力 N 的相对偏心距 e_0/h_0 _____，但受拉钢筋数量过多或者相对偏心距 e_0/h_0 较小时发生小偏心受压破坏，其破坏特征主要为受压区混凝土被压坏，压应力较大一侧钢筋能够达到屈服，而另一侧钢筋_____。

8. 梁弯剪区出现斜裂缝的主要原因是荷载作用下梁内产生的_____超过了混凝土的抗拉强度，并且斜裂缝的开展方向大致沿着_____迹线的方向发展。

9. 独立基础的底面尺寸可按地基承载力要求确定，基础高度由_____承载力要求和构造要求确定，底板配筋按_____计算。

10. 在矩形截面纯扭构件的理想变角空间桁架模型中，抗扭纵筋可视为空间桁架的弦杆，箍筋可视为_____，被斜裂缝分割的斜向混凝土条带可视为_____。

四、简答题（每题 6 分，共 24 分）

1. 在进行 T 形截面梁的截面设计和截面复核时，应如何判别 T 形截面梁的类型？其判别式是根据什么原理确定的？

2. 怎样进行预应力混凝土轴心受拉构件使用阶段的裂缝控制验算？验算时应满足什么要求（用公式表示时应说明各公式中各符号的含义）？

3. 什么是单向板？什么是双向板？其受力和配筋有何不同？按现行《混凝土结构设计规范》设计时应如何划分？

4. 在确定单层厂房排架结构的计算简图时做了哪些假定？试分析这些假定的合理性并说明在什么情况下这些假定就不能适用？

五、计算题（11 分＋10 分，共 21 分）

1. 一两端支承于砖墙上的钢筋混凝土 T 形截面简支梁，截面尺寸及配筋如图 3-1 所示。混凝土强度等级 C25（$f_t = 1.27\mathrm{N/mm^2}$，$f_c = 11.9\mathrm{N/mm^2}$，$\beta_c = 1.0$），纵筋为 HRB400 级（$f_y = 360\mathrm{N/mm^2}$），箍筋为 HPB300 级（$f_{yv} = 270\mathrm{N/mm^2}$），$a_s = 35\mathrm{mm}$。试按斜截面受剪承载力计算梁所能承受的均布荷载设计值（包括梁自重）。

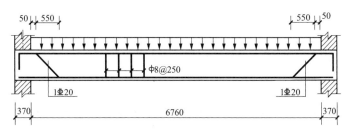 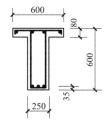

图 3-1　T形截面简支梁

提示：（1）$\rho\dfrac{f_t}{f_{yvsv,\ min}}$；

（2）当 $h_w/b \leqslant 4$ 时，应满足 $V \leqslant 0.25 V_{ux}/V_{uy}=1$；

（3）$V_u = 0.7 f_t b h_0 + f_{yv}\dfrac{A_{sv}}{s} h_0 + 0.8 f_y A_{sb}\sin\alpha_s$；

（4）单肢 Φ8 箍筋截面积为 50.3mm²；

（5）1Φ20 纵筋截面面积为 314.2mm²。

2. 钢筋混凝土偏心受压柱，计算长度 $l_0=4$m，截面尺寸为 $b \times h = 300$mm×400mm，混凝土强度等级为C25，纵筋采用 HRB400 级钢筋，截面承受的轴向压力设计值 $N=320$kN，柱顶截面弯矩设计值为 $M_1=150.4$kN·m，柱底截面弯矩值弯矩设计值为 $M_2=160$kN·m。$a_s=a'_s=40$mm。柱端弯矩已在结构分析时考虑侧移二阶效应。柱挠曲变形为单曲率。弯矩作用平面内柱上下两端的支撑长度为3.5m。截面受压区已配有 4Φ20 的钢筋（$A'_s=1256$mm²）试求受拉钢筋的截面面积 A_s。（不要求进行垂直于弯矩作用平面的受压承载力验算）。

提示：（1）$f_y=f'_y=360$N/mm²；

（2）$f_c=11.9$N/mm²，$\alpha_1=1.0$；

（3）$\xi_b=0.518$；

（4）$e_a=20$mm；

（5）$\alpha_s=\xi(1-0.5\xi)$；

（6）截面一侧最小配筋率 $\rho'_{min}=\rho_{min}=0.002$，截面总配筋率应满足 $\rho \geqslant 0.005$。

硕士学位研究生入学考试真题(二)

(答案书写在本试题纸上无效。考试结束后本试题纸须附在答题纸内交回)

考试科目：_____钢筋混凝土结构_____

适用专业：_____结构工程，防灾减灾工程及防护工程_____

一、填空题（每空 1.5 分，共 15 分）

1. 在普通钢筋混凝土结构中，钢筋与混凝土之间存在_____是保证二者共同工作的前提条件。

2. 钢筋混凝土受弯构件的剪跨比 λ 反映了截面上_____的相对比值。

3. 钢筋混凝土偏心受压长柱受压承载力计算中，由于侧向挠曲而引起的附加弯矩是通过_____加以考虑的。

4. 在先张法施工中，减小预应力钢筋与台座之间温差引起的预应力损失的措施是_____。

5. 混凝土结构的耐久性设计应根据_____和_____进行设计。

6. 在钢筋混凝土受扭构件中，为了使抗扭纵筋和抗扭箍筋的应力在破坏时均能达到屈服强度，纵筋与箍筋的配筋强度比应符合 $0.6 \leqslant \zeta \leqslant 1.7$，最佳取值为_____。

7. 钢筋混凝土连续梁、板内力按考虑塑性内力重分布的方法计算时，弯矩调整后的截面相对受压区高度系数 ξ 应满足_____。

8. 按照弹性方法求多跨双向板支座最大负弯矩时，荷载为满布，中间区格板可按支承条件为_____的单区格板计算。

9. 对同一根框架柱，按反弯点法计算的抗侧移刚度较用 D 值法计算的抗侧移刚度_____。

二、多项选择题（每题只有两个正确答案。共 10 题，每题 2 分，共 20 分）

1. 下面关于极限状态设计法的表述，正确的是（　　）。

    A. 进行承载能力极限状态设计时，应考虑作用效应的标准组合

    B. 进行正常使用极限状态设计时，荷载和材料强度均取用标准值

    C. 当永久荷载效应对结构构件的承载能力有利时，永久荷载的分项系数不应大于 1.0

    D. 对正常使用极限状态，应分别按荷载效应的基本组合、频遇组合和准永久组合进行设计

2. 下列关于徐变的说法，正确的是（　　）。

    A. 当应力 $\sigma < 0.8 f_c$ 时，徐变—时间曲线都是收敛的

    B. 徐变与混凝土养护条件无关

    C. 徐变会使轴心受压构件中混凝土应力增大，钢筋应力减小

    D. 徐变会使偏心受压构件的承载力降低

3. 在进行钢筋混凝土双筋矩形截面受弯构件正截面受弯承载力计算时，如果 $x < 2a'_s$，说明（　　）。

    A. 受压钢筋配置过多

B. 平截面假定不再适用

C. 构件破坏时受压钢筋达不到屈服强度

D. 会发生少筋梁破坏

4. 关于对称配筋矩形截面偏心受压构件，下列说法正确的是（　　）。

    A. 对大偏心受压，当轴向压力 N 不变时，弯矩 M 越大，所需纵向钢筋越多

    B. 对小偏心受压，当弯矩 M 不变时，轴向压力 N 越大，所需纵向钢筋越少

    C. 如果 $e_i < 0.3h_0$，则肯定为小偏心受压

    D. 如果 $x = \dfrac{N}{\alpha_1 f_c b} < \xi_b h_0$，则肯定为大偏心受压

5. 计算连续单向板的内力时采用了折算荷载。以下关于折算荷载的说法，正确的是（　　）。

    A. 是为了考虑梁抗扭刚度对板转动的约束作用

    B. 采用减小活荷载数值，增加恒荷载数值的办法来计算

    C. 是为了考虑板的弹塑性性质

    D. 将增大板支座的转动

6. 单层厂房屋架下弦纵向水平支撑（　　）。

    A. 可保证屋架上弦的侧向稳定性

    B. 必须在厂房的温度区段内全长布置

    C. 可将横向水平集中荷载沿纵向分散到其他区域

    D. 可加强厂房的空间工作能力

7. 对于水平荷载作用下框架柱的反弯点，下列说法正确的是（　　）。

    A. 上层梁的线刚度增加将导致本层柱的反弯点下移

    B. 下层层高增大将导致本层柱的反弯点上移

    C. 柱的反弯点高度与该柱的楼层位置有关，与结构的总层数无关

    D. 柱的反弯点高度与荷载分布形式有关

8. 下列关于偏心受压构件的说法，正确的是（　　）。

    A. 偏心受压构件的正截面破坏分为受拉破坏和受压破坏两种形式

    B. 对于大偏心受压构件，破坏时全截面开裂

    C. 对于小偏心受压构件，破坏始于混凝土的压碎，远离轴压力一侧的钢筋应力一般都达不到屈服强度

    D. 两类偏心受压构件的界限在于，破坏时截面上的受压钢筋是否屈服

9. 连续梁按考虑塑性内力重分布的方法计算内力时，（　　）。

    A. 比按弹性方法的计算结果安全

    B. 结构的变形和裂缝宽度较大

    C. 应当保证塑性铰具有足够的转动能力

    D. 对直接承受动力荷载的情况仍然适用

10. 关于受弯构件斜截面性能及设计方法的论述，正确的是（　　）。

    A. 就受剪承载力而言，剪压破坏大于斜压破坏和斜拉破坏的承载力

    B. 受剪承载力通过计算来保证，受弯承载力是由构造要求来保证

    C. 仅有剪力最大截面才是危险截面

    D. 要求截面尺寸不能过小主要是为了避免发生斜压破坏

三、判断改错题（认为正确的打"√"；认为错误的打"×"，并将划线部分改正。每小题 2 分，共 10 分）

1. 混凝土在三向受压应力状态下，<u>抗压强度提高较多，延性略有降低</u>。（　）

2. 对于严格要求不出现裂缝的预应力混凝土构件，按荷载效应的标准组合计算时，应满足 $\sigma_{ck} - \sigma_{pc} \leqslant f_{tk}$。（　）

3. 无论活荷载如何布置，梁上任一截面的内力值都<u>不会超过该截面内力包络图上的数值</u>。（　）

4. 在单层厂房排架柱的内力组合中，某跨考虑吊车最大横向水平力 T_{max} 时<u>必须同时考虑该跨吊车竖向力 D_{max} 或 D_{min} 的作用</u>。（　）

5. D 值法中 $D = \alpha_c \dfrac{12i_c}{h^2}$，其中 α_c 主要反映了<u>水平荷载与竖向荷载的比值</u>对柱侧移刚度的影响。（　）

四、简答题（每小题 6 分，共 30 分）

1. 简述钢筋混凝土适筋梁三个工作阶段的特点及其工程意义。

2. 预应力混凝土构件与非预应力混凝土构件相比有什么优缺点？什么情况下宜采用预应力混凝土构件？

3. 钢筋混凝土双筋截面梁与单筋截面梁相比有何优点？为什么框架结构中的梁都设计成双筋截面？

4. 限制钢筋混凝土构件裂缝宽度的意义何在？试从下列裂缝宽度计算公式分析减小钢筋混凝土构件裂缝宽度的有效措施有哪些？说明其原理。

$$\omega_{max} = \alpha_{cr}\psi\frac{\sigma_{sq}}{E_s}\left(1.9c_s + 0.08\frac{d_{eq}}{\rho_{te}}\right)$$

5. 试以图 3-2 所示排架为例说明利用剪力分配法分析排架内力的步骤。

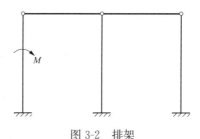

图 3-2　排架

五、计算题（15 分＋10 分，共 25 分）

1. 一钢筋混凝土简支梁，计算跨度 6m，净跨 5.76m，截面尺寸为 250mm×550mm，混凝土采用 C25（$f_c = 11.9\text{N/mm}^2$，$f_t = 1.27\text{N/mm}^2$），保护层厚度 25mm，截面纵筋采用 HRB335 级（$f_y = 300\text{N/mm}^2$），受压钢筋为 2Φ18（$A_s' = 509\text{mm}^2$），受拉钢筋为 3Φ25（$A_s = 1473\text{mm}^2$），梁通长配置 HPB300 级双肢箍筋Φ8@200（$f_{yv} = 270\text{N/mm}^2$，$A_{sv1} = 50.3\text{mm}^2$）。求该梁能承受的最大均布荷载设计值。

注：（1）$V_u = 0.7f_t bh_0 + f_{yv}h_0\dfrac{A_{sv}}{s}$；

（2）当 $\dfrac{h_w}{b} \leqslant 4$ 时，应满足 $V \leqslant 0.25\beta_c f_c bh_0$；$\beta_c = 1$；

(3) $\rho \dfrac{f_{\text{t}}}{f_{\text{yv sv, min}}}$;

(4) $\xi_b = 0.550$。

2. 钢筋混凝土偏心受压柱，计算长度 $l_0 = 3.5\text{m}$，截面尺寸为 $b \times h = 300\text{mm} \times 400\text{mm}$，混凝土强度等级为 C25，纵筋采用 HRB400 级钢筋，截面承受的轴向压力设计值 $N = 300\text{kN}$，柱顶截面弯矩设计值为 $M_1 = 136.5\text{kN} \cdot \text{m}$，柱底截面弯矩值弯矩设计值为 $M_2 = 150\text{kN} \cdot \text{m}$。$a_s = a_s' = 40\text{mm}$。柱端弯矩已在结构分析时考虑侧移二阶效应。柱挠曲变形为单曲率。弯矩作用平面内柱上下两端的支撑长度为 3.1m。求钢筋的截面面积 A_s 和 A_s'。

注：(1) $f_y = f_y' = 360\text{N/mm}^2$；

(2) $f_c = 11.9\text{N/mm}^2$，$\alpha_1 = 1.0$；

(3) $\xi_b = 0.518$；

(4) $e_a = 20\text{mm}$；

(5) 截面一侧纵筋最小配筋量 $A_{s, \min}^{s, \min'}$，截面的总配筋率应满足 $\rho \geqslant 0.005$。

硕士学位研究生入学考试真题（三）

（答案书写在本试题纸上无效。考试结束后本试题纸须附在答题纸内交回）

考试科目：　　　　　钢筋混凝土结构

适用专业：　　　结构工程，防灾减灾工程及防护工程

一、名词解释（每小题 2 分，共 10 分）

1. 结构的可靠度

2. 剪跨比

3. 最小刚度原则

4. 等高排架

5. D 值

二、填空题（每空 1 分，共 20 分）

1. 混凝土的强度标准值具有＿＿＿＿＿＿的保证率。

2. 配置螺旋箍筋的钢筋混凝土柱的抗压承载力，高于同等条件下配置普通箍筋柱的抗压承载力，这是因为＿＿＿＿＿＿＿＿＿＿＿＿＿＿＿＿＿＿＿＿＿。

3. 当结构（或构件）丧失稳定或成为机动体系时，认为结构（或构件）超过了＿＿＿＿＿＿＿＿＿＿＿极限状态。

4. 没有明显流幅的钢筋，设计时强度取值以＿＿＿＿＿＿＿＿＿＿为依据。

5. 钢筋的塑性性能可用延伸率和＿＿＿＿＿＿＿两个指标来衡量。

6. 在双筋矩形截面梁正截面承载力计算中，当不满足 $x \geqslant 2a'_s$ 时，说明＿＿＿＿＿＿＿＿＿。

7. 轴心受压构件承载力设计表达式为 $N \leqslant N_u = 0.9\phi(f_c A + f'_y A'_s)$，其中 ϕ 称为＿＿＿＿＿，影响该系数的主要因素是＿＿＿＿＿＿＿＿＿＿＿。

8. 在偏心受压长柱正截面受压承载力计算中，由于柱纵向弯曲引起的截面附加弯矩可通过＿＿＿＿＿＿来考虑。

9. 钢筋混凝土矩形截面对称配筋大偏心受压构件，当轴向压力 N 值不变时，弯矩 M 值越大，所需纵向钢筋越＿＿＿＿。

10. 钢筋混凝土受弯构件斜截面受剪承载力计算公式是依据＿＿＿＿＿＿＿破坏建立的。

11. 在先张法施工中，减小预应力钢筋与张拉台座之间温差引起的预应力损失的措施是＿＿＿＿＿＿＿＿。

12. 确定钢筋混凝土单层厂房排架结构计算简图时，通常采用以下三条假定：＿＿＿＿＿＿＿＿＿，＿＿＿＿＿＿＿＿＿＿＿，横梁为不产生轴向变形的刚性连杆。

13. 双向板上荷载向两个方向传递，长边支承梁承受的荷载为＿＿＿＿＿分布；短边支承梁承受的荷载为＿＿＿＿＿＿分布。

14. 对于有吊车的厂房，上柱柱间支撑一般设置在伸缩缝区段两端与屋盖横向水平支撑相对应的柱间，以及＿＿＿＿＿＿＿＿＿＿＿；下柱柱间支撑一般设置在＿＿＿＿＿＿

_____。

15. 钢筋混凝土柱下独立基础的底面积是按 _____ 确定的。

16. 单向板肋梁楼盖按弹性理论计算板和次梁的内力时采用折算荷载主要是考虑 _____

_____。

三、判断题（注意画线部分。每小题 1 分，共 15 分）

1. 钢筋的抗拉强度设计值越高，则钢筋所需的<u>锚固长度越长</u>。　　　　（　　）

2. 混凝土在三向压力作用下，其抗压强度提高，<u>但延性降低</u>。　　　　（　　）

3. 材料强度设计值<u>小于</u>材料强度标准值。　　　　　　　　　　　　　（　　）

4. 混凝土保护层厚度是指<u>箍筋外皮</u>到构件截面混凝土外边缘的距离。　（　　）

5. 矩形、T 形和 I 形截面一般受弯构件斜截面受剪承载力计算公式，与集中荷载作用下（包括作用有多种荷载，其中集中荷载对支座截面或节点边缘所产生的剪力值占总剪力值的 75％以上的情况）<u>独立梁</u>的斜截面受剪承载力计算公式不同。　　　　　　　（　　）

6. 受弯构件正截面承载力计算公式是以<u>第Ⅲ阶段</u>的应力图形为依据建立的。　（　　）

7. 如果 T 形截面梁弯矩设计值 $M \leqslant \alpha_1 f_c b_f' h_f' \left(h_0 - \dfrac{h_f'}{2} \right)$，则为<u>第二类</u> T 形截面梁。

（　　）

8. <u>增加截面高度</u>是减小钢筋混凝土梁挠度的最有效措施。　　　　　　（　　）

9. 受弯构件正截面承载力计算时，将混凝土受压区曲线分布应力图形等效为矩形应力分布图形的条件是：<u>受压区合力大小不变，受压区高度不变</u>。　　　　　　　　　（　　）

10. 在钢筋混凝土剪扭构件的承载力计算中，采用了部分相关、部分叠加的计算方法，其中<u>混凝土部分</u>的承载力考虑了剪扭相关关系。　　　　　　　　　　　　　（　　）

11. 钢筋混凝土小偏心受拉构件破坏时，<u>截面没有全部裂通，截面肯定是部分受拉部分受压</u>。　　　　　　　　　　　　　　　　　　　　　　　　　　　　　　　（　　）

12. 在弯矩调幅法中，要求调幅系数不宜超过 0.25，主要是为了<u>避免结构在正常使用阶段出现塑性铰</u>。　　　　　　　　　　　　　　　　　　　　　　　　　　　　（　　）

13. 塑性铰的转动能力，与混凝土的<u>极限压应变有关</u>。　　　　　　　　（　　）

14. 求多跨连续双向板某区格的跨中最大正弯矩时，板上活荷载应按<u>满布</u>考虑。（　　）

15. 对同一框架柱，用 D 值法求得的抗侧移刚度比用反弯点法求得的抗侧移刚度值<u>大</u>。

（　　）

四、选择题（每小题 2 分，共 10 分）

1. 对矩形截面的一般受弯构件，当满足 $V \leqslant 0.7 f_t b h_0$ 时，以下说法正确的一项为（　　）。

　　A. 梁可能发生斜拉破坏　　　　　　　　B. 箍筋需按计算确定

　　C. 箍筋需按构造要求设置　　　　　　　D. 截面尺寸过小

2. 关于混凝土的徐变，下列（　　）两种说法不对。

　　A. 混凝土的徐变与应力大小有关　　　　B. 水泥用量越大，混凝土的徐变越小

　　C. 骨料越坚硬，徐变越小　　　　　　　D. 加载时的龄期越长，徐变越大

3. 下列（　　）两种情况下，可按单向板进行设计。

　　A. 600mm×3300mm 的预制空心楼板

　　B. 长短边相等的四边简支板

　　C. 长短边之比等于 1.5，两短边嵌固，两长边简支

D. 长短边之比等于 3 的四边固定板

4. 单层厂房排架内力组合时，叙述不正确的两项是（　　）。

A. 都必须考虑恒荷载产生的内力

B. 风荷载有左吹风和右吹风，组合时只能二者取一，或都不取

C. 当组合 $T_{\max}$ 时，不一定有 $D_{\max}$ 或 $D_{\min}$

D. 当以 $N_{\min}$ 为目标进行组合时，对于 $N=0$ 的荷载项不考虑参与组合

5. 以下关于分层法的概念，两种错误的叙述是（　　）。

A. 上层梁上的竖向荷载对其下各层柱的轴力没有影响

B. 每层梁上的竖向荷载仅对本层梁及与其相连的上、下柱的弯矩和剪力产生影响，对其他各层梁、柱弯矩和剪力的影响忽略不计

C. 不考虑框架侧移对内力的影响

D. 按分层计算所得的各层梁、柱弯矩即为该梁、该柱的最终弯矩，不再叠加

五、简答题（每小题 5 分，共 20 分）

1. 钢筋混凝土适筋梁从开始加荷直至破坏，经历了哪三个受力阶段？试述其破坏特点。

2. 画出矩形截面大、小偏心受压构件建立正截面受压承载力计算公式时所采用的截面计算应力图形，并标明钢筋和受压混凝土的应力值。

3. 在什么情况下应采用双筋截面梁？

4. 什么是塑性铰？简述塑性铰与理想铰的区别。

六、计算题（15 分＋10 分，共 25 分）

（要求写出计算公式、对应代入数据；做判断或验算时，应写出判断或验算的结论。）

1. 矩形截面简支梁，计算跨度 $l=6\text{m}$，净跨度 $l_n=5.76\text{m}$，$b\times h=200\text{mm}\times 500\text{mm}$，纵向受拉钢筋采用 $4\,\phi 18$（$A_s=1018\text{m}\,\text{m}^2$）HRB400 级钢，混凝土强度等级为 C25，$a_s=35\text{mm}$。沿梁全长仅配置箍筋来抗剪，箍筋采用双肢 $\phi 8@200$。

要求：计算该简支梁所能承受的均布荷载设计值（包括梁自重）。

注：(1) $f_y=360\text{N/mm}^2$，$\xi_b=0.518$，$\alpha_1=1.0$，$A_{s,\min}$；

(2) $f_c=11.9\text{N/mm}^2$，$f_t=1.27\text{N/mm}^2$，$\beta_c=1.0$；

(3) $f_{yv}=270\text{N/mm}^2$，$\phi 8$ 箍筋，$A_{sv1}=50.3\text{mm}^2$，$\rho\dfrac{f_t}{f_{yv}}_{sv,\min}$；

(4) 当 $\dfrac{h_w}{b}\leqslant 4$ 时，应满足 $V\leqslant 0.25\beta_c f_c bh_0$；

(5) $V_u=0.7f_t bh_0+f_{yv}h_0\dfrac{A_{sv}}{s}$。

2. 钢筋混凝土偏心受压柱，计算长度 $l_0=4.5\text{m}$，截面尺寸为 $b\times h=500\text{mm}\times 500\text{mm}$，混凝土强度等级为 C30，纵筋采用 HRB400 级钢筋，截面承受的轴向压力设计值 $N=800\text{kN}$，柱顶截面弯矩设计值为 $M_1=418\text{kN}\cdot\text{m}$，柱底截面弯矩值弯矩设计值为 $M_2=440\text{kN}\cdot\text{m}$。$a_s=a_s'=45\text{mm}$。柱端弯矩已在结构分析时考虑侧移二阶效应。柱挠曲变形为单曲率。弯矩作用平面内柱上下两端的支撑长度为 3.9m。

要求：按对称配筋计算钢筋的截面面积。

注：(1) $f_y=f_y'=360\text{N/mm}^2$；

（2）$f_c = 14.3 \text{N/mm}^2$，$\alpha_1 = 1.0$；

（3）$\xi_b = 0.518$，$\xi = 1 - \sqrt{1 - 2\alpha_s}$；

（4）$e_a = 20 \text{mm}$；

（5）截面一侧纵筋最小配筋量 $A_{s, \min}^{s, \min'}$，截面的总配筋率应满足 $\rho \geqslant 0.005$。

硕士学位研究生入学考试真题（四）

（答案书写在本试题纸上无效。考试结束后本试题纸须附在答题纸内交回）

考试科目：　　　　　　钢筋混凝土结构

适用专业：结构工程、防灾减灾工程及防护工程、岩土工程、桥梁与隧道工程、现代结构理论、工程力学

一、名词解释（共 5 题，每题 3 分，共 15 分）

1. 混凝土立方体抗压强度标准值

2. 结构的极限状态

3. 双筋矩形截面

4. 地震烈度

5. 土的饱和度

二、填空题（共 9 题，每空 1 分，共 20 分）

1. 钢筋与混凝土之间的黏结力由三部分组成：①＿＿＿＿＿＿＿＿＿＿＿＿＿＿＿＿＿；②＿＿＿＿＿＿＿＿＿＿＿＿＿＿＿＿＿＿＿＿＿；③＿＿＿＿＿＿＿＿＿＿＿＿＿＿＿＿＿＿＿＿＿＿＿。

2. 作用于建筑物上的荷载可分为永久荷载、可变荷载和偶然荷载，其中永久荷载采用标准值作为代表值；可变荷载采用标准值、组合值、＿＿＿＿＿＿值和＿＿＿＿＿＿值作为代表值。

3. 影响梁斜截面受剪承载力的因素很多，剪跨比 λ 是主要因素之一，λ 越大，梁的抗剪承载力＿＿＿＿＿＿＿＿。

4. 混凝土受弯构件不仅应具有足够的正截面受弯承载力、斜截面受剪承载力和斜截面受弯承载力，而且还应满足一定的＿＿＿＿＿＿要求，以更好地适应一些在设计中难以考虑的问题。

5. 钢筋混凝土构件的平均裂缝间距随混凝土保护层厚度增大而＿＿＿＿＿＿＿，随纵筋配筋率增大而＿＿＿＿＿＿＿。

6. 独立基础的底面尺寸可按地基承载力要求确定，作用于基础底面的内力取荷载效应的＿＿＿＿＿＿组合；基础高度由＿＿＿＿＿＿承载力要求和构造要求确定，设计内力取荷载效应的＿＿＿＿＿＿组合。

7. 在进行预应力混凝土受弯构件斜截面抗裂验算时，对严格要求不出现裂缝的构件应符合：＿＿＿＿＿＿＿、＿＿＿＿＿＿＿。对一般要求不出现裂缝的构件应符合：＿＿＿＿＿＿＿、＿＿＿＿＿＿＿。

8. 在钢筋混凝土受扭构件中，为了使抗扭纵筋和抗扭箍筋的应力在破坏时均能达到屈服强度，纵筋与箍筋的配筋强度比应符合 $0.6 \leqslant \zeta \leqslant 1.7$，最佳取值为＿＿＿＿＿＿＿。

9. 钢结构所用的连接方法有：①＿＿＿＿＿＿＿，②＿＿＿＿＿＿＿，③＿＿＿＿＿＿＿。

三、判断改错题（认为正确的在括号内打"√"；认为错误的打"×"，并将划线部分改正。每小题 1 分，共 10 分。）

1. 混凝土处于三轴受压状态时，其内部微裂缝的发展受到抑制，<u>从而提高了构件的变形能力</u>，但强度有所降低。   （   ）

2. 螺旋箍筋<u>既能够提高轴心受压柱的承载力，又能够提高柱的稳定性</u>。   （   ）

3. 普通混凝土轴心受压构件中，混凝土的极限压应变只能取 0.002，故对于抗拉屈服强度大于 $400N/mm^2$ 的纵筋，<u>计算时其抗压强度只能取 $f'_y = 0.002E_s$</u>（E_s 为纵筋的弹性模量）。   （   ）

4. 柱间支撑的作用之一是：<u>提高厂房的横向刚度和稳定性，并将横向地震作用传至基础</u>。   （   ）

5. 大偏心受压与小偏心受压构件破坏的根本区别在于<u>受压钢筋是否屈服</u>。 （   ）

6. 受弯构件当 $\xi = \xi_b$ 时为界限破坏，其中 ξ_b 称为相对界限受压区高度，<u>主要由混凝土强度等级和钢筋种类决定</u>。   （   ）

7. 材料强度标准值是材料强度概率分布中具有一定保证率的<u>偏低的材料强度值</u>。（   ）

8. 框架结构的侧移变形主要由梁、柱的<u>弯曲变形形成结构的总体剪切变形</u>。 （   ）

9. 钢筋混凝土梁在受压区配置钢筋，<u>将增大长期荷载作用下的挠度</u>。   （   ）

10. 纵向钢筋的多少只影响钢筋混凝土构件的正截面承载能力，<u>不会影响斜截面的承载能力</u>。   （   ）

四、选择题（每小题 2 分，共 10 分）

1. 提高梁截面刚度的最有效措施是（   ）。
    A. 提高混凝土强度等级   B. 增大构件截面高度
    C. 增加钢筋配筋量   D. 改变截面形状

2. 混凝土构件裂缝宽度的确定方法为（   ）。
    A. 构件受拉区外表面上混凝土的裂缝宽度
    B. 受拉钢筋内侧表面上混凝土的裂缝宽度
    C. 受拉钢筋外侧表面上混凝土的裂缝宽度
    D. 受拉钢筋重心水平处构件侧表面上混凝土的裂缝宽度

3. 框架结构若侧移变形不能满足要求时，可增加一定数量的剪力墙，下列说法正确的是（   ）。
    A. 整个结构一定更安全
    B. 下部楼层中的框架可能不安全
    C. 上部楼层中的框架可能不安全
    D. 整个结构均不安全

4. 承载能力极限状态设计时，可能取用荷载效应的（   ）。
    A. 基本组合和偶然组合
    B. 基本组合和标准组合
    C. 标准组合和偶然组合
    D. 标准组合和准永久组合

5. 下列关于钢筋混凝土矩形截面对称配筋柱的说法中，（   ）项不正确。
    A. 对于大偏心受压，当轴向压力 N 值不变时，弯矩 M 值越大，所需纵向钢筋越多

B. 对于大偏心受压，当弯矩 M 值不变时，轴向压力 N 值越大，所需纵向钢筋越少

C. 对于小偏心受压，当轴向压力 N 值不变时，弯矩 M 值越大，所需纵向钢筋越多

D. 对于小偏心受压，当弯矩 M 值不变时，轴向压力 N 值越小，所需纵向钢筋越多

五、简答题（每小题 4 分，共 20 分）

1. 什么是混凝土的徐变？徐变变形有何特点？徐变对结构的影响体现在哪些方面？

2. 简述受弯构件正截面受弯破坏的三种破坏形态及其发生的条件和破坏特点。

3. 何谓结构的耐久性，说明我国《混凝土结构设计规范》中是如何考虑混凝土结构耐久性的。

4. 解释最大裂缝宽度计算公式 $\omega_{\max} = \alpha_{cr}\psi\dfrac{\sigma_{sq}}{E_s}\left(1.9c_s + 0.08\dfrac{d_{eq}}{\rho_{te}}\right)$ 中各参数的含义，并对照公式分析有哪些措施可以减小裂缝宽度。

5. 计算单向板肋梁楼盖中板和次梁的弯矩时，为何采用折算荷载？如何折算？

六、计算题（15 分＋10 分，共 25 分）

（要求写出计算公式、对应代入数据；做判断或验算时，应写出判断或验算的结论。）

1. 钢筋混凝土偏心受压柱，计算长度 $l_0 = 5.4\text{m}$，截面尺寸为 $b \times h = 450\text{mm} \times 450\text{mm}$，混凝土强度等级为 C30，纵筋采用 HRB400 级钢筋，截面承受的轴向压力设计值 $N = 890\text{kN}$，柱顶截面弯矩设计值为 $M_1 = 423\text{kN} \cdot \text{m}$，柱底截面弯矩值弯矩设计值为 $M_2 = 450\text{kN} \cdot \text{m}$。$a_s = a'_s = 45\text{mm}$。柱端弯矩已在结构分析时考虑侧移二阶效应。柱挠曲变形为单曲率。弯矩作用平面内柱上下两端的支撑长度为 4.8m。

要求：按非对称配筋计算柱纵向钢筋截面面积。

注：（1）$f_y = f'_y = 360\text{N/mm}^2$；

（2）$f_c = 14.3\text{N/mm}^2$，$\alpha_1 = 1.0$；

（3）$\xi_b = 0.518$；

（4）$e_a = 20\text{mm}$；

（5）截面一侧纵筋最小配筋量 $A_s^{s;\ \min'}_{\min}$，截面的总配筋率应满足 $\rho \geqslant 0.005$；

（6）$l_0/d = 12$ 时 $\varphi = 0.95$。

2. 钢筋混凝土矩形截面梁承受均布荷载，截面尺寸 $b \times h = 200\text{mm} \times 450\text{mm}$，承受最大正弯矩 $M = 200\text{kN} \cdot \text{m}$，剪力 $V = 100\text{kN}$。混凝土强度等级为 C30，纵筋采用 HRB400 级钢筋，下部受拉钢筋采用 3⊕22（$A_s = 1140\text{mm}^2$），上部受压钢筋采用 2⊕18（$A'_s = 509\text{mm}^2$），无弯起钢筋，箍筋采用 HPB300 级，双肢φ8@250。$a_s = a'_s = 35\text{mm}$，试验算梁的承载能力是否满足要求，若不能满足要求，请提出改进措施。

已知：（1）C30，$f_c = 14.3\text{N/mm}^2$，$f_t = 1.43\text{N/mm}^2$，$\alpha_1 = 1.0$，$\beta_c = 1.0$；

（2）HRB400 钢筋：$f_y = f'_y = 360\text{N/mm}^2$；HPB300 钢筋：$f_{yv} = 270\text{N/mm}^2$；

（3）$\xi_b = 0.518$；

（4）双肢 φ8（$A_{sv} = 101\text{mm}^2$），$\rho t_{yvsv,\ \min}$；

（5）$V_u = 0.7f_t bh_0 + f_{yv}\dfrac{A_{sv}}{s}h_0 + 0.8f_y A_{sb}\sin\alpha_s$；

（6）当 $h_w/b \leqslant 4$ 时，$V \leqslant 0.25\beta_c f_c bh_0$。

硕士学位研究生入学考试真题(五)

(答案书写在本试题纸上无效。考试结束后本试题纸须附在答题纸内交回)

考试科目：　　　　　钢筋混凝土结构　　　　　

适用专业：结构工程、防灾减灾工程及防护工程、现代结构理论、桥梁与隧道工程

一、名词解释（每题 3 分，共 15 分）

1. 结构的耐久性

2. 土的含水量

3. 建筑抗震概念设计

4.（偏心受压构件的）初始偏心距

5. 可变荷载的准永久值

二、填空题（每空 1.5 分，共 15 分）

1. 试验研究表明，混凝土产生非线性徐变的主要原因是压应力较大，内部微裂缝在长期荷载作用下＿＿＿＿＿＿。

2. 影响受弯构件斜截面受剪承载力的主要因素为＿＿＿＿＿＿、箍筋的配箍率和箍筋强度、混凝土强度以及纵筋配筋率。

3. 钢筋混凝土梁斜截面受剪承载力计算公式 $V \leqslant \dfrac{1.75}{\lambda+1} f_{t}bh_{0} + f_{yv}\dfrac{A_{sv}}{s}h_{0}$，适用于＿＿＿＿＿＿＿＿＿＿＿＿＿＿＿＿＿作用下的矩形、T 形和 I 形截面独立梁。

4. 钢筋混凝土对称配筋偏心受压构件，当出现 $e_{i} > 0.3h_{0}$ 且 $\xi > \xi_{b}$ 时，说明为＿＿＿＿＿＿＿＿＿受压构件。

5. 钢筋混凝土纯扭构件，受扭纵筋和受扭箍筋的配筋强度比 $0.6 \leqslant \zeta \leqslant 1.7$，当构件发生受扭破坏时，受扭纵筋和受扭箍筋＿＿＿＿＿＿＿＿＿屈服强度。

6. 预应力混凝土轴心受拉构件的极限承载力 N_{u} 与张拉控制应力的大小＿＿＿＿＿＿＿＿＿＿＿＿。

7. 钢筋混凝土柱下独立基础的高度主要根据＿＿＿＿＿＿＿＿确定。

8. 设计基准期是确定可变作用及与时间有关的材料性能等取值而选用的时间参数；设计使用年限表示结构＿＿＿＿＿＿＿＿＿＿＿。

9. 采用 D 值法计算框架柱的侧向刚度时，梁线刚度越大，则节点的约束能力越强，柱的侧向刚度越＿＿＿＿＿＿＿＿。

10. 当钢筋混凝土柱牛腿的剪跨比 $a/h_{0} > 1$ 时，为长牛腿，应按＿＿＿＿＿＿＿＿进行设计。

三、判断改错题（认为正确的打"√"；认为错误的打"×"，并将画线部分改正。每小题 2 分，共 10 分。）

1. 混凝土在三向受压应力状态下，抗压强度提高较多，延性略有降低。　　　　（　　）

2. 混凝土保护层厚度是指箍筋外皮到构件截面混凝土外边缘的距离。　　　　（　　）

3. 对于严格要求不出现裂缝的预应力混凝土构件，按荷载效应的标准组合计算时，应满

足 $\sigma_{ck} - \sigma_{pc} \leqslant f_{tk}$。 ( )

4. 在单层厂房排架柱的内力组合中，某跨考虑吊车最大横向水平力 T_{max} 时必须同时考虑该跨吊车竖向力 D_{max} 或 D_{min} 的作用。 ( )

5. 受弯构件正截面承载力计算时，将混凝土受压区曲线分布应力图形等效为矩形应力分布图形的条件是：受压区合力大小不变，受压区高度不变。 ( )

四、简答题（每小题6分，共30分）

1. 简述钢筋混凝土适筋梁三个工作阶段的特点及其工程意义。

2. 试分析钢筋混凝土受弯构件的刚度与理想弹性材料受弯构件的刚度相比有什么特点？

3. 钢筋混凝土双筋截面梁与单筋截面梁相比有何优点？为什么框架结构中的梁都设计成双筋截面？

4. 限制钢筋混凝土构件裂缝宽度的意义何在？试从下列裂缝宽度计算公式分析减小钢筋混凝土构件裂缝宽度的有效措施有哪些？说明其原理。

$$\omega_{max} = \alpha_{cr}\psi\frac{\sigma_{sq}}{E_s}\left(1.9c_s + 0.08\frac{d_{eq}}{\rho_{te}}\right)$$

5. 说明单层厂房柱间支撑的作用，分析柱间支撑为什么一般设在温度区段的中央或临近中央的柱间。

五、计算题（17分+13分，共30分）

1. 一钢筋混凝土简支梁，作用均布荷载 q，计算跨度 $l=6.6m$，净跨度 $l_n=6.24m$，梁截面尺寸 $b=300mm$，$h=550mm$，混凝土强度等级为C30，纵筋采用HRB400级钢筋，箍筋采用HPB300级钢筋。受拉区配筋为4Φ25，受压区配筋为3Φ14，纵筋沿梁全长通长布置。

要求：（1）根据正截面受弯承载力计算该梁能够承受的均布荷载设计值 q；

（2）根据第一步计算的均布荷载设计值 q 为该梁配置箍筋。选用双肢箍筋，直径可选ϕ8，箍筋直径和间距沿梁全长不变化。

有关参数及计算公式：

C30：$f_c=14.3N/mm^2$，$f_t=1.43N/mm^2$；

HRB400级钢筋：$f_y=f_y'=360N/mm^2$；

HPB300级钢筋：$f_{yv}=270N/mm^2$；

受拉钢筋4Φ25：$A_s=1964mm^2$；

受压钢筋3Φ14：$A_s'=461mm^2$；

箍筋ϕ8：$A_{sv1}=50.3mm^2$；

$a_s=a_s'=40mm$，$\alpha_1=1.0$，$\beta_c=1.0$，$\xi_b=0.518$；

$\alpha_s=\xi(1-0.5\xi)$，$\xi=1-\sqrt{1-2\alpha_s}$；

$V \leqslant 0.25\beta_c f_c bh_0$，$V_u \leqslant 0.7f_t bh_0 + f_{yv}\frac{A_{sv}}{s}h_0$；

$\rho_{sv,min}=0.0012$，$d_{min}=6mm$，$s_{max}=250mm$。

2. 钢筋混凝土偏心受压柱，计算长度 $l_0=4m$，截面尺寸为 $b\times h=400mm\times500mm$，混凝土强度等级为C30，纵筋采用HRB400级钢筋，截面承受的轴向压力设计值 $N=324kN$，柱顶截面弯矩设计值为 $M_1=89.3kN\cdot m$，柱底截面弯矩值弯矩设计值为 $M_2=95kN\cdot m$。$a_s=a_s'=40mm$。柱端弯矩已在结构分析时考虑侧移二阶效应。柱挠曲变形为单曲率。弯矩作用平面内柱上下两端的支撑长度为3.5m。截面受压区已配有3Φ18的钢筋（$A_s'=763mm^2$）

求钢筋的截面面积 A_s。（不要求进行垂直于弯矩作用平面的受压承载力验算）。

有关参数及计算公式：

$\alpha_1 = 1.0$，$e_a = 20\text{mm}$，$\xi = 1 - \sqrt{1 - 2\alpha_s}$，$\xi_b = 0.518$

截面一侧纵筋最小配筋量 $A_{s;\ \min}^{s;\ \min'}$，截面的总配筋率应满足 $\rho \geqslant 0.005$。

硕士学位研究生入学考试真题（六）

（答案书写在本试题纸上无效。考试结束后本试题纸须附在答题纸内交回）

考试科目：　　　　　钢筋混凝土结构

适用专业：结构工程、防灾减灾工程及防护工程、现代结构理论、桥梁与隧道工程

一、名词解释（每小题 3 分，共 12 分）

1. 位移延性

2. 框筒结构

3. 地震反应谱

4. 主动土压力

二、填空题（共 6 题，每空 1.5 分，共 18 分）

1. 在适筋梁正截面受力的整个过程中，第Ⅱ阶段是＿＿＿＿＿＿＿＿＿验算的依据，Ⅲa 状态是＿＿＿＿＿＿＿＿＿的计算依据。

2. 衡量钢筋物理力学性能的指标有屈服强度、＿＿＿＿＿＿＿＿＿两个强度指标＿＿＿＿＿＿ ＿＿＿＿＿＿＿、＿＿＿＿＿＿＿两个塑性指标。

3. 矩形截面受弯构件正截面承载力计算时，受压区混凝土应力等效为矩形分布，等效的原则是＿＿＿＿＿＿＿＿＿和＿＿＿＿＿＿＿＿＿＿＿。

4. 超张拉预应力钢筋的目的是减少＿＿＿＿＿＿＿＿＿引起的预应力损失。

5. 梁中按构造要求配置箍筋时，除应考虑箍筋的形式外，还应考虑＿＿＿＿＿＿＿、＿＿ ＿＿＿＿＿＿＿、＿＿＿＿＿＿＿。

6. 独立基础的底面尺寸可按地基承载力要求确定，作用于基础底面的内力取荷载效应的 ＿＿＿＿＿＿组合。

三、判断改错题（认为正确的打"√"；认为错误的打"×"，并将画线部分改正。每小题 2 分，共 10 分）

1. 进行结构的承载能力极限状态计算时，应考虑荷载效应的<u>基本组合、偶然组合和标准组合</u>。
（　　）

2. 单筋矩形截面梁 $b \times h = 200mm \times 500mm$，$a_s = 35mm$，由正截面受弯承载力计算得到 $\xi = 0.4 < \xi_b$，则受压区混凝土压力合力与受拉区钢筋拉力合力之间的距离为 <u>409mm</u>。

3. 计算多跨等截面连续钢筋混凝土梁的挠度时，可假定混凝土材料为均质弹性材料，<u>各截面的刚度使用其抗弯刚度 EI</u>。
（　　）

4. 与材料相同、尺寸相同的普通钢筋混凝土构件相比，<u>预应力混凝土构件的承载力提高，刚度也提高</u>。
（　　）

5. 判断偏心受压构件的破坏形态属于大偏心受压破坏还是小偏心受压破坏，<u>主要是看偏心距的大小</u>。
（　　）

四、简答题（共 2 题，每题 6 分，共 12 分）

1. 简述单层工业厂房中楼盖支撑的种类及其作用。

2. 简述框架柱配筋计算时，其控制截面的位置，控制截面最不利内力组合一般有哪几种？

并说明选取这几种的原因。当某控制截面组合出多组内力时，根据什么原则选取最不利内力？

五、设计题（共 18 分）

图 3-3 所示为一内框架结构的平面图，试按照肋梁楼盖的布置方式：

（1）布置楼面结构构件，画出结构布置图（构件可用单线条表示，构件标注必须规范）；

（2）确定构件截面尺寸（说明确定方法）；

（3）画出楼板钢筋布置示意图。

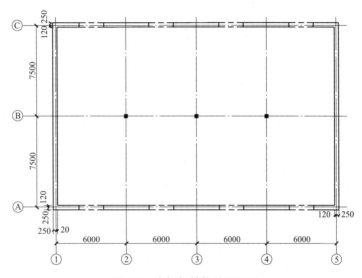

图 3-3　内框架结构的平面图

六、计算题（12 分＋9 分＋9 分，共 30 分）

1. 已知既有钢筋混凝土单跨外伸梁，尺寸及配筋如图 3-4 所示，混凝土强度等级为 C25（$\alpha_1=1.0$，$f_c=11.9 \text{N/mm}^2$），钢筋采用 HRB335 级（$f_y=f'_y=300\text{N/mm}^2$），梁上承受荷载 $F_P=50\text{kN}$（不计梁自重），环境类别为一类，试验算梁正截面承载能力是否满足要求（不考虑梁自重的影响）。若不满足要求，试提出解决方案。

提示：$\xi_b=0.550$，$a_s=a'_s=35\text{mm}$，$\xi=1-\sqrt{1-2\alpha_s}$，$\gamma_s=1-0.5\xi$，单根ϕ16 钢筋 $A_s=201.1\text{mm}^2$。

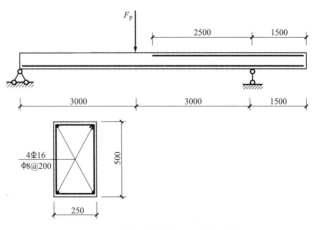

图 3-4　某钢筋混凝土单跨外伸梁

2. 某两跨等高排架在风荷载作用下的荷载示意图如图 3-5 所示。试画出排架结构弯矩、剪力及轴力示意图。

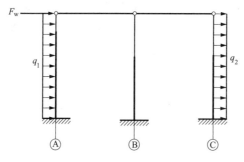

图 3-5　某两跨等高排架

3. 已知图 3-6 所示钢筋混凝土梁的跨度 $l = 6.0\text{m}$，梁上极限荷载设计值 $F_{\text{Pu}} = 210\text{kN}$，支座弯矩调幅系数 $\beta = 25\%$。

求：（1）梁支座截面按弹性分析时极限弯矩值；

（2）梁支座及跨中截面按塑性分析时的极限弯矩值。

$\left(\text{提示：梁按弹性分析时的支座弯矩 } M_{\text{支}}^{\text{e}} = -\dfrac{2}{9}pl\text{，跨中弯矩 } M_{\text{中}}^{\text{e}} = \dfrac{1}{9}pl\right)$

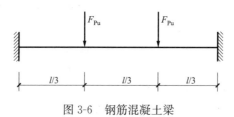

图 3-6　钢筋混凝土梁

参 考 文 献

[1] 东南大学，天津大学，同济大学．混凝土结构学习辅导与习题精解［M］．北京：中国建筑工业出版社，2006.

[2] 朱玉华，赵昕．混凝土结构疑难释义及解题指导［M］．上海：同济大学出版社，2006.

[3] 王社良，熊仲明，等．混凝土结构设计原理题库及题解［M］．北京：中国水利水电出版社，2004.

[4] 熊仲明，王社良，等．混凝土与砌体结构题库及题解［M］．北京：中国水利水电出版社，2004.

[5] 梁兴文，史庆轩，等．混凝土结构设计原理［M］．4 版．北京：中国建筑工业出版社，2019.

[6] 梁兴文，史庆轩．混凝土结构设计［M］．4 版．北京：中国建筑工业出版社，2019.

[7] 周克荣，顾祥林，苏小卒．混凝土结构设计［M］．上海：同济大学出版社，2001.

[8] 沈蒲生，梁兴文，等．混凝土结构设计［M］．北京：高等教育出版社，2010.

[9] 东南大学，同济大学，天津大学．混凝土结构与砌体结构设计［M］．4 版．北京：中国建筑工业出版社，2020.

[10] 薛建阳．混凝土结构设计原理［M］．2 版．北京：中国电力出版社，2017.

[11] 薛建阳，王威．混凝土结构设计［M］．2 版．北京：中国电力出版社，2017.